云计算架构设计模式

Alex Homer
John Sharp
[美] *Larry Brader* 著
Masashi Narumoto
Trent Swanson
新青年架构小组 译

华中科技大学出版社
中国·武汉

图书在版编目(CIP)数据

云计算架构设计模式/(美)艾利克斯·洪木尔(Alex Homer)等著;新青年架构小组译.—武汉:华中科技大学出版社,2017.10

ISBN 978-7-5680-3402-9

Ⅰ.①云… Ⅱ.①艾… ②新… Ⅲ.①云计算-架构 Ⅳ.①TP393.027

中国版本图书馆 CIP 数据核字(2017)第 251567 号

[美]Alex Homer,John Sharp,Larry Brader,Masashi Narumoto,Trent Swanson 著
新青年架构小组 译

云计算架构设计模式
Yunjisuan Jiagou Sheji Moshi

策划编辑:谢燕群
责任编辑:谢燕群
责任校对:何　欢
责任监印:周治超
出版发行:华中科技大学出版社(中国·武汉)　电话:(027)81321913
武汉市东湖新技术开发区华工科技园　邮编:430223
录　排:华中科技大学惠友文印中心
印　刷:湖北新华印务有限公司
开　本:787mm×960mm　1/16
印　张:15.25
字　数:387 千字
版　次:2017 年 10 月第 1 版第 1 次印刷
定　价:48.00 元

译者序

非常荣幸，能够获得我一直非常崇拜的计算团队——微软模式与实践小组(微软P&P小组，Microsoft Patterns & Practices Group)的授权，翻译这部经典著作。

微软P&P小组影响了我10多年的技术生涯，这是我最喜欢的微软技术小组，偶像团队！低调、谦虚、务实！是最早从事开源项目的微软技术团队之一，坚持理论和实践相结合，把最经典的软件工程理论知识用到具体的项目开发中。如果你是Java程序员，也不要介意，我相信你非常喜欢Spring开发团队，而微软P&P小组在.NET领域的地位与其相当。

架构即未来

移动互联网、云计算、大数据时代，面临更多的技术挑战问题，设计模式已经从单一的OO问题领域向外扩张延伸，设计模式的范畴不会局限于语言本身，更多扩展到架构设计领域。

我个人对编程语言没有偏见，它们各有所长，大家互相学习。有实力的程序员不需要通过编程语言来找优越感，都在踏实地研究技术。我接触的优秀程序员无论是对C++、Java，还是对C#等都没有编程语言的歧视。况且底层的算法、数据结构和设计模式都没有编程语言限制。

架构师和技术专家是程序员中的精英群体、技术领袖，在公司也是受人尊敬的群体。

十年磨一剑 精华知识

本书介绍了云计算时代最新、最经典的24种架构设计模式，包含基于云平台设计架构面临的问题以及典型的解决方案，另外还有10个架构设计指南。

24种经典的设计模式包括：高并发、健康健康、消息编排、架构伸缩、缓存、消息推送、大数据存储和优化、安全令牌等架构设计的关键问题，是一本最近几年难得的架构与设计模式图书。

本书内容不受编程语言限制，可以根据需要使用.NET、Java、PHP、Node.js、Go等。云计算平台可以是Azure、AWS、阿里云等共有云，也可以是私有云平台。

推荐本书给高级工程师、运维工程师、架构师、技术经理、技术总监、CTO学习使用。

微软 P&P 模式与实践小组

微软P&P小组鼎鼎的大名是微软模式与实践小组亲自打造的，为开发基于云计算架构应用程序遇到的常见问题提供了经典的解决方案，并将常用的经典方案归类为设计模式。

微软P&P模式与实践小组是微软最早的开源社区团队之一，主要关注于把行业经典设计模式与实际项目开发相结合的技术研究。

微软早期众多的开源项目都是由该小组主导完成，同时还编写了许多经典书籍和代码。

如果你坚持研究.NET技术10年以上，就一定看过微软P&P小组的学习资料。

在.NET领域工作10年以上的程序员应该不会对P&P小组陌生。其技术实力非常强，国内很多.NET架构师都是看P&P小组的文章和代码成长起来的。

我在“菜鸟”阶段，第一次看完P&P小组的文章就成为其忠实的粉丝，至今依然向技术圈子的朋友和新青年架构班的同学推荐他们的资料。

10年前P&P小组开源的Enterprise Library代码、分布式与安全的文档，到后来的IOC容器Unity等，都是精华知识的沉淀。

23 种设计模式

Erich Gamma等在《设计模式》一书种介绍了23种经典的设计模式。

本书介绍的24种经典设计模式包含高并发、健康健康、消息编排、架构伸缩、缓存、消息推送，大数据存储和优化、安全令牌等架构设计的关键问题，是难得的最新的设计模式图书，可以作为最经典的Erich Gamma、Richard Helm、Ralph Johnson、John Vlissides　4大金刚的《设计模式》的扩展阅读资料。

24 种云计算架构模式

本书介绍的24种经典设计模式包含高并发、健康健康、消息编排、架构伸缩、缓存、消息推送、大数据存储和优化、安全令牌等架构设计的关键问题，是难得的最新设计模式图书。

（1）缓存驻留模式
（2）断路器模式
（3）事务补偿模式
（4）竞争消费者模式
（5）计算资源合并模式
（6）命令和职责分离(CQRS)模式
（7）事件溯源模式
（8）外部配置存储模式
（9）联合身份模式
（10）门卫模式
（11）健康终结点监控模式
（12）索引表模式

（13）领导选举模式

（14）物化视图模型

（15）管道和过滤器模式

（16）优先级队列模式

（17）基于队列的负载均衡模式

（18）重试模式

（19）运行时重配置模式

（20）调度器代理监控模式

（21）分片模式

（22）静态内容托管模式

（23）限流模式

（24）令牌模式

24种架构设计模式都有对应的例子代码，可以下载参考。Java程序员也可以从中获益良多。

10 个架构设计指南

除了详细介绍了24种云计算架构设计模式以外，这里还介绍了实际架构设计中的重要原则，归类为10个方面，可作为大家进行架构设计时的参考。

（1）异步消息传输

（2）自动伸缩指南

（3）缓存指南

（4）计算分区指南

（5）数据一致性指南

（6）数据分区指南

（7）数据复制与同步指南

（8）远程监控指南

（9）多数据中心部署指南

（10）服务调用统计指南

中文授权翻译声明

本书翻译获得了微软模式与实践小组(微软P&P小组)的中文翻译授权。本着学习的原则，翻译并分享本书。感谢微软模式与实践小组的认可。感谢微软中国的支持。

我们翻译本书时采用人工翻译、手工打字、人工校验，由新青年技术架构小组协作完成。按翻译顺序的译者排名如下：

徐雷	于玉爽	熊旭	段晓婵	杨海伦	包欣雪	Fiona
秦孝文	蓝猴子	小武	成松	任王江	韩庆瑞	孙聪
王永乐	天涯	张刚	吴亦双	安晓磊	李文东	文君
郑承良	孙强	庄思捷	叶祖豪	曾真理	徐扬	申浩

徐雷FrankXuLei

2017年10月8日

关于作者

About the authors

Alex Homer是微软模式与实践小组的技术写作者。在加入微软之前，他做了多年的软件设计和培训工作。他在小组的主要精力花费在设计模式和架构方面，还编写指南和例子代码。他的博客地址是http://blogs.msdn.com/alexhomer/。

John Sharp 是Content Master (www.contentmaster.com)的首席技术专家。专注于使用.NET框架和Azure平台开发应用系统。John写过《Microsoft Visual C# Step by Step》和《Microsoft WCF Step by Step》。John讲授过许多培训课程，也写过许多覆盖诸多领域，比如C和C++编程、SQL Server数据库管理以及面向服务架构的技术文章。他获得了伦敦大学帝国理工学院的计算机荣誉学位。

Larry Brader是微软模式与实践小组的高级测试工程师，负责小组不同项目的测试工作，专注于客户端和服务器端。此外他对基于ALM生成测试指南也有浓厚的兴趣。

Masashi Narumoto热衷于将互联网作为知识库的想法。互联网已经显著地改变了我们的生活，毫无疑问还会带来巨大的变化。他的目标是汇聚大家的智慧以更有意义的形式提供出来，方便更多的人学习。在就职于微软模式与实践小组期间，他作为程序经理负责完成了多个Azure指南的系列文档的编写工作，现在关注于大数据领域。之前，他花费了20多年时间来开发和咨询各种不同的解决方案，尤其是零售和制造业。Masashi的博客地址是http://blogs.msdn.com/masashi_narumoto，推特账号是@dragon119。

Trent Swanson是Full Scale 180的软件架构师，也是创始人之一，主要使用云计算技术。他一开始就使用Azure技术，帮助全球各地的客户构建、部署和管理Azure上的云计算解决方案。无论是迁移现有应用到云计算平台还是构建全新应用，他都享有整个交付伸缩的、可靠的和可管理的云计算解决方案专利。

序言

Preface

本书由微软模式与实践小组（微软P&P小组）亲自打造，得到了许多社区开发者的支持，为开发基于云计算架构的应用程序常见问题提供了解决方案。

本书指南

- 介绍实现云计算应用时，尤其是托管在Azure云平台时使用这些设计模式的好处。
- 讨论云计算设计模式的经典问题和解决方案，以及它们如何与Azure关联到一起。
- 展示如何使用Azure功能实现这些模式，强调其优点与顾虑。
- 通过描述如何把这些设计模式应用到云计算应用架构中以及它们之间的关系来描绘知识体系的宏伟蓝图。

本书介绍的主题适用于所有的分布式系统，无论是托管在Azure中还是其他云计算平台中。

我们的目的并非提供设计模式的详尽集合，而是选择了对云计算应用最有用处的设计模式——尤其考虑到在用户中的流行度。本书不是详细介绍Azure平台功能的指南。要学习Azure可以参阅http://azure.com。

本书内容

结合开发社区的代表性反馈，我们把云计算应用开发领域最常见的问题归纳为8类。

类别	描述
可用性	可用性定义为系统正常工作的时间比例。它受系统错误、基础架构问题、各种工具以及系统负载的影响。通常根据系统正常运行的时间来衡量。云计算应用为用户提供了服务级别协议(SLA)，它指的是应用程序必须以最大化可用性的方式设计和实现
数据管理	数据管理是云应用的关键部分，并且影响质量特性。由于诸如性能、伸缩性或者可用性等原因，数据通常存储在不同服务器的不同位置上，这些也会带来新的挑战。例如，数据一致性必须是可维护的，并且数据需要进行跨区域同步

续表

类别	描述
设计和实现	良好的设计会在组件设计和部署里包含诸如一致性和内聚性、简化管理和部署的可维护性，以及允许组件和子系统被其他应用使用的重用性。设计和实现阶段的决策对于云计算应用和服务的总体质量及成本有重大影响
消息	云计算应用的分布式特性需要一个连接组件和服务的消息基础架构，理想情况下是松耦合方式，便于最大化伸缩性。异步消息被广泛使用，而且提供了许多好处，同时也带来了许多挑战，比如消息顺序、毒消息管理、幂等性等
管理和监控	云计算应用运行在远程数据中心中，我们无法完全控制基础架构或者操作系统。相比私有云，这种情况使得管理工作更加困难。只有应用暴露运行时的信息，管理员和运营人员才可以管理和监控系统；只有支持修改业务需求和自定义，才不需要应用停止和创新部署
性能和伸缩性	性能是系统执行特性操作的响应性指标，而伸缩性是系统处理新增压力但不会影响性能与可用性的能力。云计算应用通常会遇到变化的工作负载和峰值，这种情况通常不可预测，特别是在多租户场景下。相反，应用应该能够通过伸缩来满足峰值的需要，而且当需要下降时回退。伸缩性不只是关注计算实例，还关注其他要素，比如数据存储、消息基础架构等
弹性	弹性是系统优雅地处理错误和恢复系统的能力。云计算主机的基本特性为：应用通常是多租户的，使用共享平台服务，竞争资源和带宽，通过互联网通信，运行在商用硬件上。这意味着将会出现更多短暂和永久的错误。探测错误，并快速和高效地恢复对于维护弹性来说必不可少
安全	安全是系统阻止设计使用范围外的恶意和意外操作的能力，是阻止泄露和丢失数据的能力。云计算应用暴露在互联网上，跨越信任的私有云环境边界，通常对外开放，因此可能会出现不信任的用户。应用必须以安全的方式设计和部署，避免恶意攻击，限制只有支持的用户可以访问，并且保护敏感数据

对于每个类别，我们都创建了关联的指南和文档，以帮助开发者解决常见的共同问题。包括以下3方面内容。

- 24种设计模式。这是云托管应用非常有用的24种设计模式。每种设计模式提供了描述上下文及其问题，解决方案及其问题，使用模式的公共格式，以及基于Azure平台的例子。每种模式也包含与其他相关模式的链接。
- 10个指南主题。提供了开发云计算应用所需的基本知识、实践经验与技巧。每个主题都详实地介绍了这些知识。
- 例子程序。演示了设计模式的使用过程。我们可以使用这些代码参考设计自己特定的需求代码。

设计模式

设计模式被分配到一个或者多个类别中。完整的设计模式列表如下：

模式	描述
缓存驻留模式	根据需要从数据存储器加载数据。此模式可以用来改进性能，还可以用于维护缓存和后台数据库之间的数据一致性
断路器模式	当连接远程服务或资源时，可能导致不定时间恢复系统的错误。此模式可以用于改进系统的稳定性和弹性
事务补偿模式	如果一个或者多个操作失败，就会取消执行的一系列工作，它定义了一组最终一致性模型的操作。遵从最终一致性模型的操作在云托管应用中非常常见，通常都会实现复杂的业务过程和工作流
竞争消费者模式	允许多个并发的消费者在相同的消息通道上处理接收的消息。此模式允许系统并发处理多个消息以优化系统的吞吐量，改进系统的伸缩性和可用性，平衡工作负载
计算资源合并模式	合并多个任务或者操作到单个计算单元里。此模式可以增加计算资源的使用率，降低云计算应用中计算处理的成本和管理开销
命令和职责分离(CQRS)模式	通过隔离接口来分离更新和读操作。此模式可以最大化性能、伸缩性和安全性，通过高度的灵活性支持系统的进化，在领域级别阻止引起合并冲突的更新命令
事件溯源模式	使用只能追加的存储库来记录领域里发生在数据库方面的完整操作事件序列，而不是仅仅保存当前状态，让存储库可以用来创建特定的对象状态。此模式可以通过避免同步数据模型和业务模型的需求来简化复杂领域里的任务，改进性能、伸缩性和响应性，提供事务性数据的一致性，维护可以支持补偿操作的完整审计追踪和历史信息
外部配置存储模式	把配置信息从应用部署包移动到一个中心位置。此模式可以提供更简单的管理和配置数据控制、跨应用和应用实例共享配置的机会
联合身份模式	把验证委托给一个外部身份标识提供器。此模式可以简化部署，最小化用户管理的需求，并且改进应用的用户体验
门卫模式	通过在客户端和应用与服务之间使用特定的作为代理的宿主实例来保护应用和服务，验证并保护请求，且在它们之间传递请求消息。此模式可以提供额外的安全层，并且降低系统受攻击的层面
健康终结点监控模式	在应用中实现功能检查，可以通过暴露的终结点定时访问监控数据。此模式可以帮助检验应用和服务是否正确执行
索引表模式	在频繁访问的数据存储库特定字段上出 aung 时就索引。此模式可以通过允许应用更快速地从数据存储库查询数据来改进查询性能

续表

模式	描述
领导选举模式	选举一个实例作为领导来承担管理其他实例的职责，让其协调分布式节点的任务执行。此模式可以帮助确保任务不会与其他任务冲突，避免资源争用，或者被其他执行的任务干扰
物化视图模型	当数据格式并非查询操作期望的格式时，提前为一个或者多个数据存储器中的数据生成视图。此模式可以帮助实现高效查询和数据提取，改进应用程序的性能
管道和过滤器模式	把一个复杂的任务分解为一系列可以单独执行的可重用的任务元素。此模式可以通过独立部署和伸缩任务元素来改进性能、伸缩性和可重用性
优先级队列模式	为发送给服务的请求消息设置优先级，这样高优先级的请求可以被更快地处理。此模式在给独立类型的客户端提供不同服务级别担保时非常有用
基于队列的负载均衡模式	在任务和调用的服务之间使用队列作为缓冲区来平滑断断续续的可能导致服务失败或者任务超时的超量负载。此模式可以帮助最小化峰值压力对于任务和服务的可用性和响应能力的影响
重试模式	当连接服务或者网络资源时，通过允许短暂错误重试操作来允许应用程序处理临时的失败。此模式可以用来改进应用的稳定性
运行时重配置模式	设计应用程序使其可以无需重新部署，或者重新启动应用来重新配置。这可以用于维护可用性和最小化宕机时间
调度器代理监控模式	协调跨分布式服务和其他资源的集合。如果某个操作失败，则尝试透明地处理错误；或者如果系统无法从错误中恢复，则取消执行工作产生的影响。此模式可以通过对短暂异常、长期错误和处理错误启用恢复和重试操作增加系统的弹性
分片模式	把数据库水平分割为不同的区片进行存储。当存储和访问海量数据时，此模式可以改进伸缩性
静态内容托管模式	部署静态内容到可以直接发送给客户端的云端存储服务上。此模式可以减少对于昂贵计算实例的需求
限流模式	控制单个应用实例、单个租户或者整个服务消耗的资源数量。此模式可以允许系统继续工作，并且满足服务级别协议，甚至对资源增加极限负载时也可以正常工作
令牌模式	为了在应用程序代码里支持卸载数据传输操作，使用令牌或者秘钥来限制对特定资源或服务的访问。此模式在使用云托管存储系统或者队列时特别有用，并且可以最小化成本，最大化伸缩性和性能

主题

这些主题与特定的应用程序开发相关，如下图所示。

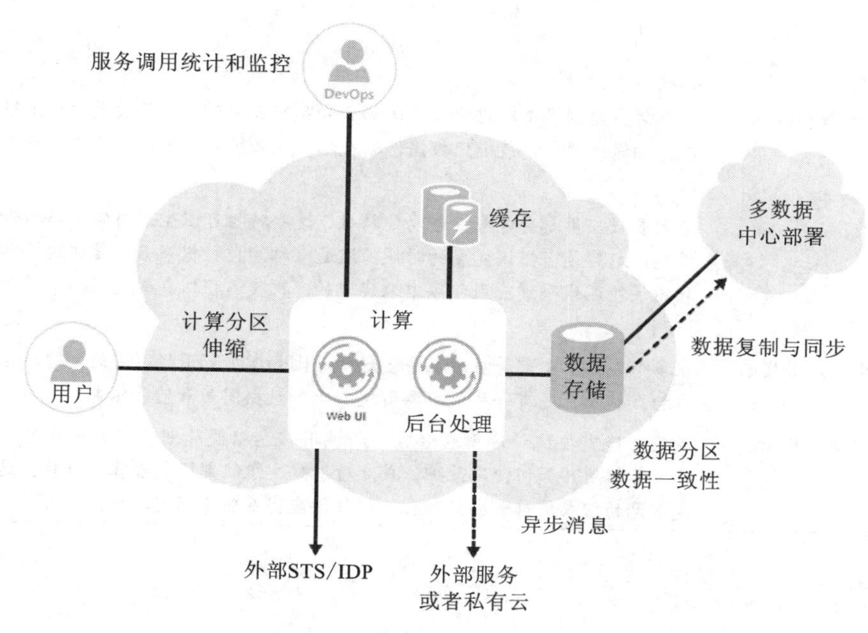

这个指南包含下面的主题。

主题	描述
异步消息通信指南	消息通信是许多分布式系统采用的关键策略，比如云计算。它允许应用和服务彼此通信并协同工作，且可以帮助构建可伸缩的和弹性的解决方案。消息通信支持异步操作，允许我们解耦服务调用和宿主进程
自动化伸缩指南	持续监控性能和伸缩系统以适应波动的工作负载、满足目标需求并且优化运营成本，这个过程可能需要大量的人力成本。这些工作可能无法人工完成。这也是自动化伸缩的用武之地
缓存指南	缓存是一种常见的改进系统性能和伸缩性的技术，它通过把高频率访问的数据复制到接近应用的数据存储区中来实现加速。缓存当应用程序重复读取相同的数据时最高效，特别是原始数据存储区的速度相对缓存较慢的时候，它受制于高级别的争用，或者说它不会导致网络延迟
计算分区指南	当部署应用程序到云端时，很可能采用把服务和组件根据使用情况分别部署的方式，以便在维护伸缩性、性能、可用性和应用安全时最小化运行成本
数据一致性指南	云应用通常使用的数据分散存储在不同的存储区里。管理和维护数据一致性变得尤为重要，尤其是出现并发性和可用性问题时。我们通常需要在并发性和一致性之间取舍。这意味着我们在设计解决方案时会考虑最终一致性，而不会追求应用程序所有时刻都处于完全一致性状态
数据分区指南	在许多大型伸缩解决方案中，数据被分割到不同的可以单独管理和访问的分区中。必须仔细选择这些分区策略以便最小化坏处、最大化好处。分区可以帮助我们改进伸缩性，降低争用，并且优化性能

续表

主题	描述
复制和同步数据指南	当部署应用到多个数据中心，比如云和私有云中时，为了最大化可用性和性能，确保一致性，最小化数据传输成本，就必须考虑如何在多个节点同步数据
远程监控指南	绝大多数应用都会包含诊断功能特性，这些特性可以生成自定义监控和调试信息，尤其是当错误发生的时候。这通常称为监控仪表盘，是通过添加事件和错误处理代码到应用程序中来实现的。收集远程信息的过程通常称为遥感监测
多数据中心部署指南	在多个数据中心部署应用有许多好处，比如增加可用性、更好的跨地区用户体验。然而，还有一些挑战要解决，比如数据同步和监管限制
服务调用统计指南	我们可能需要统计应用或者服务的调用信息以便计划、调整未来的需求策略，了解用户如何使用系统，或者对用户、组织部门或者客户计费。这些都是常见的需求，对大公司和独立软件供应商及服务商尤其如此

例子应用

10个例子程序演示了本书中介绍的一些模式实现过程，大家可以下载到本地运行，或者部署到Azure订阅账号里测试。要获取并运行这些程序代码，则

(1) 可以到微软下载中心http://aka.ms/cloud-design-patterns-sample "Cloud Design Patterns - Sample Code"页面下载"Cloud Design Patterns Examples.zip"压缩文件。

(2) 在Windows资源浏览器里打开压缩文件的属性，选择解压。

(3) 把代码复制到磁盘根目录，比如C:\PatternsGuide。不要在用户配置文件夹里解压(比如Documents 或者 Downloads)，否则可能导致文件名过长。

(4) 在浏览器里打开Readme.htm。它包含系统和例子的配置信息，在本地Azure模拟器运行例子或者部署到Azure平台上，掌握例子展示的知识点。

本指南与例子的对应关系如下表所示。

主题	描述
竞争消费者	这个例子包含 2 个组件：Sender worker role 负责发送消息到 Service Bus 队列，Receiver worker role 负责从队列接收消息并处理消息。Receiver worker role 启动两个实例来模拟消费者竞争
计算资源合并	这个例子展示了如何统一多个独立的任务到单个的 worker role 中。运行这个例子没有其他需求

续表

主题	描述
外部配置存储	这个例子展示了在外部存储区保存配置文件而不是使用本地配置文件。在这个例子中，配置保存到 Azure Blob Storage 存储区。Blob 包含的配置信息是通过 ExternalConfigurationManager 类的实例监控的。当 ExternalConfigurationManager 对象探测到配置已修改时，它就会提醒应用程序
健康终结点监控	这个例子展示了如何设置检查独立服务健康状态的 Web 终结点，它可以返回不同的状态码来表示状态。设计终结点的目的是让看门狗监控服务监控，比如 Azure 终结点健康监控服务，但是我们也可以在浏览器里打开和调用终结点，查看状态结果。我们还可以部署和配置自己的终结点健康工具来发送请求给服务操作并分析接收到的应答消息
领导选举	这个例子展示了工作角色实例如何变成领导。领导可以协调和控制其他实例的任务，这些任务应该通过某个工作角色实例执行。领导选举通过获取租赁权来实现
管道和过滤器	这个例子包含两个可以执行整体处理部分操作的过滤器。这两个过滤器组合在一个管道中，一个过滤器的输出结果作为另一个过滤器的输入数据。过滤器作为单独的工作角色实现，Azure Service Bus 总线队列提供了管道的基础架构
优先级队列	这个例子展示了如何通过 Service Bus 主题和订阅实现优先级队列。工作角色负责发送消息给主题，分配优先级给每个消息。接收工作角色从对应优先级订阅者中读取消息。在这个例子中，PriorityQueue.High 工作角色运行两个实例，PriorityQueue.Low 只运行一个实例。这样就能确保高优先级消息可以更快速地被读取
运行时重配置	这个例子展示了如何修改云服务的配置而不需要重新启动 Web 和 worker role
静态内容托管	这个例子展示了如何从公共存储服务中快速获取静态内容。这个例子包含了一个 Azure Web Role，它托管了包含 JavaScript 文件和图片的网站，部署到 Azure 存储区中。这些内容通常部署到存储账号中，作为应用部署的一部分。但是，为了简化例子，启动程序时这些文件会被部署到存储账号中
令牌模式	这个例子展示了客户端程序如何在获取一个带有权限的共享访问前直接向大对象存储区写入数据。为了简单明了，这个例子关注获取和消费令牌秘钥的机制，不会展示如何实现验证或者安全通行

这些例子关注演示每个模式的关键功能特性，并不可以直接使用到生产环境。

更多信息

所有的章节都包含对于其他资源的参考，比如图书、博客文章以及论文。如果需要，大家可以阅读更详细的内容。为了方便大家，这里有一个网页包含所有链接的文章，直接点击 http://aka.ms/cdpbibliography，大家可以阅读、查询资源。

反馈和支持

问题？评论？建议？任何关于本书的反馈或者要获取任何问题的帮助，请访问http://wag.codeplex.com。这个社区网站的论坛是我们推荐的反馈和支持渠道，因为它允许我们大家分享想法、问题和整个社区的解决方案。

图书团队

创意与项目管理: Masashi Narumoto

作者: Alex Homer、John Sharp、Larry Brader、Masashi Narumoto和Trent Swanson

开发: Julian Dominguez、Trent Swanson (Full Scale 180)、Alejandro Jezierski (Southworks)

测试: Larry Brader、Federico Boerr和Mariano Grande (Digit Factory)

性能测试: Carlos Farre、Naveen Pitipornvivat (Adecco)

文档: Alex Homer、John Sharp (Content Master Ltd)

图片艺术家: Chris Burns (Linda Werner & Associates Inc)、Kieran Phelan (Allovus Design Inc)

编辑: RoAnn Corbisier

生产: Nelly Delgado

技术审阅: Bill Wilder (Author, Cloud Architecture Patterns)、Michael Wood (Cerebrata)

贡献者: Hatay Tuna、Chris Clayton、Amit Srivastava、Jason Wescott、Clemens Vasters、Abhishek Lal、Vittorio Bertocci、Boris Scholl、Conor Cunningham、Stuart Ozer、Paolo Salvatori、Shirley Wang、Saurabh Pant、Ben Ridgway、Rahul Rai、Jeremiah Talkar、Simon Gurevich、Haishi Bai、Larry Franks、Grigori Melnik、Mani Subramanian、Rohit Sharma、Christopher Bennage、Andrew Oakley、Jane Sinyagina、Julian Dominguez、Fernando Simonazzi (Clarius Consulting)和Valery Mizonov (Full Scale 180)

微软开发者指南顾问委员会暨参与审核成员名单：Carlos dos Santos、CDS Informatica Ltda; Catalin Gheorghiu、I Computer Solutions; Neil Mackenzie、Satory Global; Christopher Maneu、Deezer.com; Paulo Morgado; Bill Wagner、Bill Wagner Software LLC; Roger Whitehead、ProSource.It

感谢为本书的顺利出版付出心血的每个参与者！

目录

Table of Contents

第 1 章

缓存驻留模式

Cache-Aside Pattern

根据需要从数据存储区加载数据到缓存中。此模式可以用于改进系统性能，还可以用于维护缓存数据和后台数据库之间的数据一致性。

背景和问题

应用程序使用缓存来优化数据库数据的重复访问所带来的性能问题。但是，期望缓存的数据与数据库数据永远一致通常是不切实际的。应用程序应该制定一个策略，此策略可以确保缓存数据尽量最新，同时也可以探测并处理陈旧数据。

解决方案

许多商业缓存系统提供了通读和通写/后写操作。在这些系统中，应用通过缓存查询和接收。如果数据不在缓存中，它就会从数据库查询并添加此数据到缓存中。任意缓存数据的修改操作都会自动同步到后台数据库中。

对于没有提供此功能的缓存，应用程序的职责就是维护缓存中使用的数据的状态。

应用程序可以通过实现缓存驻留策略来模拟通读缓存的功能。此策略可以高效地根据需要加载数据到缓存中。图1-1所示为此过程的步骤。

如果应用程序更新了信息，它就可以模拟通写策略，如下所示：

(1) 修改数据库数据；

(2) 让缓存数据无效。

当下次请求该数据时，使用缓存驻留模式就会导致从数据库查询数据并更新到缓存中。

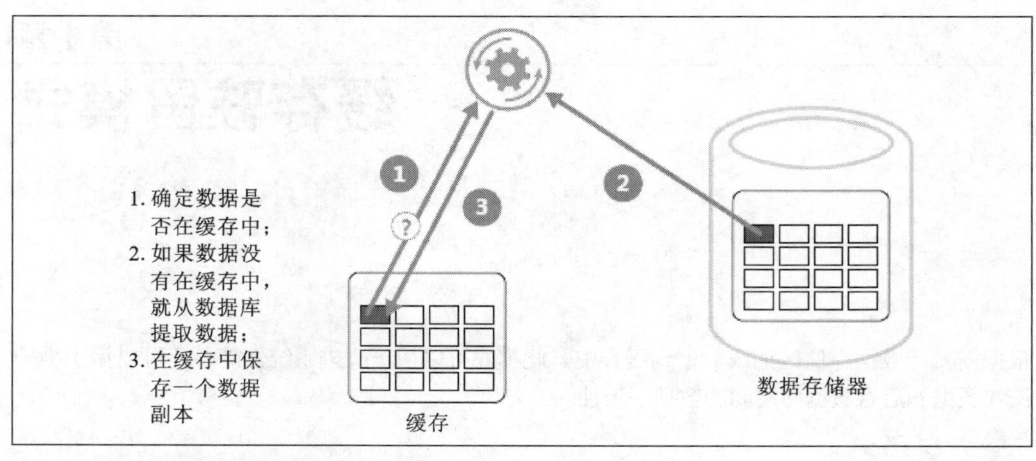
1. 确定数据是否在缓存中；
2. 如果数据没有在缓存中，就从数据库提取数据；
3. 在缓存中保存一个数据副本
1
2
3
?
缓存
数据存储器

图 1-1 使用缓存驻留模式在缓存中保存数据

问题与思考

当决定是否实现此模式时，思考下面几方面的问题:

- 缓存数据的生命周期。许多缓存都实现了过期策略，即当数据在一定时间内没有被访问时会从缓存中清除。为了使得缓存驻留模式更加高效，就要确保过期策略匹配应用程序访问数据的模式。不要让过期时间太短，否则可能导致程序持续从数据库查询数据。与之类似，不要让过期时间太长，否则可能导致数据陈旧。记住，缓存只有对于相对静止或者频繁访问的数据才是最高效的。
- 清除数据。相比于原始数据库，绝大部分缓存空间都是有限制的，如果需要缓存，就会清除数据。绝大部分缓存采用最近最少使用策略来淘汰数据，而且这些都可以自定义。配置全局过期属性和其他缓存属性，以及每个缓存数据的过期属性，可以确保缓存是高效的。为每个项目使用一样的淘汰策略可能不合适。例如，如果缓存数据从数据库查询出来非常昂贵，就最好把这些数据缓存到cache中，以便后期频繁访问时降低查询成本。
- 初始化缓存。许多解决方案是在程序启动时使用程序需要的数据来初始化缓存。如果某些数据过期或者已淘汰，缓存驻留模式仍然有用。
- 一致性。实现缓存驻留模式不需要确保数据存储区和缓存之间的一致性。数据库中的数据可能随时都会被外部程序修改，这个修改可能没有反映到缓存中，直到下次数据加载到内存中时。在跨数据库复制数据的系统中，如果频繁同步数据，则这个问题可能变得尤其突出。
- 本地缓存。缓存可以是应用程序本地内存缓存。如果程序重复访问相同的数据，则缓存驻留模式会非常有用。但是，由于局部缓存是私有的，故不同的程序实例都可能保留一份相同数据的副本。这个数据会很快在各个不同缓存之间变得不一致，所以可能需要在私有缓存里采用过期策略淘汰并频繁更新数据。此时，应该使用共享或者分布式缓存机制。

何时使用此模式

在以下情况下考虑使用此模式。

- 缓存不提供通读和通写操作时。
- 资源需求无法预测时。此模式允许应用程序根据需要加载数据，不会对应用程序的数据需求做任何假设。

不适合使用此模式的情况如下。

- 当缓存数据不变时。如果数据填充了可用的缓存空间，则可以在启动程序时缓存数据，并阻止使用缓存过期策略。
- 在WebFarm中托管的Web程序缓存会话状态信息时。此时，应该避免引入基于客户端的依赖关系。

示例

在Azure中，可以使用Azure缓存来创建被多个应用实例共享的分布式缓存。下面的GetMyEntityAsync代码展示了基于Azure缓存的缓存驻留模式的实现。此方法使用通读方法从缓存中查询对象。

对象通过整数ID键值标识。GetMyEntityAsync方法根据键值生成一个字符串（Azure API将会使用这个字符串），并且会使用这个键从缓存中查询数据。如果找到数据，就立即返回；如果没有找到，GetMyEntityAsync方法就会从数据存储器查询数据，并且添加到缓存中，然后返回（数据库查询代码被忽略，因为要依赖特定的存储库）。

因为数据可能在其他地方被更新，为了阻止缓存变为陈旧数据，所以给缓存数据配置了过期时间。

C#

```
private DataCache cache;
...
public async Task<MyEntity> GetMyEntityAsync(int id)
{
  // Define a unique key for this method and its parameters.
  var key = string.Format("StoreWithCache_GetAsync_{0}", id);
  var expiration = TimeSpan.FromMinutes(3);
  bool cacheException = false;
```

```
  try
  {
    // Try to get the entity from the cache.
    var cacheItem = cache.GetCacheItem(key);
    if (cacheItem != null)
    {
      return cacheItem.Value as MyEntity;
    }
  }
  catch (DataCacheException)
  {
    // If there is a cache related issue, raise an exception
    // and avoid using the cache for the rest of the call.
    cacheException = true;
  }

  // If there is a cache miss, get the entity from the original store and cache it.
  // Code has been omitted because it is data store dependent.
  var entity = ...;

  if (!cacheException)
  {
    try
    {
      // Avoid caching a null value.
      if (entity != null)
      {
        // Put the item in the cache with a custom expiration time that
        // depends on how critical it might be to have stale data.
        cache.Put(key, entity, timeout: expiration);
      }
    }
    catch (DataCacheException)
    {
      // If there is a cache related issue, ignore it
      // and just return the entity.
    }
  }

  return entity;
}
```

此例子使用`Azure Cache API`访问存储区并从缓存查询数据。更多关于Azure Cache API的资料可以阅读MSDN文档*Azure Cache*。

下面所示的UpdateEntityAsync方法演示了当值被修改时程序将如何验证缓存对象。这是通写方法的例子。这个代码先更新了原始数据库，然后调用Remove方法删除缓存数据，并执行键值（此部分代码已经忽略，因为依赖具体存储库）。

执行的顺序非常重要。如果数据在缓存更新之前被删除，则只有很短的时间去存储库里获取数据（因为缓存没有发现数据），会导致缓存包含陈旧数据。

C#

```
public async Task UpdateEntityAsync(MyEntity entity)
{
  // Update the object in the original data store
  await this.store.UpdateEntityAsync(entity).ConfigureAwait(false);

  // Get the correct key for the cached object.
  var key = this.GetAsyncCacheKey(entity.Id);

  // Then, invalidate the current cache object
  this.cache.Remove(key);
  }

private string GetAsyncCacheKey(int objectId)
{
  return string.Format("StoreWithCache_GetAsync_{0}", objectId);
}
```

相关模式与指南

实现此模式时，也可能与下列模式和指南相关。

- 缓存指南。本指南提供了如何在云解决方案里缓存数据的额外信息，并且这些问题应该在设计缓存的时候详细考虑。
- 数据一致性入门。云计算应用使用的数据通常分散存储到多个数据库中。管理和维护数据的一致性成为系统的关键问题，尤其在出现并发和可用性问题时。本文介绍了跨分布式数据库一致性的问题，以及总结了如何实现最终一致性来维护数据的可用性。

更多信息

本书的所有链接都可以在图书在线目录里访问、阅读：http://aka.ms/cdpbibliography。

- MSDN上的文章*Using Azure Cache*。

第 2 章

断路器模式

Circuit Breaker Pattern

当连接一个远程服务或者资源时，修复故障可能会消耗大量时间。使用这种模式可以提高应用程序的稳定性和伸缩性。

背景和问题

在一个分布式环境中，一个应用程序在云中对远程资源和服务进行访问时，这些操作可能会由于瞬时故障而引起操作失败，如网络连接缓慢、超时、资源被过度访问或临时不可用。这些错误通常会在短时间内得到修复，并且健壮的云应用程序应该预先准备通过策略，例如重试模式（https://msdn.microsoft.com/en-us/library/dn589788.aspx）来处理它们。

当然，也存在故障是由一些很难预见的突发事件引起而需要更长的时间来恢复的情形。对于一个服务，这些故障影响的程度、范围可能会从丢失部分连接到服务完全失败不等。在这种情况下，应用程序使用重试执行方式去完成一个不大可能成功的操作显得毫无意义，相反，应用程序应该尽快接受这个操作的失败并进行故障处理。

此外，如果一个服务非常繁忙，则系统中的一部分故障可能会导致级联故障。例如，一个操作在调用服务时可以引入超时机制，如果这个服务未能在超时时间内进行响应，则这个操作得到一个故障消息作为回复。而且，这种策略可能会导致很多请求并发操作同一种方法，从而引起阻塞，直到超时结束。这些阻塞的请求可能会持续占用重要资源，例如内存、线程、数据库连接等。因此，这些资源的耗尽会因系统中的其他不相关模块需要使用相同资源而引发故障。这种情况下，最好的方式是让这些操作立即失败，仅尝试去调用那些可能会成功的服务。注意，通过设置一个较短的超时机制可能会有助于解决这个问题，但超时时间不能设置过短，否则会导致大多数情况下请求到服务的操作虽然已经成功了，但该操作最终得到的结果是失败的。

解决方案

断路器模式可以阻止应用程序不断地重试执行一个可能会失败的操作。当故障被确定会持续很长一段时间时，应用程序不再需要等待故障恢复或浪费CPU周期而持续执行。断路器模式同样能够让应用程序监控故障是否已经得到恢复。如果看上去问题已经得到修正，则应用程序可以尝试调用这个操作。

注意：断路器模式的用途不同于重试模式的。重试模式允许应用程序重试一个它认为会成功的操作。断路器模式则阻止应用程序去执行一个可能会失败的操作。一个应用程序可以将两种模式联合使用，通过在断路器中应用重试模式去调用一个操作。当然，重试的逻辑需要对断路器返回的所有异常结果敏感并且当断路器表明故障不是短暂的情况时果断放弃重试。

断路器可充当一个故障操作的代理。代理时需要监控最近发生故障的次数，并依据这些信息来决定是执行一个操作还是简单地立刻返回一个异常。

代理可以实现如下所示模仿电路断路器功能。

关闭：将一个应用程序的请求路由到一个操作。代理对最近失败的次数进行监控，如果对该操作的调用不成功，则代理增加失败次数。当最近周期内发生的失败次数超过指定失败次数的阈值时，代理被设置为打开状态。同时，代理开启一个定时器，当定时器执行的时间超过过期时间时，代理将状态变更为半打开。

注意：定时器的用途是给操作系统时间，让操作系统能够在应用程序尝试再次执行操作之前将引发故障的错误修正。

打开：从应用程序接收到的请求立即失败并返回给应用程序一个异常信息。

半打开：允许通过应用程序的部分请求并调用操作方法。如果这些请求处理成功，就假定之前引发故障的问题已经被修复并将断路器的开关设为关闭状态（保存失败次数的计数器重置）；如果任意请求处理失败，断路器就认为故障仍旧存在，恢复为打开状态并重启定时器以赋予操作系统更长的时间去修复异常。

注意：半打开状态可以有效阻止服务恢复期瞬间的大量请求。一个服务在恢复过程中，它可能只提供了对有限请求的处理，直到完全恢复，但是，如果恢复过程中有大量的请求需要处理，也可能会引发服务的超时或再次故障。

图2-1展示了一种断路器的实现状态。

需要注意的是，图2-1所示中，用于关闭状态的调用失败计数器是基于时间的。它会周期性地自动重置。这有助于防止断路器因偶然故障而进入打开状态。用于将断路器改变为打开状态的故障临界值只取决于指定时间内发生的故障次数。用于半打开状态的成功计数器记录尝试调用操作成功的次数。当调用一个操作连续成功的次数达到指定数值后，断路器恢复为关闭状态。如果任何一个调用失败，断路器会立即恢复为打开状态，并且成功调用次数的计数器会在下次进入半打开状态时被重置。

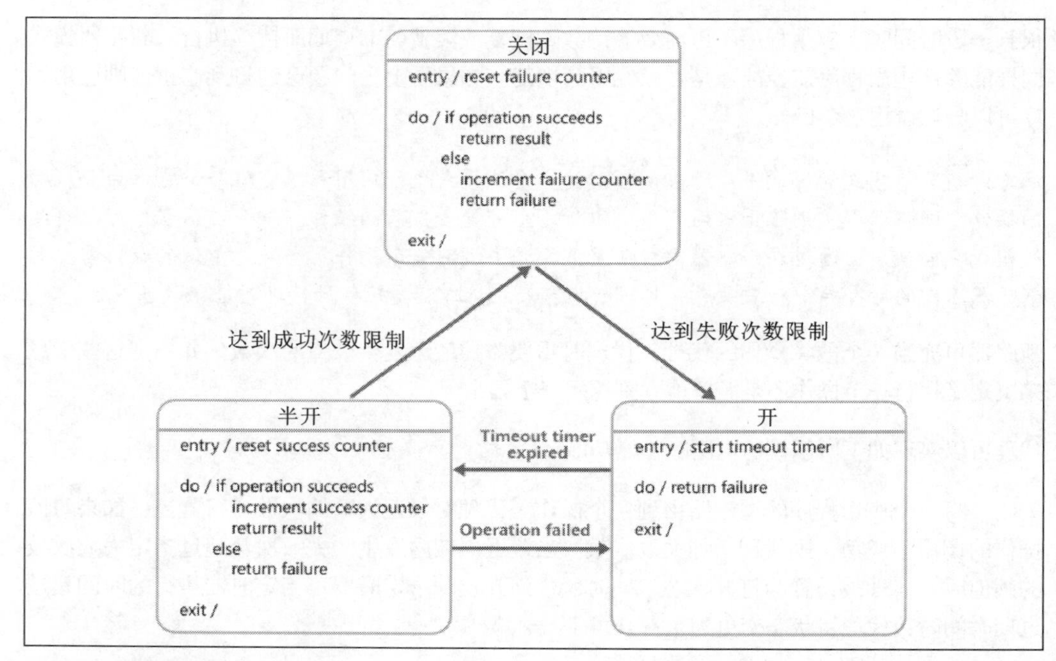

图 2-1　断路器状态

注意：系统如何恢复是通过外部处理的，可能是恢复或重启一个失败的组件或修复网络连接。

采取断路器模式增加了系统的稳定性和伸缩性：为系统故障恢复提供稳定性，将因故障引起的性能影响最小化。它有助于通过快速拒绝可能引发故障的操作来维持系统的响应时间，而不是等待操作直到超时（或永远不会返回）。如果断路器每次改变状态时都引发一个事件信息，那么这个信息就可以用来监控系统中受断路器保护部分的健康状态，或者当断路器运行为打开状态时用于提醒管理员。

断路器模式是可以自定义并且可以根据故障的性质来进行调整的。例如，可以为断路器提供一个可增长的超时时间。可以首先设置断路器打开状态为几秒钟，并当故障没有被解决时再增加超时时间为几分钟或者更长。某些情况下，断路器返回一个对于应用程序有意义的默认值比断路器在打开状态下返回故障并抛出一个异常更有意义。

问题与思考

在决定如何实现这个模式时，需要考虑以下几点。

- 异常处理。应用程序通过断路器调用一个操作时，如果操作不可用，则必须预先对这些出现的异常进行处理。这类异常的处理方式是程序特别指定的。例如，一个应用程序可以临时通过降低其功能来调用另一个操作以尝试执行相同的任务并获取相同的数据，也可以将异常信息报告给用户并让他们稍后重试。

- 异常的分类。一个请求可能会因各种原因失败，其中一些类型可能会表明它们比其他故障更严重。例如，一个请求可能因为远程服务的崩溃而失败，并且需要数分钟才能恢复，亦或由于远程服务超载引起超时的故障。断路器需要通过监测引发异常的类型来调整策略，这依赖于这些异常的性质。例如，相对于服务完全不可用而运行断路器为打开状态的故障次数，超时类型的异常需要更大量的失败次数。
- 日志。断路器需要记录所有失败的请求（也可能是成功的请求），以便管理员监控该应用程序的健康状态。
- 可恢复性。应该配置断路器让它能够匹配它所保护的操作可能会恢复的模式。例如，如果断路器持续很长的时间处于打开状态，那么，即使引发该异常的原因很久之前就被解决，它也仍会抛出异常。类似地，如果断路器从打开状态切换到半打开状态过于迅速，它就能够调整和降低应用程序的响应次数。
- 测试失败的操作。在断路器打开的状态下，除了通过一个定时器来决定什么时候切换为半打开状态以外，也可以根据周期性的ping远程服务或资源来决定其是否已经恢复可用。这个ping可以采用尝试调用一个之前失败的操作的方式，也可以调用一个远程服务专门提供的用来测试服务健康状态的方式，正如终结点健康监控模式所描述的(https://msdn.microsoft.com/en-us/library/dn589789.aspx)。
- 手动覆盖。在一个系统中，如果一个失败操作的恢复时间容易变化，则可能需要定义一个可供管理员手动重置的选项，用于强制关闭断路器（并且重置失败计数器）。同样，当受断路器保护的操作临时不可用时，管理员可以强制改变断路器为打开状态（并且重置超时定时器）。
- 并发性。同一个断路器在应用程序中可以被大量的并发实例访问。实现的方式不能阻塞并发请求或者增加应用程序中每个请求过多的开销。
- 资源分化。如果某种类型的资源基于多个独立提供者，那么应用一个单独断路器时需要小心。例如，在一个由多个分片组成的数据存储中，一个分片可能完全正常而另外一个分片可能处于暂时不可用时，如果将这些场景中的异常响应合并处理，应用程序则会尝试访问一些故障可能性更高的分片，访问有些分片可能会发生阻塞，也有可能成功。
- 加速断路。有时候一个故障可能包含足够的信息让断路器知晓它需要即刻运行并且该怎样让断路保持最少的时间。例如，一个分片资源提供给应用程序的错误响应信息是请求负载，并表明不建议即刻重试而是几分钟后再尝试。

注意：在特定的Web服务器上，如果一个请求过的服务为当前不可用，则返回HTTP协议定义的“HTTP 503 服务不可用”响应。这个响应可以包含附加信息，例如延迟预期的持续时间。

- 重播失败请求。当状态为“打开”时，除了简单的快速失败处理，断路器还需要记录每个请求的详细信息到一个日志中并整理这些请求，当远程资源或者服务恢复可用时进行重播。
- 不当的外部服务超时。对于配置了超长超时的外部服务发生的故障操作，断路器可能无法对其进行充分保护。如果超时特别长，则在断路器表明操作失败之前，运行断路器的线程可能会阻塞很长一段时间。在这期间，很多其他的应用程序实例可能会同样尝试通过断路器调用这个服务，并且在它们失败之前会占用大量的线程。

何时使用此模式

适合应用这种模式的情况为：为了阻止一个应用程序而尝试执行一个很有可能会失败的操作，如调用远程服务或访问共享资源。

可能不适合应用这种模式的情况如下：

(1) 处理应用程序的本地私有资源，例如存储在内存中的数据结构。这种环境下应用断路器只会增加系统的开销。

(2) 代替应用程序中的业务逻辑来处理异常。

示例

在一个Web应用程序中，几个页面里的数据通过外部服务获取。如果系统实现了最小缓存模式，则对这些页面的多数点击都会引发对服务的请求响应。Web应用程序到服务的连接可以设置一个超时时间（通常为60秒），并且，如果这个服务没能在这个时间内做出响应，则每个Web页面里的业务逻辑都将假设这个服务不可用，并抛出异常。

当然，如果服务故障或者系统非常繁忙，在异常抛出前，用户可能会被迫等待60秒。最终，如内存、连接数和线程这些资源可能会被耗尽，这会阻止其他用户连接系统，即使他们不是访问那些需要从服务获取数据的页面。

通过添加更多的Web服务器并实现负载均衡可能会延缓资源耗尽的问题，但这种方案并不能解决问题，因为用户的请求依然响应缓慢而且所有Web服务最终还是会耗尽资源。

通过断路器将连接服务和检索数据的业务逻辑进行封装可以帮助缓解这个问题，并能更优雅地处理服务故障。用户的请求仍然会出现失败情况，出现请求失败的速度会更快，并且资源不会被阻塞。

类型`CircuitBreake`通过实现`ICircuitBreakerStateStore`接口来保持断路器的状态信息，

代码如下：

C#

```
interface ICircuitBreakerStateStore
{
  CircuitBreakerStateEnum State { get; }

  Exception LastException { get; }

  DateTime LastStateChangedDateUtc { get; }

  void Trip(Exception ex);

  void Reset();

  void HalfOpen();

  bool IsClosed { get; }
}
```

State属性用来表明断路器当前的状态，它的值可以是枚举类型CircuitBreakerStateEnum中定义的Open、HalfOpen或者Closed。当断路器关闭时，IsClosed属性必须赋值为true，如果是打开或半打开状态，则赋值为false。Trip方法用于将断路器转变为打开状态并记录该状态变更时引发的异常信息，包含异常发生的日期和时间，LastException和LastStateChangedDateUtc属性用于返回这些信息。Reset方法用于关闭断路器，HalfOpen方法用于将断路器设置为半打开状态。

实例中的类InMemoryCircuitBreakerStateStore包含接口ICircuitBreakerStateStore的实现。类CircuitBreaker创建一个类型的实例并保持断路器的状态。

类CircuitBreaker中的ExecuteAction方法包装一个可能失败的操作（以Action委托的模式）。当运行这个方法时，它会先查看断路器的状态。如果是关闭状态（本地属性IsOpen返回true时表明当前断路器处于打开或半打开的状态，关闭状态为false），ExecuteAction方法会尝试调用Action委托。如果操作失败，一个异常处理会被TrackException方法执行。该方法会通过调用InMemoryCircuitBreakerStateStore 对象中的Trip方法将断路器的状态设置为打开。下面的代码示例强调了这一流程。

C#

```
public class CircuitBreaker
{
  private readonly ICircuitBreakerStateStore stateStore =
    CircuitBreakerStateStoreFactory.GetCircuitBreakerStateStore();

  private readonly object halfOpenSyncObject = new object ();

  ...
  public bool IsClosed { get { return stateStore.IsClosed; } }

  public bool IsOpen { get { return !IsClosed; } }
```

```
  public void ExecuteAction(Action action)
  {
    ...
    if (IsOpen)
    {
      //  断路器打开。
      ... (see code sample below for details)
    }

    // 断路器关闭，执行方法。
    try
    {
      action();
    }
    catch (Exception ex)
    {

      // 如果在此处仍旧引发一个异常，则需立刻重启断路器。
      this.TrackException(ex);

      // 抛出这个异常以便调用者可以得知抛出异常的类型。
      throw;
    }
  }

  private void TrackException(Exception ex)
  {

    // 为简单起见，在这个示例中，第一个异常产生时就打开断路器。
    // 实际情况中会更复杂。只有有一个确定的异常类型，例如一个异常表明服务离线，
    // 才能够立即将断路器设置为打开状态。
    // 此外，也可以根据计算局部异常数量或多个实例引发异常的数量，
    // 或者异常/成功的比例来打开断路器。
    this.stateStore.Trip(ex);
  }
}
```

下面的示例展示了断路器没有关闭时执行步骤的代码（前面的例子省略了该部分）。首先验证断路器打开的时间是否大于类CircuitBreaker中OpenToHalfOpenWaitTime的本地属性指定的时间。如果是这种情况，则ExecuteAction方法将断路器设置为半打开状态，接下来尝试执行Action委托中指定的操作。

如果操作成功，则断路器被切换为关闭状态。如果操作失败，则断路器启动回打开的状态并将异常发生的时间更新，这样断路器就可以在重试指定操作之前等待一个更长的周期。

如果断路器只开放过一段很短的时间，小于OpenToHalfOpenWaitTime属性的值时，ExecuteAction方法会简单抛出一个CircuitBreakerOpenException异常并且返回引发断路器切换到打开状态的错误信息。

此外，为了防止断路器在半打开状态下试图对操作执行并发调用，这里用到了一个锁。如果断路器是打开的，并且以一个之后描述的异常引发失败，则会处理尝试调用操作的并发请求。

C#

```
...
    if (IsOpen)
    {

      // 断路器状态为打开，检查打开状态是否过期。
      // 如果已过期，将其状态设置为半打开。
      // 另一个方法可能是简单地检查由其他方法设置的半打开状态。
      if (stateStore.LastStateChangedDateUtc + OpenToHalfOpenWaitTime <
          DateTime.UtcNow)
      {

        // 打开状态的超时时间已过期，就允许执行一个操作。需要注意的是，在示例中，
        // 断路器只是在一段时间后简单地被设置为半打开状态。此外，也可能是被其他的方法设置，
        // 比如定时器、测试方法、手动操作等，然后通过简单检查断路器状态来决定方法如何处理。
        // 当断路器设置为半打开状态时需要限制可执行线程的数量。
        // 此外可以应用一个更复杂的方法来决定允许执行哪些线程或是多少线程，
        // 也可以通过执行一个简单的测试方法替代。
        bool lockTaken = false;
        try
        {
          Monitor.TryEnter(halfOpenSyncObject, ref lockTaken)
          if (lockTaken)
          {
            // 将断路器设置为半打开状态。
            stateStore.HalfOpen();

            // 尝试执行这个操作。
            action();

            // 如果这个操作成功，就重置状态并允许其他操作。
            // 实际上，这里的计数器需要记录成功操作的次数并且在达到指定成功次数后才将断路
            // 器设置为打开状态，而不是即刻切换为打开状态。
            this.stateStore.Reset();
            return;
          }
          catch (Exception ex)
          {
            // 如果这里依旧异常，断路器就立即恢复运行。
            this.stateStore.Trip(ex);

            // 抛出这个异常，以便调用者知晓引发了什么类型的异常。
            throw;
          }
          finally
          {
            if (lockTaken)
            {
              Monitor.Exit(halfOpenSyncObject);
```

```
          }
        }
      }
    }
    // 打开状态的超时时间还没有到期。通过抛出一个 CircuitBreakerOpen 异常来通知调用
    // 者，调用者的这个调用实际没有尝试执行，并被返回最近接收到的最多的异常。
    throw new CircuitBreakerOpenException(stateStore.LastException);
  }
  ...
```

通过使用对象CircuitBreaker来保护一个操作，应用程序创建一个CircuitBreaker类的实例并调用ExecuteAction方法。将这个操作指定为一个参数来执行。如果应用程序操作失败，则需要准备捕捉CircuitBreakerOpenException异常，因为此时断路器是打开状态。以下代码展示了这个实例：

C#

```
var breaker = new CircuitBreaker();

try
{
  breaker.ExecuteAction(() =>
  {
    // 受断路器保护的操作。
    ...
  });
}
catch (CircuitBreakerOpenException ex)
{
  // 当断路器处在打开状态时执行一些不同的方法。
  // 最后的异常详情包含在异常内部信息中。
  ...
}
catch (Exception ex)
{
  ...
}
```

相关模式和指南

当实现该模式时，下面的模式和引导可能会有关联。

- 重试模式。重试模式是断路器模式中很有用的附件。它描述应用程序如何处理一个预期的临时错误，当它尝试重新连接一个服务或网络资源时可以透明地重试一个以前发生过的可预料失败的操作，并且该异常的引发是短暂的。
- 终结点健康监控模式。一个断路器可能通过发送一个请求到服务暴露的终结点来测试服务的健康状态。这个服务需要返回包含其状态的信息。

第 3 章

补偿事务模式

Compensating Transaction Pattern

当一个或多个步骤执行失败时，通过一系列步骤撤销操作来总体定义一个最终一致性的操作。遵循最终一致性模型的业务操作通常发生在实现复杂业务流程和工作流的云托管应用程序中。

背景和问题

在云中运行的应用程序频繁地修改数据。这些数据可能分布在不同地理位置的各式各样的数据源中。在分布式环境中，为了避免冲突并提高性能，应用程序不应试图提供强一致性事务。相反，应用程序应该实现最终一致性。在这个模型中，一个典型的业务操作由一系列独立的步骤构成。当然，这些步骤在执行过程中可能相对于整体系统结构不一致，但是，当所有操作已完成并且所有步骤被执行后，系统依然会恢复到一致性。

注意：数据一致性基础（http://vasters.com/archive/Sagas.html）提供了有关为什么分布式事务不具有良好的伸缩性以及支撑最终一致性模型原理的更多信息。

最终一致性模型中最显著的一个难题是如何处理已经无可挽回的失败步骤。这种情况下，它可能需要撤销这个操作中先前所有步骤完成的工作。当然，数据不可能简单地被回滚，因为应用程序中的其他并发实例可能已经将数据修改了。即使其他并发实例并没有对数据进行修改，想要恢复成初始状态，单靠取消一个步骤可能也是不行的。提供各式各样的业务逻辑规则可能更重要（参考示例部分中旅游网站所述）。

如果实现最终一致性的操作跨越多个不同的数据存储结构，则撤销一个这类操作的所有步骤将要按顺序依次访问每一个数据存储结构。每一个数据存储结构中执行的撤销工作都必须保证可靠，以防止系统最后不一致。

对数据造成影响的一个实现最终一致性的操作并不一定发生在数据库中。在面向服务架构（SOA）的环境中，一个操作可能会调用服务中的方法并引起该服务所保持的状态发生变化。为了撤销这个操作，也要撤销改变的状态。这可能要重新调用这个服务，并执行另一个方法去恢复之前操作所造成的影响。

解决方案

实现一个补偿事务时。补偿事务中的步骤必须撤销初始操作执行的步骤所造成的影响。一个补偿事务可能无法简单地就将系统状态替换为起始操作时的状态，因为应用程序中的状态可能已经被其他并发实例改变。当然，它必须是一个智能的过程，并且需要考虑所有并发实例完成的工作。这个处理通常是由应用程序制定好的，由初始操作依据这个工作的性质执行。

一个通用的使用补偿模式实现最终一致性操作的途径是使用工作流。随着初始操作的执行，系统记录着每一个步骤的信息和这一执行步骤的撤销方式。如果操作在任何位置失败，工作流则将完成的步骤倒带回来，并且通过执行先前记录的撤销方式恢复每个步骤。注意，补偿事务可能没有必要按照起初执行操作的倒带顺序逐个撤销，也可以对一些撤销步骤并行执行。

注意：该途径与Sagas策略相近。关于这种策略的介绍可以在Clemens Vasters的博客（http://vasters.com/clemensv/2012/09/01/Sagas.aspx）中获取。

补偿事务本身也是一个最终一致性的操作，并且同样会失败。系统应该做到在补偿事务失败的位置重启并继续执行。用失败的步骤进行重试可能会很重要，所以补偿事务中的步骤必须被定义为幂等性命令。更多关于幂等性的信息，可以查看Jonathan Oliver的博客（http://blog.jonathanoliver.com/idempotency-patterns/）。

有些情况下除了手动干预，系统可能无法恢复已经失败的步骤。这些情况下，系统应该发出警报并尽可能多地提供失败原因的详细信息。

问题与思考

决定如何实施这种模式时应考虑以下几点：

- 很难确定操作中实现了最终一致性的步骤什么时候会操作失败。一个步骤可能不会立即失败，但它会发生阻塞。实现某种形式的超时机制可能会很重要。
- 补偿的逻辑不是简单通用的。补偿事务是应用程序为其自身定制的，它需要依赖足够的应用程序信息才能确保失败操作中的每个步骤都可以成功撤销。
- 应该将每一个补偿事务的步骤定义为幂等性命令。当补偿事务本身发生异常时，这可以确保这些步骤可以重复执行。
- 处理初始操作和补偿机制的基础设施必须是有弹性的，它必须能够确保执行补偿所需的异常步骤信息不丢失，并且能够可靠地监控补偿逻辑的执行。
- 补偿事务不一定非要将系统中的数据状态恢复为最初操作时的状态。取而代之，补偿事物模式为工作执行的补偿取决于操作失败前成功完成的步骤。

- 补偿事务中执行步骤的顺序不一定非要与起始操作步骤的顺序相反，比如若一个数据的存储可能比其他操作更敏感，则补偿事务在执行撤销时应该优先处理那些对数据存储进行修改过的步骤。
- 为每个资源设置一个短时间基于超时机制的锁，用于完成操作，并且提前获取这些资源有助于提升整体活动操作成功的可能性。这个工作只有在所有资源获取完成后才能执行。所有方法必须在锁释放前完成。
- 将能够触发补偿机制的故障最小化，更多地考虑使用重试逻辑。如果一个操作中某个实现了最终一致性的步骤失败了，就尝试把它当做一个短暂的异常处理并且重复执行这个步骤。只有这个步骤重复失败或者一开始就失败了才放弃这个操作，并开始执行一个补偿事务。

注意：实现补偿事务和最终一致性面对的问题和挑战基本是一样的。可以在《数据一致性指南》里阅读更多关于实现最终一致性的内容。

何时使用此模式

补偿模式只针对一些发生异常后必须撤销的操作。如果可以，设计解决方案来避免引入复杂的补偿事务模式(更多信息可以查看数据一致性基础，网址为：https://msdn.microsoft.com/en-us/library/dn589800.aspx)。

示例

一个旅游网站可以供客户预订旅程。一个单独的旅程可能包含一系列的航班及酒店。当创建一个如下所示的旅程时，旅客将从西雅图旅行到伦敦，然后再去巴黎。

(1) 预订一个航班F1从西雅图到伦敦；

(2) 预订一个航班F2从伦敦到巴黎；

(3) 预订一个航班F3从巴黎到西雅图；

(4) 在伦敦H1酒店预定一个房间；

(5) 在巴黎H2酒店预定一个房间。

虽然每一个步骤本质上是一个分离的原子性行为，但这些步骤构成了一个最终一致性的操作。因此,为了执行这些步骤,系统必须同样记录撤销每一个步骤所需的详细操作,以防客户决定取消行程。在必要的时候，这些步骤的反向操作很重要，它们构成了一个补偿事务，如图3-1所示。

注意：补偿事务中的步骤相对初始执行的步骤可能不是精确相反的,补偿事务中的每个步骤的逻辑都必须考虑特定业务的规则。例如，“退订”一个航班时可能不会完全偿还旅客的所有消费。

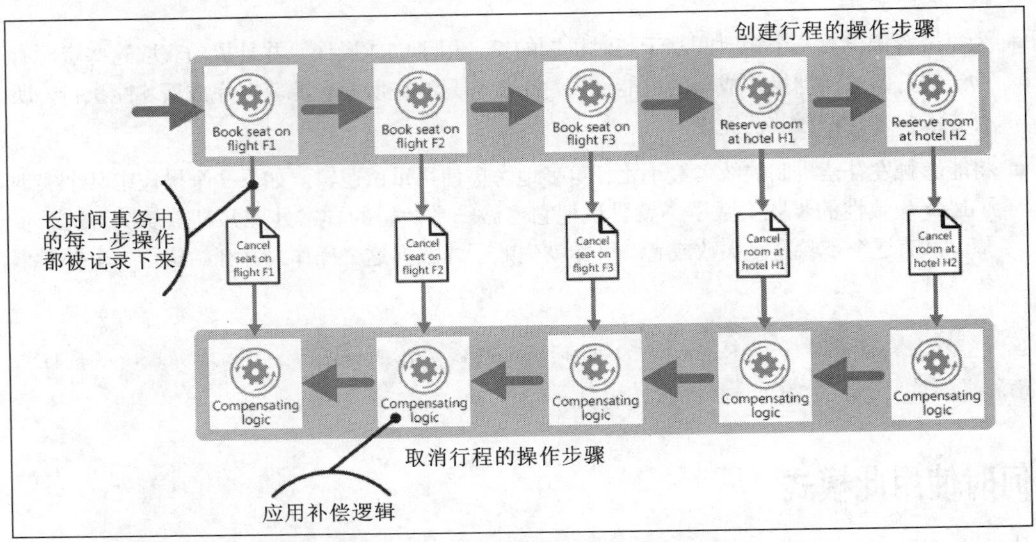

图 3-1　为预订行程生成一个补偿事务，用于撤销一个长时间运行的事务

注意：补偿事务中的步骤是否可以并行执行，取决于你是如何设计每一个步骤的补偿逻辑的。

在许多业务解决方案中,单个步骤的失败不一定要通过使用补偿事务回滚。例如，如果在旅游网站场景中预定航班F1、F2、F3之后，旅客无法在酒店预定一个房间H1，则最好在同一个城市为客户提供一个不同的酒店,而不是取消航班。客户可能仍然会选择取消（在这种情况下，补偿事务运行并取消预订航班F1、F2、F3），但这个决定应该由客户完成而不是由系统完成。

相关模式和指南

当实现补偿事务模式时，下面的模式和引导可能会有关联。

- 数据一致性基础。补偿事务模式频繁地用于撤销，实现了最终一致性模型的操作。这个基础提供了更多关于最终一致性的好处与权衡的信息。
- 调度器代理管理模式。这种模式描述了如何实现一个富有弹性的系统，通过利用分布式服务和资源执行业务操作。在某些情况下,可能需要通过使用实现了补偿事务的操作来撤销一个工作。
- 重试模式。补偿事务的执行可能很昂贵，可以通过重试模式实现一个有效的代理来重试失败操作，以减少应用补偿事务。

第 4 章

竞争消费者模式

Competing Consumers Pattern

此模式允许多个并发消费者处理同一消息通道上接收的消息，使系统能够并发处理多个消息以优化吞吐量，提高可扩展性和可用性，平衡工作负载。

背景和问题

一个在云上运行的应用程序(服务)应该拥有能处理大量请求的能力(一个在云上运行的应用服务需要有能力处理大量请求)，而不是每次只能处理一个请求。常用的技术是应用程序发送消息到另一个拥有异步处理能力的服务（消费者服务）。此策略有助于确保应用在等待请求的过程中能继续处理业务逻辑而不会被阻塞。

大多数情况下，请求的数量可能随时间变化而显著地变化，例如用户活动突然大量增加或来自多个用户的并发请求可能会导致不可预测的负载。在高峰时段，系统可能需要每秒处理数百个请求，而在其他时间，请求数量可能非常少。此外，处理这些请求的工作本质上可能是高度可变的。使用消费者服务的单个实例可能导致该实例过载，或消息系统也有可能由于来自应用程序的大量请求而过载。为了处理这种波动的请求负载，系统可以运行消费者服务的多个实例。然而，这些消费者服务必须确保消息系统安全(不重复、不丢失、可靠)。工作负载还需要在负载之间进行负载均衡，以防止实例成为瓶颈(避免其中某个消费者成为整个系统的瓶颈)。

解决方案

解决上面所说问题的方法是使用消息队列作为应用程序和消费者服务实例之间的通信通道。应用程序以消息的形式将请求发送到消息队列，消费者服务实例从队列接收消息并处理它们。此方法使消费者服务实例池(多个相同的消费者实例)能够处理来自应用程序的任何实例的消息。图4-1说明了这种架构。

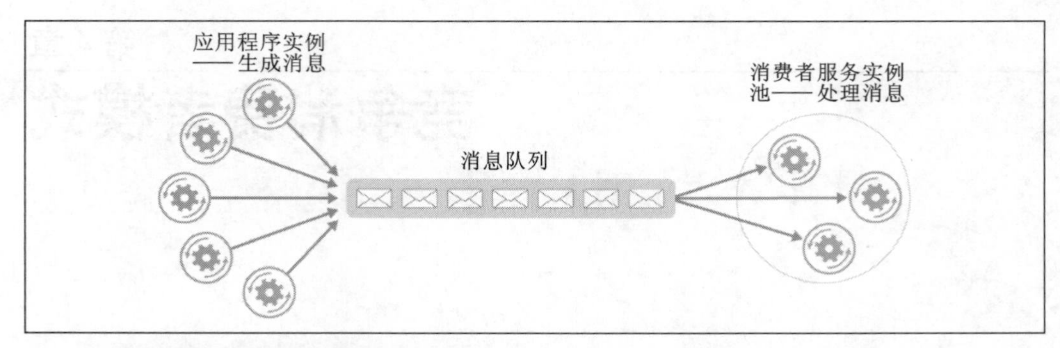

图 4-1　使用消息队列将工作分发到服务实例

此解决方案具有以下优点。

- 这种设计支持处理应用程序实例发送请求量变化大的情况。消息队列相当于在用户程序与消费者之间做了一个缓冲，在有压力波动时有助于降低对用户程序和消费者实例可用性、响应能力的影响。需要长时间运行处理的消息不会阻止另外一些消费者服务实例处理其他消息。
- 它提高了可靠性。如果不使用该模式(竞争消费者模式)，而是生产者直接与消费者通信，却不监控消费者，则消息可能丢失；或者如果消费者服务出现异常，则消息不能被处理。在此模式中，消息并不是发送到特定的消费者服务实例，失败的消费者服务实例也不会造成用户程序的阻塞，并且消息可以由任何工作的多个消费者服务实例继续竞争。
- 它不需要消费者与消费者之间，或生产者和消费者之间进行复杂的协作（使用复杂的程序逻辑来保证消息可靠、不会丢失）。因为消息队列能确保每条消息至少传递一次。
- 它是可扩展的。当请求的数量上下波动时,系统可以动态增加或者减少消费者服务实例的数量。
- 如果消息队列提供事务读操作，则它可以提高弹性。如果消费者服务实例读取并处理消息属于事务操作的一部分，且此消费者服务实例随后失败，则该模式可以确保消息将返回到队列并被另一个消费服务获取。

问题与思考

在决定如何实现此模式时，请考虑以下几点。

- 消息的顺序。消费者服务实例接收的消息是无序的，它不按照消息创建的顺序来接收。设计系统确保消息的处理是幂等的（任意次执行的结果与一次执行的结果相同），这有助于消除对消息处理顺序的依赖。有关幂等的详细信息，请参阅Jonathon Oliver'的博客。

注意：Microsoft Azure Service Bus队列通过使用消息会话来实现消息的先进先出顺序。想要了解更多信息，请参阅MSDN上的《消息传递模式使用会话》。

- 设计服务伸缩性。如果系统被设计成检测重启失败的服务实例，则为了最小化单个消息被不止一次检索和处理所造成的影响，可能需要把由服务实例执行的处理作为幂等操作。
- 检测有害消息。格式不正确的消息或需要访问不可用资源的任务可能会导致消费者服务实例失败。如果要对这些进行分析，系统就应避免这些消息重新返回到队列（而应该是捕获这些消息的细节并将其存储在其他地方，以便在必要时对其进行分析）。
- 处理结果。处理消息的服务实例与生成消息的应用程序的逻辑完全解耦，并且它们可能无法直接通信。如果服务实例生成的结果必须返回给应用，则该信息必须存储在两者都可访问的位置，并且系统必须提供处理已经完成的某种指示，以防止应用逻辑检索不完整的数据。

注意：如果你使用Azure，工作进程可能能够通过专用消息回复队列将结果返回给应用程序逻辑。应用程序逻辑必须能够将这些结果与原始消息相关联。此方案在异步消息传递入门中有更详细的描述。

- 扩展消息系统。在大规模解决方案中，单个消息队列可能因为消息的数量过多而超过负载，成为系统中的瓶颈。在这种情况下，考虑对消息系统进行分区以将消息从特定生产者定向到特定队列，或者使用负载均衡来跨多个消息队列分发消息。
- 确保消息系统的可靠性。一个可靠的消息系统必须保证应用程序入队消息不会丢失。这对于确保所有消息至少传送一次非常重要。

何时使用此模式

在以下情况下使用此模式。

- 应用程序的工作负载可以分割为异步运行的任务。
- 任务是独立的，可以并行运行。
- 工作负载是高度可变的，需要可扩展的解决方案。
- 解决方案必须提供高可用性，并且当任务处理失败时具有弹性。

以下情况可能不适合使用此模式。

- 应用程序工作负载间耦合度较高，较难分离成为离散的任务，或者任务之间存在高度依赖性。
- 任务之间必须同步执行，应用程序逻辑必须等待任务完成后才能继续。

- 任务必须以特定的顺序执行。

注意：一些消息系统支持会话，使生产者能够将消息分组并确保它们都由相同消费者处理。该机制可用于优先级消息(如果支持的话)，以实现消息排序(从生产者到单个消费者顺序地传递消息)。

示例

Azure提供存储队列和服务总线队列作为实现此模式的合适机制。应用程序逻辑可以将消息发送到队列，并且作为一个或多个角色中任务实现的消费者，可以从该队列取出消息并处理它们。当消费者从队列取出消息时，服务总线队列使用PeekLock模式。此模式实际上不会移除消息，而只是将消息隐藏，让消费者获取不到此消息。原始消费者可以处理完消息后删除此消息。如果消费者失败，则peeklock将超时，消息将再次可见，并允许另一个消费者获取它。

注意：有关使用Azure服务总线队列的详细信息，请参阅MSDN上《服务总线队列》。有关使用Azure存储队列的信息，请参阅MSDN上《如何使用队列存储服务》。

以下代码从CompetingConsumers的QueueManager类中显示了可供下载示例的解决方案，本指南介绍了如何使用Web或Worker角色的Start事件处理程序中的QueueClient实例创建队列。

C#

```
private string queueName = ...;
private string connectionString = ...;
...

public async Task Start()
{
  // Check if the queue already exists.
  var manager = NamespaceManager.CreateFromConnectionString(
     this.connectionString);
  if (!manager.QueueExists(this.queueName))
  {
    var queueDescription = new QueueDescription(this.queueName);

    // Set the maximum delivery count for messages in the queue. A message
    // is automatically dead-lettered after this number of deliveries. The
    // default value for dead letter count is 10.
    queueDescription.MaxDeliveryCount = 3;

    await manager.CreateQueueAsync(queueDescription);
  }
  ...

  // Create the queue client. By default the PeekLock method is used.
  this.client = QueueClient.CreateFromConnectionString(
  this.connectionString, this.queueName);
}
```

下一段代码显示应用程序如何创建一批消息并将其发送到队列。

C#

```
public async Task SendMessagesAsync()
{
  // Simulate sending a batch of messages to the queue.
  var messages = new List<BrokeredMessage>();

  for (int i = 0; i < 10; i++)
  {
    var message = new BrokeredMessage() { MessageId = Guid.NewGuid().ToString() };
    messages.Add(message);
  }
  await this.client.SendBatchAsync(messages);
}
```

以下代码显示了消费者服务实例如何通过事件驱动的方法从队列接收消息。该processMessageTask参数的ReceiveMessages方法是引用代码收到消息时运行的委托。这些代码是异步运行的。

C#

```
private ManualResetEvent pauseProcessingEvent;
...

public void ReceiveMessages(Func<BrokeredMessage, Task> processMessageTask)
{
  // Set up the options for the message pump.
  var options = new OnMessageOptions();

  // When AutoComplete is disabled it is necessary to manually
  // complete or abandon the messages and handle any errors.
  options.AutoComplete = false;
  options.MaxConcurrentCalls = 10;
  options.ExceptionReceived += this.OptionsOnExceptionReceived;

  // Use of the Service Bus OnMessage message pump.
  // The OnMessage method must be called once, otherwise an exception will occur.
  this.client.OnMessageAsync(
    async (msg) =>
    {
      // Will block the current thread if Stop is called.
      this.pauseProcessingEvent.WaitOne();

      // Execute processing task here.
      await processMessageTask(msg);
    },
    options);
}
...

private void OptionsOnExceptionReceived(object sender,
  ExceptionReceivedEventArgs exceptionReceivedEventArgs)
{
  ...
}
```

注意：自动扩展功能（例如Azure中提供的功能）可用于队列长度波动时启动和停止角色实例。欲了解更多信息，请参阅《自动缩放指导》。此外，没有必要在角色实例和工作进程之间保持一一对应的关系，并且单个角色实例可以实现多个工作进程。欲了解更多信息，请参阅《计算资源整合模式》。

相关模式与指南

实现此模式时，以下模式和指南可能是相关的。

- 异步消息指南。消息队列本质上是一种异步通信机制。如果消费者服务需要发送应答给应用程序，它可能需要去实现某种形式的应答消息。异步消息指南提供了关于如何使用队列实现请求/应答/消息的指导。
- 自动伸缩指南。它可能要随着消息队列长度的变化去启动和停止消费者服务。自动伸缩可以在峰值处理时帮助维护吞吐量。
- 计算资源合并模式。可能可以合并多个消费者服务实例到单个进程来降低成本和管理开销。计算资源合并模式介绍了此方法的好处和取舍。
- 基于队列的负载分级模式。介绍了消息队列可以增加系统的弹性。允许服务实例处理更大变化吞吐量的请求消息。消息队列可以根据负载选择不同的级别。基于队列的负载分级模式介绍了此场景的更多细节。

更多信息

本书中的所有链接都可以从本书的联机书目中查阅：http://aka.ms/cdpbibliography。

- Jonathan Oliver博客文章*Idempotency Patterns*。
- MSDN文章*Messaging Patterns Using Sessions*。
- MSDN文章*Service Bus Queues, Topics, and Subscriptions*。
- MSDN文章*How to use the Queue Storage Service*。

此模式具有与之相关联的示例应用程序。你可以从http://aka.ms/cloud-design-patterns-sample微软中心下载“云设计模式 - 示例代码”。

第 5 章

计算资源合并模式

Compute Resource Consolidation Pattern

将多个任务或操作合并为单一的计算单元的模式可以提高计算资源的利用率，降低云托管应用程序的计算成本和管理开销。

背景和问题

云应用程序频繁地执行各种操作。在一些解决方案中，最初可能是有意遵循关注点分离的设计原则，把这些操作分解为独立的计算单元以便可以单独托管和部署（例如，在微软Azure服务中的不同角色、单独的Azure网站、单独的虚拟机）。然而，虽然这种策略可以帮助简化解决方案的逻辑设计，但是在同一个应用程序中要部署大量的计算单元，这会增加运行时的托管成本，并且使得系统管理复杂化。

如图5-1所示，这是一个使用多个计算单元来实现云托管解决方案的简化结构。每个计算单元都运行在自己的虚拟环境中。每个功能都由运行在它们自己计算单元中的独立任务（标记为任务A ~ 任务E）来实现。

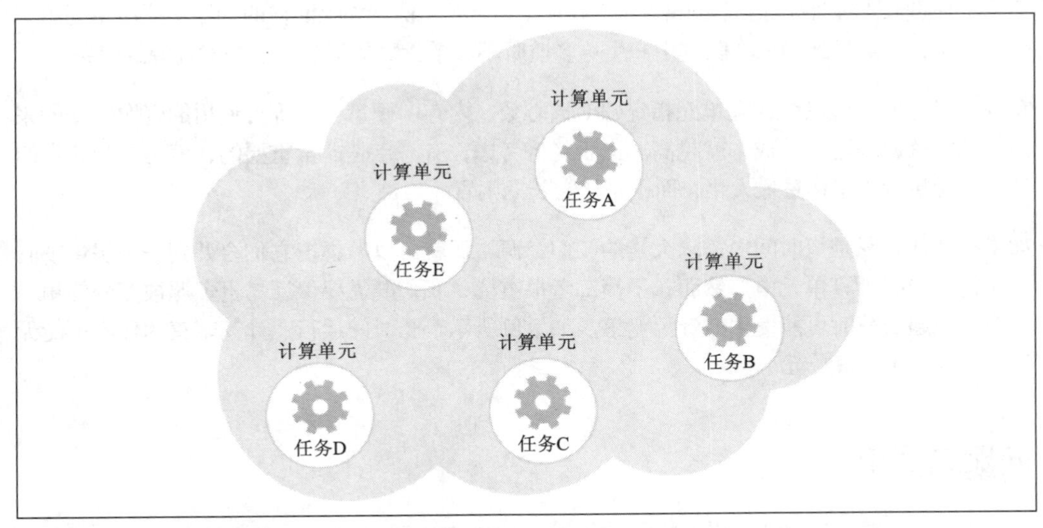

图 5-1　在云环境中通过使用一组专用计算单元来运行任务

每个计算单元都在消耗收费资源，即使是在空闲或低使用率状态下。因此，这种方法可能并不是最合乎经济效益的解决方案。

在Azure中，这适合云服务、网站和虚拟机中的角色。这些项目在它们自己的虚拟环境中执行，运行一系列独立的角色、网站或虚拟机，被设计用来执行一组定义好的操作。由于它们只是作为一种解决方案的一部分，又需要通信与协作，因此会造成对资源的低效利用。

解决方案

为了降低成本、提高利用率、提高通信速度、减轻管理工作，将多个任务或操作合并为一个计算单元就成为一种合理的方案了。

可以根据不同的标准对任务进行分组。这些标准是基于环境所提供的特性以及这些特性相关的成本。一种比较常用的方法就是查找在可扩展性、生命周期和处理要求方面配置相似的任务。把这些项目组合在一起，使它们成为一个单元。许多云环境都提供这样一种弹性，它能够附加根据工作负荷启动和停止的计算单元实例。例如，Azure提供的自伸缩功能就可以应用到云服务、网站和虚拟机的角色中。更多信息请参阅《自动伸缩指南》。

作为反例，以下示例说明了可扩展性如何用于决定哪些操作不适合被组合在一起。请思考以下两个任务：

- 任务1　轮询把不频繁的、对时间不敏感的消息发送到队列。
- 任务2　处理大批量爆发的网络流量。

第二个任务要求弹性,包括启动和停止大量的计算单元实例。如果同样的伸缩功能应用到第一个任务中，就会导致同一个队列中产生更多监听不频繁信息的任务，这是对资源的浪费。

在许多云环境下可以为计算单元指定CPU核心数、内存、硬盘空间等可使用的资源。一般来说，越多资源被指定，成本就越高。出于经济考虑，有一点是非常重要的，就是要让昂贵的计算单元执行的工作量最大化，而不是让它长期闲置。

如果有些任务只是短时间内需求大量的CPU资源，那就可以考虑把它们合并到一个提供了它们所需资源的计算单元中。然而，平衡二者很重要，我们既需要保证昂贵资源被充分使用，又要避免超负荷时可能发生的资源竞争。如上例所示，长时间运行、计算密集的任务可能无法共享同一个计算单元。

问题与思考

在实现此模式时，需要考虑以下几点。

- 可扩展性和弹性。许多云解决方案通过在计算单元层面启动和停止单元实例来实现可扩展性和弹性，避免在同一个计算单元对具有可扩展性要求冲突的任务进行分组。
- 生命周期。云架构会定期回收托管计算单元的虚拟环境。当在一个计算单元中长时间执行多个任务时，我们有必要对它进行配置以防止它在这些任务完成前被回收。或者，使用检查断点方法来设计任务，使它们可以完全停止，并且能够在计算单元重启后从断点继续执行。
- 发布节奏。如果频繁更改一个任务的实现或配置，那么停止、重新配置、重新部署然后重启托管更新代码的计算单元是必需的。在这一过程中，同一个计算单元中的其他任务也将被停止、重新部署和重启。
- 安全性。同一个计算单元中的任务共享安全上下文并且能够访问共享资源。这就要求不同任务之间必须是高度信任的，并且确保一个任务不会对其他任务产生破坏或不利影响。另外，增加计算单元的任务数也就相应增加了计算单元的被攻击面，每个任务的安全性就跟漏洞最多的那个任务一样了。
- 容错性。如果计算单元中的一个任务失败或异常，它将会影响运行在同一个计算单元中的其他任务。例如，一个任务没有正确启动就可能会导致整个计算单元的启动逻辑失败，并阻止同一单元中其他任务的运行。
- 竞争性。避免在同一个计算单元的任务之间引入资源竞争。理想状态下，共享同一计算单元的任务呈现出不同的资源利用特性。例如，两个计算密集型任务不应在同一个计算单元中，同理，同一计算单元中也不应该有两个消耗大量内存的任务。但是，把一个计算密集型的任务跟一个消耗大量内存的任务放在一起则是可行的。

注意：应该考虑仅在已经投入生产一段时间的系统中合并资源，操作人员和开发人员可以监测系统并绘制出热点图，以确定每个任务如何利用资源。此图可以用于决定哪些任务可以作为共享资源的最佳候选者。

- 复杂性。组合多个任务到一个计算单元中增加了代码的复杂性，可能会使之难以测试、调试与维护。
- 逻辑结构稳定性。在每个任务中设计和实现稳定的逻辑结构代码后，即使任务运行的物理环境发生了变化，它们也不需要更改。
- 其他策略。合并计算资源只是帮助降低并发任务运行成本的方法之一。它要求仔细计划和监测，以使之行之有效。根据执行的工作性质和任务运行受益者的定位来确定使用何种策略。有时其他策略可能会更合适。例如，工作负荷的功能分解（详见《计算分区指南》）有时可能会是更好的选择。

应用场景

如果任务运行在它们自己的计算单元中，那么使用此模式是不合算的。如果一个任务花费了很多空闲时间，那么在专门的计算单元中运行它是昂贵的。

此模式不适合用于执行关键的容错操作任务，也不适合用于处理高敏感度任务与要求有自己的安全上下文的私有数据任务。这些任务需要运行在它们自己的独立环境中，运行在独立的计算单元中。

示例

当在Azure中构建一个云服务时，我们可以将多任务执行的处理合并到一个角色中。典型的例子就是工作者角色，用来执行后台或异步操作的任务。

> 注意：在某些情况下，Web角色中包含后台或异步操作任务。虽然这种技术可以帮助降低成本和简化部署，但这可能会影响由Web角色提供的面向公众接口的可扩展性和响应性。在《组合多个工作者角色到Azure Web角色》这篇文章中包含了在Web角色中实现后台或异步操作任务的详细说明。

这个角色是负责启动和停止任务的。Azure fabric控制器加载一个角色时，它会为此角色触发`Start`事件。可以通过重写`WebRole`或`WorkerRole`类的`OnStart`方法来处理此事件，也可以初始化此方法中的任务所依赖的数据和其他资源。

当`OnStart`方法完成时，角色可以开始响应请求。可以在《模式与实践指南》的“应用程序迁移到云”中的“应用程序启动过程”部分找到更多关于在角色中使用`OnStart`和`Run`方法的信息和指导。

> 注意：请尽可能保持`OnStart`方法中的代码简洁。Azure没有强制限定完成这个方法的时间，但是角色在此方法完成前都不能开始响应网络请求。

`OnStart`方法完成后，角色执行`Run`方法。同时，fabric控制器可以开始向角色发送请求。

在`Run`方法中放置实际创建任务的代码。注意，`Run`方法有效地定义了角色实例的生命周期。当完成该方法后，fabric控制器将被安排给要关闭的角色。

当一个角色关闭或被回收，fabric控制器阻止接收更多来自负载均衡器的传入请求并引发`Stop`事件。可以通过重写角色的`OnStop`方法来捕获这个事件,并且在角色终止前执行任何请求的清理工作。

> 注意：任何在`OnStop`方法中执行的动作必须在5分钟内完成（如果使用的是本地计算机中的Azure仿真器，则只要30秒），否则Azure fabric控制器会假设角色已经停滞并强制它停止。

图5-2说明了角色的生命周期及它托管的任务和资源。任务通过`Run`方法启动，然后等待任务完成。这些任务本身实现云服务的业务逻辑，可以通过Azure负载均衡器响应发布到角色的信息。

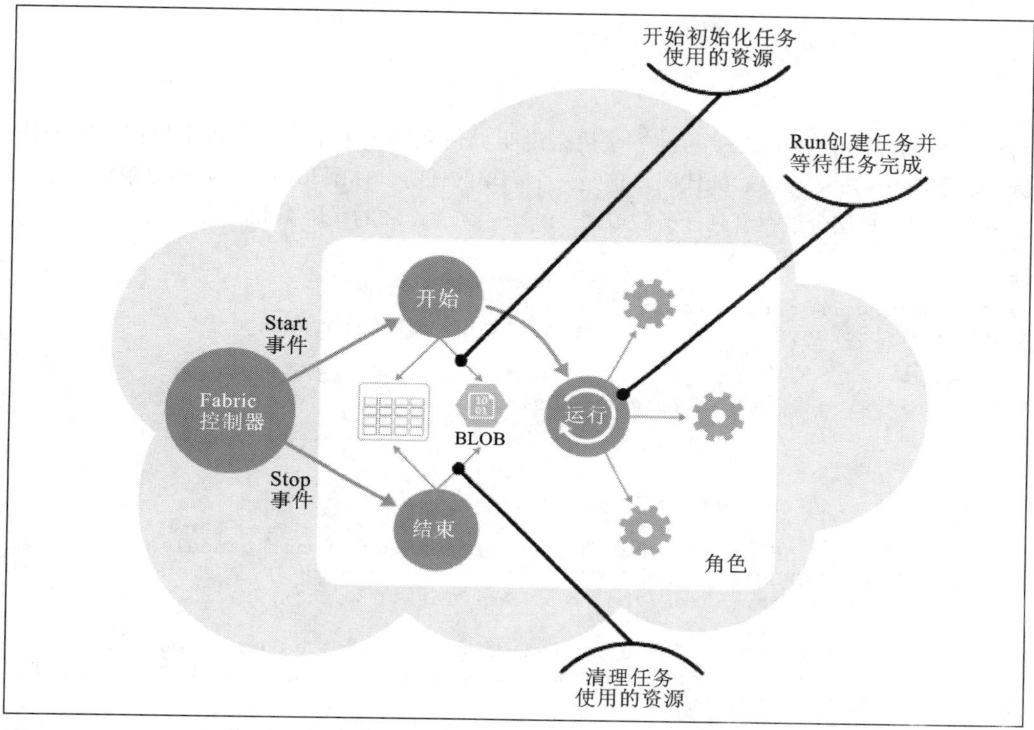

图 5-2　Azure 云服务角色中任务和资源的生命周期

在ComputeResourceConsolidation.Worker项目的WorkerRole.cs文件中，用实例说明了如何在Azure云服务中实现此模式。

> 注意：ComputeResourceConsolidation.Worker项目是ComputeResourceConsolidation解决方案的一部分，可以通过下载指南来获得。

在工作者角色中，初始化角色时运行的代码会创建所需的取消令牌和要运行的任务列表。

C#

```
public class WorkerRole: RoleEntryPoint
{
  // The cancellation token source used to cooperatively cancel running tasks.
  private readonly CancellationTokenSource cts = new CancellationTokenSource ();

  // List of tasks running on the role instance.
  private readonly List<Task> tasks = new List<Task>();

  // List of worker tasks to run on this role.
```

```
    private readonly List<Func<CancellationToken, Task>> workerTasks
                        = new List<Func<CancellationToken, Task>>
      {
        MyWorkerTask1,
        MyWorkerTask2
      };

  ...
}
```

MyWorkerTask1和MyWorkerTask2方法用来说明如何在同一个工作者角色中执行不同的任务。以下是MyWorkerTask1的代码。这是一个简单的任务，休眠30秒，然后输出跟踪消息。它会不停地重复这个过程直到任务被取消。MyWorkerTask2的代码类似。

C#

```
// A sample worker role task.
private static async Task MyWorkerTask1(CancellationToken ct)
{
  // Fixed interval to wake up and check for work and/or do work.
  var interval = TimeSpan.FromSeconds(30);

  try
  {
    while (!ct.IsCancellationRequested)
    {
      // Wake up and do some background processing if not canceled.
      // TASK PROCESSING CODE HERE
      Trace.TraceInformation("Doing Worker Task 1 Work");

      // Go back to sleep for a period of time unless asked to cancel.
      // Task.Delay will throw an OperationCanceledException when canceled.
      await Task.Delay(interval, ct);
    }
  }
  catch (OperationCanceledException)
  {
    // Expect this exception to be thrown in normal circumstances or check
    // the cancellation token. If the role instances are shutting down, a
    // cancellation request will be signaled.
    Trace.TraceInformation("Stopping service, cancellation requested");

    // Re-throw the exception.
    throw;
  }
}
```

注意：示例代码是后台进程的通用实现。在现实世界的应用中，可以使用相同的结构，只需要把等待取消请求的循环体替换为自己的处理逻辑。

在工作者角色初始化它使用的资源后，Run方法会同时启动如示例所示的两个任务。

C#

```
...
// RoleEntry Run() is called after OnStart().
// Returning from Run() will cause a role instance to recycle.
public override void Run()
{
  // Start worker tasks and add them to the task list.
  foreach (var worker in workerTasks)
    tasks.Add(worker(cts.Token));

  Trace.TraceInformation("Worker host tasks started");
  // The assumption is that all tasks should remain running and not return,
  // similar to role entry Run() behavior.
  try
  {
    Task.WaitAny(tasks.ToArray());
  }
  catch (AggregateException ex)
  {
    Trace.TraceError(ex.Message);

    // If any of the inner exceptions in the aggregate exception
    // are not cancellation exceptions then re-throw the exception.
    ex.Handle(innerEx => (innerEx is OperationCanceledException));
  }

  // If there was not a cancellation request, stop all tasks and return from Run()
  // An alternative to cancelling and returning when a task exits would be to
  // restart the task.
  if (!cts.IsCancellationRequested)
  {
    Trace.TraceInformation("Task returned without cancellation request");
    Stop(TimeSpan.FromMinutes(5));
  }
}
...
```

在这个例子中，Run方法等待所有的任务完成。如果其中一个任务被取消，Run方法则假设角色关闭并等待余下的任务在完成前被取消（在终止前最多等待5分钟）。如果任务因预期异常而失败，则Run方法将取消此任务。

注意：可以在Run方法中实现更全面的监测和异常处理策略，比如重启失败的任务，或是包含使角色可以停止或启动单独任务的代码。

如下代码所示的Stop方法是在fabric控制器关闭角色实例（由OnStop方法调用）时被调用的。代码通过取消来优雅地停止每个任务。任何任务超过5分钟完成，Stop方法中的取消处理将停止等待并终止角色。

C#

```
// Stop running tasks and wait for tasks to complete before returning
// unless the timeout expires.
private void Stop(TimeSpan timeout)
{
```

```
  Trace.TraceInformation("Stop called. Canceling tasks.");
  // Cancel running tasks.
  cts.Cancel();

  Trace.TraceInformation("Waiting for canceled tasks to finish and return");

  // Wait for all the tasks to complete before returning. Note that the
  // emulator currently allows 30 seconds and Azure allows five
  // minutes for processing to complete.
  try
  {
    Task.WaitAll(tasks.ToArray(), timeout);
  }
  catch (AggregateException ex)
  {
    Trace.TraceError(ex.Message);

    // If any of the inner exceptions in the aggregate exception
    // are not cancellation exceptions then re-throw the exception.
    ex.Handle(innerEx => (innerEx is OperationCanceledException));
  }
}
```

相关模式和指南

实现此模式可能会用到的相关模式和指南如下。

- 自动伸缩指南。自动伸缩可以依据预期要处理的需求来启动和停止托管计算资源的服务实例。
- 计算分区指南。指南中详述了如何在云服务中分配服务和组件，以帮助我们在保证服务的可扩展性、性能、可用性及安全性的同时最小化运行成本。

扩展阅读

- 博客文章*Combining Multiple Azure Worker Roles into an Azure Web Role*。
- MSDN上*patterns & practices guide-Moving Applications to the Cloud-Application Startup Processes*。

相关示例代码“Cloud Design Patterns——Sample Code”可从微软下载中心http://aka.ms/cloud-design-patterns-sample下载。

第6章

命令和查询职责分离(CQRS)模式

Command and Query Responsibility Segregation (CQRS) Pattern

命令和查询职责分离是指从更新数据的操作之外，使用单独接口来读取数据。此模式可以最大化性能，具有可扩展性和安全性；通过更高的灵活性支持系统扩展升级，并防止更新命令在领域级别（domain level）引起合并冲突。

背景和问题

在传统的数据管理系统中，执行命令（更新数据）和查询（请求数据）都是同一个数据库中的相同实体。这里的实体可以是关系数据库（例如SQL Server）中的一个表(table)或多个表的某个子集。

通常，在这些系统中，所有增删改查（CRUD）操作都作用于相同实体。例如，以下过程将通过数据访问层(DAL)从数据库中查询客户信息的数据传输对象(DTO,以下均简称为DTO)并显示出来。用户更新DTO的某些字段(如通过数据绑定到控件方式来更新数据)，然后DAL将DTO保存到数据存储中。相同的DTO在读和写操作中都会调用，如图6-1所示。

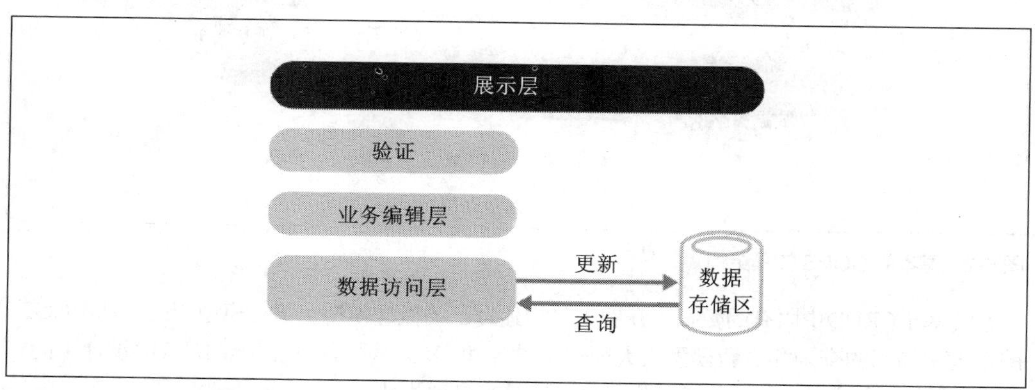

图6-1 传统的CRUD架构

当数据操作应用于简单的业务逻辑时，传统的CRUD设计方式工作良好。代码生成工具提供快速创建数据访问代码框架机制，然后再根据需要进行定制扩展。

然而，传统 CRUD方法存在一些缺点，具体如下。

(1) 它通常意味着数据的读取并显示的部分与写入到存储之间会不匹配。例如，即使一些附加的列或属性并没有最终显示在界面上，但更新时也要求对这些列或属性正确更新。

(2) 当记录被锁定在数据存储器中，或者当使用乐观锁并由并发更新引起更新冲突时，它可能在协作域（多个操作人并行地操作同一组数据）中遭遇数据争用。这类风险随着系统的复杂性和吞吐量的增长而增加。此外，按传统方法，从数据存储和数据访问层上加载数据并执行复杂查询会在性能上产生负面影响。

(3) 使管理安全性和权限更麻烦，因为每个实体都会有读和写操作，这可能会在一些异常发生时的错误上下文中无意中暴露数据。

要深入地了解CRUD方法的限制，请参阅MSDN上的文章*CRUD, Only when you can afford it*。

解决方案

命令和查询职责分离（CQRS）是一种模式，它将读取数据（查询）的操作通过使用单独的接口，与更新数据（命令）的操作隔离。这意味着用于查询和更新的数据模型是不同的。然后就可以将模型隔离，如图6-2所示，虽然这不是绝对要求。

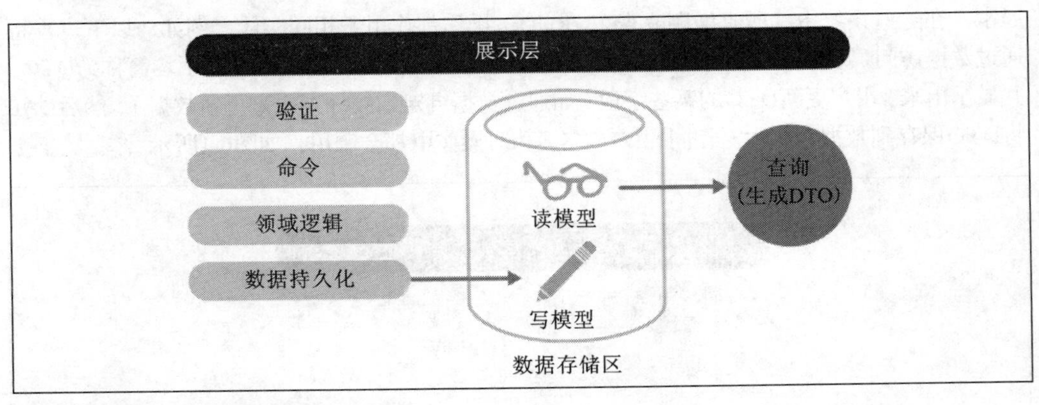

图 6-2　基本的 CQRS 体系结构

与系统基于CRUD中固有的数据（开发人员构建自己的概念模型）单一模型相比，基于CQRS的系统中隔离的查询和更新模型大大简化了设计和实现。然而，与传统的CRUD设计不同，CQRS也有一个缺点，如不能通过代码生成工具来自动生成。

用于读取数据的查询模型和用于写入数据的更新模型可能通过使用SQL视图或通过生成的投

影(数据映射)访问同一物理存储。然而，通常将读/写的数据存储于不同的物理存储中，以求最大化性能、可扩展性和安全性，如图6-3所示。

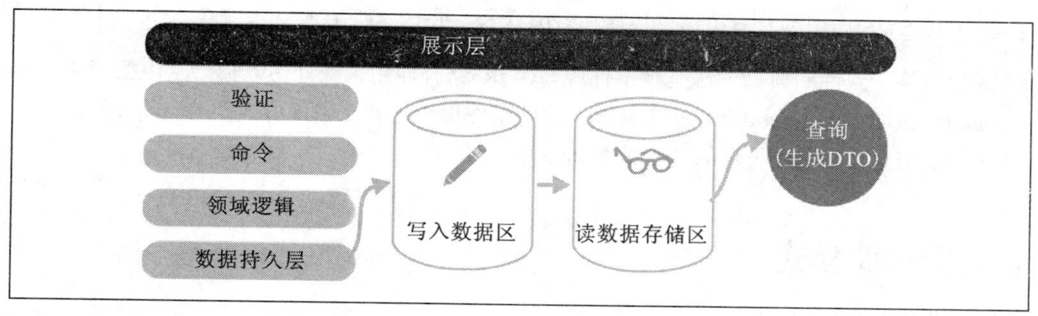

图 6-3　分离的读/写存储 CQRS 体系结构

读存储可以是写存储的只读副本，或者读存储和写存储可以具有完全不同的结构。使用读存储的多个只读副本可以显著提高查询性能和应用程序UI的响应速度，特别是在只读副本位于应用程序实例附近的分布式场景中。一些数据库系统（如SQL Server）提供其他功能（如故障转移副本）的目的是最大限度地提高可用性。

读存储和写存储的分离还可以适当地进行配置以匹配各自负载。例如，读存储通常比写存储承担高得多的负载。

当查询/读取模型包含一些格式化信息（请参阅Materialized View Pattern）时，在应用程序中读取每个视图的数据或在系统中查询数据，其性能就会最大化。

有关CQRS模式和其执行的详细信息，请参阅以下资源：

- MSDN上的文章《The patterns & practice guide——CQRS Journey》。应该重点读"Introducing the Command Query Responsibility Segregation Pattern"这一章节，全面了解这个模式。"Epilogue: Lessons Learned"这一章节也值得一读，你可以了解使用这种模式会产生哪些相应的问题。
- Martin Fowler的博文《CQRS》介绍了这种模式的基础和其他一些有用资源。
- Greg Young在Code Better发布的帖子中探索了很多关于CQRS模式的问题。

问题与思考

为实现此模式，应考虑以下几方面的问题。

- 将数据存储划分为读取和写入操作的单独物理存储，可提高系统的性能和安全性，但是它在弹性和最终一致性方面增加了较大的复杂性。对写入模型存储更新时，需要从读取模型存储中得到体现，并且可能难以检测到用户何时会基于读取的陈旧数据发出请求，这意味着请求不能被正确完成。

- 考虑将CQRS应用到系统中最有价值的有限环节，并从经验中学习。
- 采用最终一致性的典型方法是将事件源与CQRS结合使用，保证写入模型是由执行命令驱动的仅追加式（append-only）事件流。这些事件用于更新充当读取模型的实例化视图。有关更多信息，请参阅下面的“事件源和CQRS”部分。

何时使用此模式

这种模式很适合用于以下情况。

- 对相同的数据并行执行多个操作的协同域。CQRS允许以足够的粒度定义命令（更新），以最小化域级别的合并冲突（或者出现的任何冲突可以由命令合并），即使是更新相同类型的数据。
- 使用基于任务的用户界面（由一系列步骤组成的复杂用户操作过程）。UI包含复杂的域模型，其设计团队熟悉域驱动设计（DDD）技术。写入模型具有包含业务逻辑、输入验证和业务验证的完整命令处理堆栈，以确保每个聚合的一致性（每个相关对象集合被视为用于数据改变的单元）。读取模型没有业务逻辑或验证堆栈，并且只返回用于视图模型的DTO。读取模型最终与写入模型一致。
- 在数据读取性能必须与数据写入性能分开调整的情况下，特别是当读/写比率非常高以及需要水平扩展时。例如，在许多系统中，读操作的数量比写操作的数量大几个数量级。为了适应这种情况，考虑扩展读取模型，只在一个或几个实例上运行写入模型。少量的写入模型实例也有助于最小化合并冲突的发生。
- 开发者团队部分成员可以专注于写模式中一部分复杂的域模型，另一个较缺乏经验的成员可以专注于读取模型和用户界面。
- 随着时间的推移，预计系统会包含模型的多个版本或业务规则定期改变的情况。
- 与其他系统集成，特别是结合事件源，其中一个子系统的时间故障不应影响其他系统的可用性。

这种模式可能不适合用于下列情况。

- 领域或业务规则很简单时。
- 使用简单的CRUD风格的用户界面和相关的数据访问操作足够时。
- 用于整个系统的实现时。有一个综合数据管理场景的特定组件部分，其中CQRS虽然可以应用，但是它会增加相当大且通常不必要的复杂性。

事件源与 CQRS 模式

CQRS模式通常与事件溯源模式结合使用。基于CQRS的系统使用单独的读取和写入数据模型，每个模型针对相关任务定制，并且通常位于物理上分离的存储中。当与事件源结合使用时，事件存储是写入模型，这是权威的信息源。基于CQRS的系统的读取模型提供数据的实体化视图，通常为高度非规范的视图。这些视图是根据应用程序的接口和显示要求自定义的，这有助于最大限度地提高显示和查询性能。

使用事件流而不是将某个时间点的实际数据作为写存储，避免了对单个聚合的更新冲突，并使性能和可扩展性最大化。可用于异步事件同时生成用于填充读取存储数据的实例化视图。

因为事件存储是权威的信息源，所以可以删除实例化视图并重现所有过去事件，以便在系统发展时或当读取模型必须更改时创建当前状态新的展示层。实体化视图实际上是数据的可靠只读高速缓存。

当结合使用CQRS与事件溯源模式时，需要考虑以下事项。

- 与其他读/写存储分离的任何系统一样，基于该模式的系统最终会是一致的。在生成的事件和保存这些事件引发的操作结果的数据存储之间会有一些延迟。
- 该模式引入了额外的复杂性，因为必须创建代码来启动（实例化）和处理事件、组合或更新查询或读取模型所需的适当视图或对象。当与事件源结合使用时，CQRS模式的固有复杂性使得成功实施变得更加困难，并且需要重新学习一些概念和设计系统的不同方法。但是，事件源可以使模型化过程更容易，并且更容易重建视图或创建新视图，因为数据更改的意图已被保留。
- 通过重放和处理特定实体或实体集合的事件来生成用于读取模型或数据预测的实例化视图，可能需要相当多的处理时间和资源，特别是需要长时间的统计或分析，因为可能需要检查所有相关的事件。这可以通过在调度间隔实施数据快照来部分地解决，诸如已经发生的特定动作的总数或实体的当前状态。

示例

以下代码显示了来自CQRS实现的实例。该实例对读取模型和写入模型使用不同的定义。模型接口不指定下层数据存储的任何特征，并且它们可以独立地演进和微调，因为这些接口是分开的。

以下代码显示读取模型定义。

C#

```
// Query interface
namespace ReadModel
```

```
{
  public interface ProductsDao
  {
    ProductDisplay FindById(int productId);
    IEnumerable<ProductDisplay> FindByName(string name);
    IEnumerable<ProductInventory> FindOutOfStockProducts();
    IEnumerable<ProductDisplay> FindRelatedProducts(int productId);
  }

  public class ProductDisplay
  {
    public int ID { get; set; }
    public string Name { get; set; }
    public string Description { get; set; }
    public decimal UnitPrice { get; set; }
    public bool IsOutOfStock { get; set; }
    public double UserRating { get; set; }
  }

  public class ProductInventory
  {
    public int ID { get; set; }
    public string Name { get; set; }
    public int CurrentStock { get; set; }
  }
}
```

该系统允许用户对产品评分。应用程序是通过使用以下代码所示中的`RateProduct`命令实现的。

C#

```
public interface Icommand
{
  Guid Id { get; }
}

public class RateProduct : Icommand
{
  public RateProduct()
  {
  this.Id = Guid.NewGuid();
  }
  public Guid Id { get; set; }
  public int ProductId { get; set; }
  public int rating { get; set; }
  public int UserId {get; set; }
}
```

系统使用`ProductsCommandHandler`类来处理应用程序发送"写"命令。客户端通常通过诸如队列的消息传递系统向域发送命令。命令处理程序接受这些命令并调用域接口的方法。每个命令的粒度设计目标是减少可能的冲突请求。以下代码显示了`ProductsCommandHandler`类的概要。

C#

```
public class ProductsCommandHandler :
  ICommandHandler<AddNewProduct>,
  ICommandHandler<RateProduct>,
  ICommandHandler<AddToInventory>,
  ICommandHandler<ConfirmItemShipped>,
  ICommandHandler<UpdateStockFromInventoryRecount>
{
  private readonly IRepository<Product> repository;

  public ProductsCommandHandler (IRepository<Product> repository)
  {
    this.repository = repository;
  }

  void Handle (AddNewProduct command)
  {
    ...
  }

  void Handle (RateProduct command)
  {
    var product = repository.Find(command.ProductId); if (product != null)
    {
      product.RateProuct(command.UserId, command.rating);
      repository.Save(product);
    }
  }

  void Handle (AddToInventory command)
  {
    ...
  }

  void Handle (ConfirmItemsShipped command)
  {
    ...
  }

  void Handle (UpdateStockFromInventoryRecount command)
  {
    ...
  }
}
```

以下代码显示了来自写模型的`ProductsDomain`接口。

C#

```
public interface ProductsDomain
{
    void AddNewProduct(int id, string name, string description, decimal price);
    void RateProduct(int userId int rating);
    void AddToInventory(int productId, int quantity);
    void ConfirmItemsShipped(int productId, int quantity);
    void UpdateStockFromInventoryRecount(int productId, int updatedQuantity);
}
```

还要注意：`ProductsDomain`接口是如何让有意义的方法包含在域中的。通常，在CRUD环境中，这些方法将具有通用名称，例如`Save`或`Update`方法，并且将DTO作为唯一的参数。可以更好地自定义CQRS方法，以适应组织执行业务和库存管理。

相关的模式和指南

实现此模式时，也可能和以下模式与指南相关。

- 数据一致性入门。本指南解释了在使用CQRS模式时读取和写入数据存储之间可能引起的最终一致性问题，以及如何解决这些问题。
- 数据分区指导。本指南介绍了如何将CQRS模式中使用的读取和写入数据存储区分为单独的分区，以单独管理和访问这些分区、提高可扩展性、减少争用并优化性能。
- 事件溯源模式。此模式更详细地描述了事件源如何与CQRS模式一起使用，以简化复杂域中的任务；提高性能、可扩展性和响应性；提供事务数据的一致性；保持完整的审查跟踪和历史记录，以便实施后续补偿动作。
- 实例化视图模式。CQRS实现的读取模型可以包含写入模型数据的实例化视图，或者读取模型可以用于生成实例化视图。

更多的信息

本书中的所有链接都可从本书在线书目访问：http: //aka.ms /cdpbibliography。

- MSDN模式和实践指导：*CQRS旅程*。
- 马丁・福勒的博客文章*CQRS*。
- Greg Young在Code Better网站上的文章。

第 7 章

事件溯源模式

Event Sourcing Pattern

事件溯源模式是一种构造领域对象的模式。它是使用增存储去记录领域中一系列操作执行的事件的完整描述，而不仅仅是存储领域对象当前的状态。这样一种模式可以降低一个复杂领域中任务的复杂度，可以避免同步业务模型和数据模型，提高性能、可拓展性和响应性，并且提供事务一致性(最终)、审计记录、历史记录，以便进行补偿。

背景和问题

大多数应用程序处理数据的主要方法是保存数据当前的状态。例如，在传统的CRUD模式中，从存储区读取数据，进行修改，并使用新值更新数据的当前状态……通常由锁定数据的事务实现。

CRUD的方法有一些局限性，具体如下。

(1) CRUD系统的更新操作直接针对数据存储区可能会限制性能、响应能力和拓展性，因为它必须处理锁定数据的开销。

(2) 在高并发的情形下，有可能发生更新数据冲突。

(3) 除非有额外的审计机制，否则会丢失每个操作的详细记录。

解决方案

事件溯源模式使用一系列事件去处理对数据的操作。每一个事件都被记录在附加存储中，应用程序代码发送一系列关于数据操作的事件持久化到事件存储区。每一个事件代表一类数据的变化。

这些事件一直存储在事件存储区，就是一切数据的源头或者是关于数据当前状态的系统记录(是所有数据元素或信息的最权威来源)。事件存储区通常发布这些事件以便通知消费者：如果需要处理，就随时进行处理。例如，消费者可以随时启动将事件中的操作传递给其他系统的程序。注意：生成事件的代码与订阅事件的系统要分离。

事件存储发布事件的典型用途是维护实体的物化视图，让应用程序去改变它们(物化视图)，以及与外部系统集成。例如，系统可以维护用于填充UI部分的所有客户订单的实例化视图。随着应用程序添加新订单、添加或删除订单上的项目以及添加运送信息，可以处理这些事件更改并用于更新物化视图。有关详细信息，请参阅《物化视图模式》。

此外，在任何时间点，应用程序都可以读取事件的历史，并且通过有效地“回放”、消费与事件相关的所有事件来使它构造一个当前状态的实体。在处理请求或者通过调度任务时，为了构造领域对象，可以根据自己的需求使实体存储成为支持表示层的物化视图。

图7-1展示了此模式的概要，包括使用事件流的操作。例如，创建物化视图时将事件与外部系统/应用程序集成，以及用于恢复特定实体的当前状态的投影(快照)回放的实现。

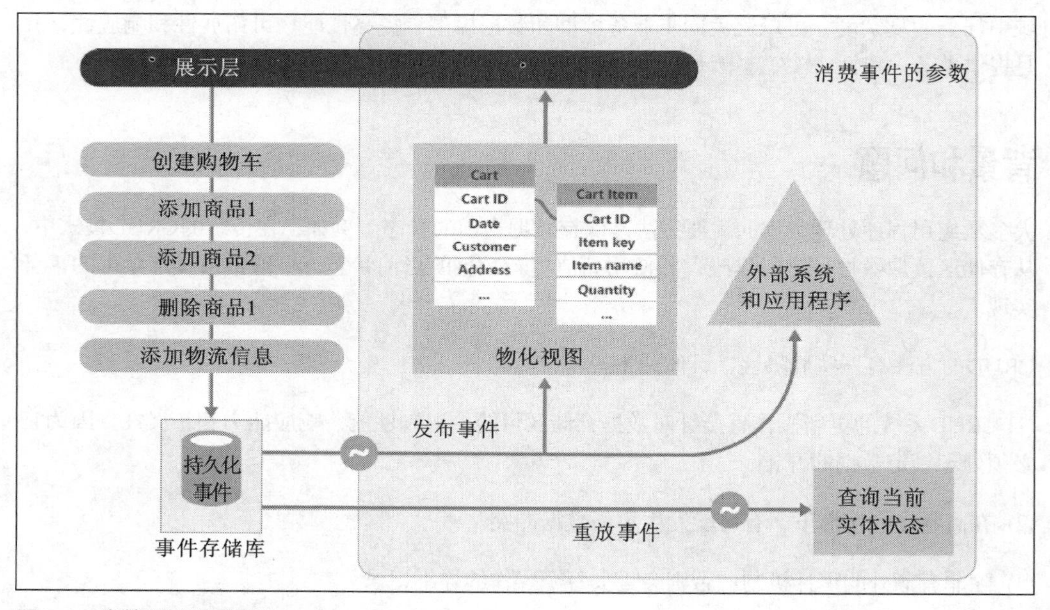

图 7-1　事件溯源模式例子

事件溯源模式优点如下。

(1) 因为事件是不变的，所以可以使用只增操作来存储。用户界面、流程或者进程可以继续响应/执行，响应这些事件的任务可以放在后台执行。结合实时情况，这样一种在执行事务期间不会出现争用的模式会极大地提高应用程序的性能和拓展性，特别是对用户界面或表示层。

(2) 事件是描述一些行为发生以及描述事件所描述行为的关联数据的简单对象。事件不直接更新数据库，它们只是记录以便在适当的时候去处理。这样就可以简化实施和管理。

(3) 通常事件对领域专家很有意义，而对象-关系阻抗失配（对象模型与关系模型缺乏固有的亲和力）的复杂性可能意味着领域专家可能无法清楚地理解数据库表结构。表是人工构造，表示系统的当前状态，而不表示事件发生。

(4) 事件源避免了直接更新数据库对象，虽然可以防止并发更新导致的冲突，但是领域模型也必须设计成保护自身免受导致不一致状态的影响。

(5) 事件的只增存储提供了一个审计的跟踪，它可用于监控数据存储的执行操作。在任何时候，通过事件重放可以重新生成实体化视图或投影，并且可以协助测试和调试系统。此外，使用补偿事件来取消更改的需求提供了可以恢复的历史记录，如果模型简单地存储当前的状态，就无法满足需求。事件列表还可以用于分析应用程序性能并且获取用户行为趋势，或者获取其他有用的商业信息。

(6) 事件与相应事件的任何一个操作的任务解耦，可通过事件存储来提高灵活性和可拓展性。例如，由事件存储发起的处理事件的任务仅仅知道事件的性质以及所包含的数据，这样就达到了任务的执行与事件触发分离的目的。从而只要订阅由事件存储引发的新事件，就可以非常容易地与其他系统或者服务集成。事件源事件往往是非常低级别的，并可能需要生成特定的集成事件。

事件源通常与CQRS模式组合使用以响应事件的执行数据管理任务，以及通过事件存储创建物化视图。

问题与思考

当决定使用此模式时，须考虑以下几点。

- 当创建物化视图或者通过重放事件生成数据快照时，系统会最终一致。由于要处理请求、正在发布的事件以及处理事件的消费者，因此应用程序向事件存储添加事件的过程会有一些延迟。在此期间，描述对实体进一步改变的新事件可能已经到达事件存储。有关数据一致性的信息，请查询《数据一致性入门》。
- 事件存储是一个不可变的信息源，因此事件不应该被更新。更新实体以撤销更改这一唯一方式向事件存储添加补偿事件，就像使用负事务一样。如果持久化事件的格式（不是数据）需要改变，那么在迁移期间合并新版本的事件和之前存在的事件会很困难。必须遍历所有事件，将它们改成新的格式，或者使用新的格式添加事件。考虑使用版本标签去标记事件，以便维护旧的和新的事件格式。
- 多线程应用程序和多个应用程序实例可以用于将事件存储到事件存储中。事件存储中事件的一致性非常重要，影响特定实体的事件顺序也是至关重要的（对实体更改顺序将影响其当前状态）。为每个事件添加时间戳是避免产生此类问题的一种方案。另外一种通用的做法是通过增加增量标识符来注释每一个请求的事件。如果两个操作尝试同时添加同一个实体的事件，则事件存储可以拒绝现有实体与事件标识符不匹配的事件。

- 读取事件获取信息并没有标准方法或者已建立的机制，例如sql查询。唯一可以从事件流中提取的数据是事件标识符。事件ID通常映射到单个实体。实体的当前状态只能通过该实体的原始状态重放所有与实体相关的事件来实现。
- 每个事件流的长度可以影响管理和更新系统。如果流很大，就考虑以特定的时间间隔（指定数量事件）创建快照。实体的当前状态可以从快照和通过重放时间点之后的任何事件获得。
- 即使事件源最小化了更新数据冲突的可能，应用程序也必须处理由于最终一致性而产生的不一致交易。例如，提示库存减少的事件可能会到达数据库，同时创建订单的事件也可能到达数据库，这时就需要协调这两个操作，就可能要通知消费者创建一个备用订单。
- 事件发布可能不止一次，因此事件的消费者必须是幂等的。事件如果被多次处理，就不能重复执行事件所描述的更新。例如，如果消费者的多个实例维护某个实体属性的聚合，如订单的数量，成功增加聚合时就只有一个订单创建事件发生。虽然这不是事件源固有的特性，但也是通常的实现决策。

何时使用此模式

此模式非常适合用于以下情况。

- 当你想挖掘数据的“意图”、“目的”或者“原因”时。例如，对客户实体的改变可能是搬家、销户或者已故等一系列特殊的事件。
- 当需要最小化或者完全避免数据更新冲突的发生时。
- 当你想记录发生的事件并且能够重放它们以恢复系统的状态，使用它们回滚系统的更改或者简单地做历史记录或者审计时。例如，当一个任务涉及多个步骤时，就可能需要执行操作去撤销更新，然后重播事件使数据恢复到一致的状态。
- 当使用事件是系统的本质特征，并且只需要少量的开发或实施工作时。
- 当需要把应用与系统输入/输出数据的过程解耦时。这可能是为了提高UI响应，或将事件分发给其他侦听器，比如在事件发生时必须采取某些操作的应用程序或者系统服务。例如，在一个集成工资系统和费用提交网站中，费用提交网站发起的数据更新事件的事件存储会被站点和工资系统共同消费。
- 当需要灵活性以便能在需求改变时，同时更改实体模型和实体数据的格式，或者与CQRS结合使用时需要调整读取模型和执行模型时。
- 当使用CQRS并且在读取模型更新替代时能接受最终一致性，能忽略从时间流中复原实体和数据所产生的性能影响时。

此模式不适合用于以下情况。

- 小型或简单的领域，少量或者没有业务逻辑的系统，良好地与传统的CRUD数据管理操作结合的非域系统。
- 需要数据一致性(实时)和实时更新的系统。
- 不需要审计跟踪、历史记录以及回滚重放操作功能的系统。
- 底层数据更新冲突发生得非常少的系统。例如，主要添加数据而不是更新数据的系统。

示例

一个需要跟踪会议“已订阅”数量的会议管理系统，它可以检查新的使用者的预订。系统至少使用两种方法保存预订总数。

(1) 系统可以将预订总数保存在单独的实体中，存储在预订信息数据库中，当出现预订或者取消预订时，酌情增加或减少此数量。这种方法在理论上很简单，但是在大量用户短时间内预订座位时，则可能产生可拓展性的问题。例如，在只有一天左右时间预订期就结束时。

(2) 系统可以将预订和取消预订作为事件存储到事件存储中，然后通过重放这些事件来计算可用的位数。这种方法由于事件的不可变性而更具有扩展性。系统只需要能从事件存储中读取数据、将事件添加到事件存储，并不改变关于预订和取消预订的信息。

图7-2展示了如何使用事件源实现会议管理系统的座位预订系统。

预订两个座位的操作顺序如下。

(1) 用户界面发出两个预订座位的命令。该命令由一个单独处理命令处理程序处理（将用户界面和处理请求的逻辑解耦）。

(2) 一个由包含所有预约信息构造的聚合根，用来查询预订和取消预订的信息。此聚合根称为`SeatAvailability`并且被一个领域模型包含。该模型公开用于聚合根查询和修改数据的方法。

对某些优化要考虑使用快照（以便不需要查询和重放获取聚合根当前状态的完整列表）以维护缓存副本的内存聚合根。

(3) 命令处理程序调用领域模型公开的方法进行预订。

(4) `SeatAvailability`聚合根保留预订席位的事件，当下一次使用聚合根应用事件时，所有的预订都将被用来计算还剩多少座位。

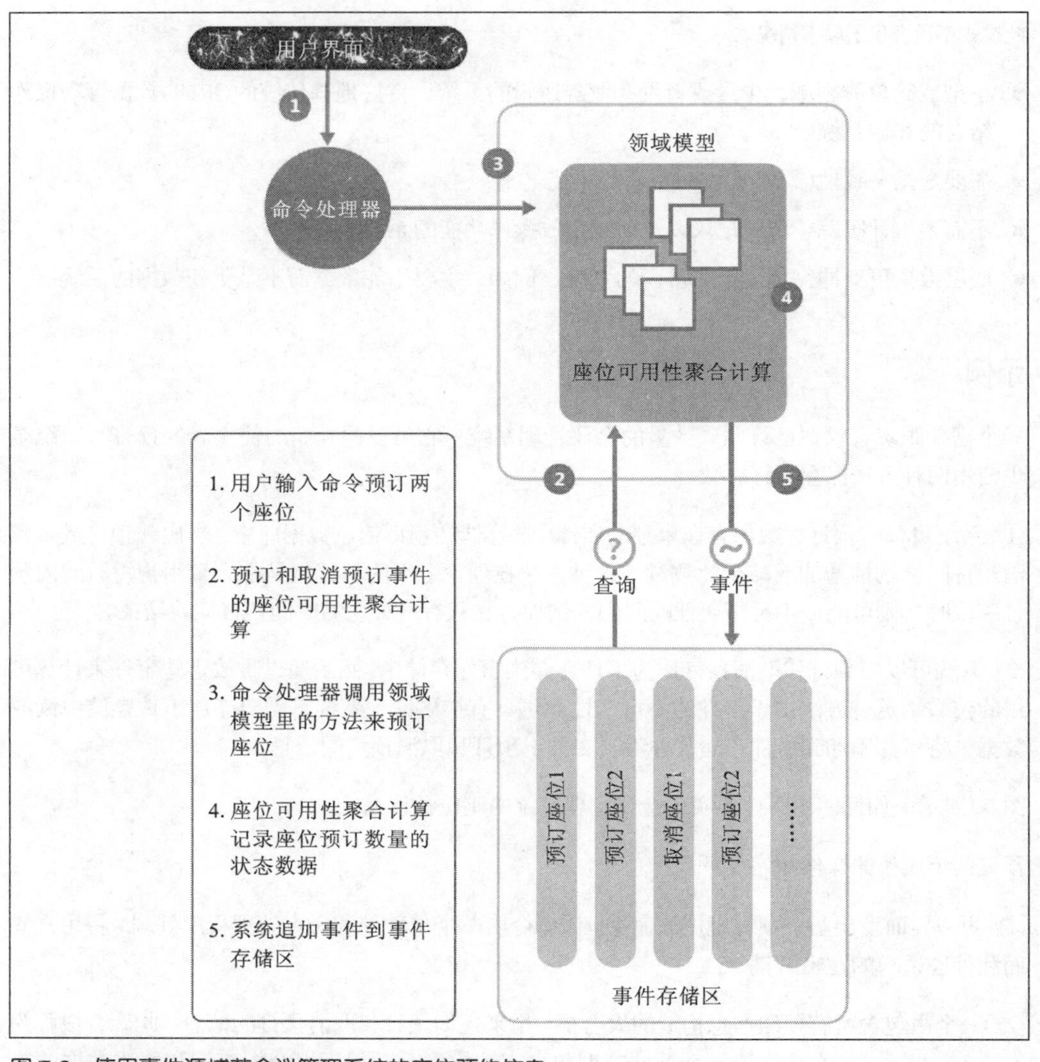

图 7-2　使用事件源捕获会议管理系统的座位预约信息

(5) 系统将新的事件加入事件存储。如果用户希望取消预订，则系统遵循类似的过程，只是命令处理程序发出生成取消预订座位事件并将其放入事件存储中。

除了能提高更好的可拓展性，使用事件存储还能提供预订和取消预订的完整历史记录或审计跟踪。事件存储中记录的事件是真实操作的唯一来源。没有必要使用其他方式持久化聚合根，因为系统可以轻松地回放事件并将状态恢复到任何时间点。

相关模式和指南

在使用此模式时，可能也会用到以下模式。

- 命令查询隔离模式。其中写存储通常使用基于不可变信息源的事件源。命令查询隔离模式使用单独的接口将读取应用程序数据与更新数据库相分离。
- 物化视图模式。基于事件源的系统中使用的数据存储通常不适合高效进行查询。相反，常见的方案是以规则的间隔或者更改数据时生成数据的预填充视图。物化视图模式展示了如何实现这一点。
- 补偿事务模式。事件存储中对现有的数据不进行更新，而是添加使实体数据更新的事件。为了取消/补偿更改，不能只是简单地反转之前的更改。补偿事务模式描述了如何撤销先前执行的工作。
- 数据一致性概述。当使用具有单独的读存储或者物化视图的事件源时，读取的数据将不会立即一致，它是最终一致的。数据库一致性概述性地总结了有关保持分布式数据库数据一致性的问题。
- 数据分区指导。在使用事件源时，通常对数据进行分区，以便提升系统的伸缩性，减少争用并优化性能。数据分区指南描述了如何将数据库划分为离散分区及可能会出现的问题。

第 8 章

外部配置存储模式

External Configuration Store Pattern

外部配置存储是指把配置信息从应用部署包转移到一个集中的位置。这种模式有利于更容易管理和控制配置数据，以及在跨应用程序和应用程序实例之间共享配置数据。

背景和问题

大多数应用程序运行时的环境都包括配置信息。该信息随应用程序一起放在部署的文件里，此文件位于应用程序文件夹中。某些情况下，即使部署以后也可以通过编辑这些文件来改变该应用程序的行为。然而，大多数情况下，对配置的更改要求重新部署该应用程序，否则会导致意外的停机和额外的管理开销。

本地配置文件也会把配置信息限定给单个应用程序。在某些情况下，跨多个应用程序共享配置设置非常有用，例如数据库连接字符串、UI主题信息，或相关应用程序集所使用的队列和存储器的URL。

管理应用程序多个运行实例的本地配置的更改，尤其是在云托管场景中，可能会具有挑战性。在部署更新时，可能导致实例使用不同的配置设置。

此外，应用程序和组件的更新可能还需要更改配置模式。许多配置系统不支持不同版本的配置信息。

解决方案

将配置信息存储在外部存储器，并且提供一个可用于快速、高效读取和更新配置设置的接口。这样的外部存储方式依赖于应用程序的宿主和运行时的环境。在云托管场景中，外部存储通常是一个基于云存储的服务，但也可以是托管数据库或者其他系统。

为配置信息选择的后备存储应当由一个合适的接口统一封装，该接口以可控的方式提供一致并且易于使用的访问通道，从而实现重用。理想情况下，它会以正确的类型和结构化的格式展现信息。该实现还会对用户的访问进行授权以保护配置数据，并且可以足够灵活地存储配置的多个版本（诸如开发、模拟或生产环境的版本以及每个配置的多个发行版本）。

注意：许多内置的系统在应用程序启动时读取数据，并将数据缓存在内存中以实现快速访问并最大限度地减小对应用程序性能的影响。根据所使用的后备存储器的类型和存储器的延迟性，在外部配置存储器中实现高速缓存机制可能是有利的。有关实现缓存的更多信息，请参阅缓存指南。

该模式的概述如图8-1所示。

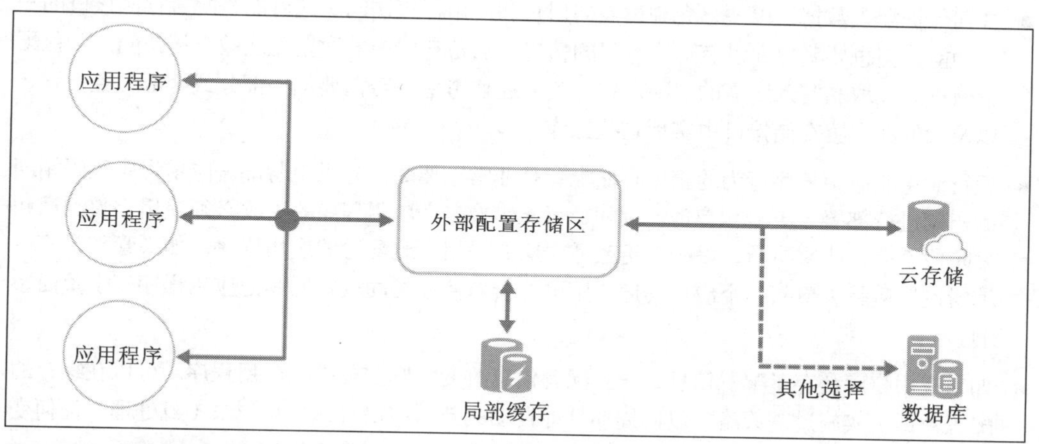

图 8-1　外部配置存储模式选用本地缓存

问题与思考

决定如何实现此模式时，请考虑以下几点。

- 选择一个具有高性能、高可用性、稳健性的后备存储方式，并且还可以作为应用程序维护和管理过程的一部分来进行备份。在云托管应用程序中，云存储机制通常就是满足这些要求的不错选择。
- 将后备存储的架构设计成可以容纳灵活多样的配置信息类型。确保它提供了所有配置需求，如类型化数据、设置集、多个版本的设置以及应用程序可能需要的所有其他功能。随着需求的改变，这个架构应该易于扩展，以便支持其他设置。
- 后备存储的物理容量以及如何与配置信息的存储方式和对性能的影响产生关联。例如，存储包含配置信息的XML文档时，需要配置界面或应用程序来解析文档以便读取单个设置，从而使得更新设置更复杂。高速缓存设置可以帮助抵消较慢的读取性能。
- 配置接口如何授权管控配置设置的作用域和继承。例如，在组织、应用程序和机器级别层面，给配置设置限定作用域；支持对不同作用域的访问控制授权；阻止或允许单个应用程序重写设置。这都可能是必要的要求。

- 确保配置接口以要求格式公开配置数据，例如，类型值、集合、键/值对或属性包。为使其发挥作用，同时也应尽可能易于使用，还需考虑API的功能与复杂性之间的平衡。
- 当设置包含错误或不存在后备存储时，配置存储接口将如何运转。恰当的做法可能是返回默认设置和记录错误。还要考虑诸如配置设置键或名称的大小写区分、二进制数据的存储和处理，以及处理null值或空值的方式。
- 如何保护配置数据，以便只允许适当的用户和应用程序访问。这可能是配置存储接口的一个功能，但也要确保在没有适当权限的情况下后备存储中的数据无法被直接访问。确保配置数据的读取和写入所需的权限严格分离。还要考虑是否需要加密部分或全部配置设置，以及如何在配置存储接口中实现这些操作。
- 运行时更改应用程序行为的集中存储配置是非常重要的，应采用与部署应用程序代码相同的机制进行部署、更新和管理。例如，可能影响多个应用程序的更改必须使用完整测试和分阶段部署方法来执行，以确保更改适合所有采用了此配置的应用程序。如果管理员简单编辑设置后就去更新一个应用程序，则可能会对使用相同设置的其他应用程序产生负面影响。
- 如果应用程序缓存了配置信息，一旦配置信息改变，则需要提醒应用程序。可以在缓存的配置数据上实施过期策略，以便周期性地自动刷新这些信息，并且记录（或处理）任何变化。本指南中其他地方描述的运行时重配置模式可能与相关场景相关。

何时使用此模式

这种模式非常适合用于以下场景。

- 配置设置被多个应用程序和应用程序实例共享的场景，或多个应用程序和应用程序实例必须强制执行一个标准配置的场景。
- 标准配置系统不完全支持所要求的配置设置场景，例如，存储图像或复杂数据类型。
- 作为应用程序某些设置的补充存储，可能允许应用程序重写部分或全部集中存储的设置。
- 作为多个应用程序的简化管理机制，通过对配置存储库访问类型的部分或全部记录来随意监视配置设置的使用。

示例

在微软Azure托管的应用程序中，使用Azure存储是外部存储配置信息的典型选择。这种存储方式具有弹性，提供高性能，并且可以通过重复三次自动故障转移来提供高可用性。Azure表为键/值存储提供了灵活使用架构的能力。Azure 二进制对象存储提供了一个基于容器的分级存储，该方式可以在单独命名的二进制数据块中保存任何类型的数据。

以下示例显示配置存储如何在Azure 二进制存储上执行存储和公开配置信息。BlobSettingsStore类提取了用于保存配置信息的二进制对象存储文件，并实现下面代码所示的ISettingsStore接口。

注意：此代码由ExternalConfigurationStore解决方案中的ExternalConfigurationStore.Cloud项目提供。此解决方案可随本指南一起下载。

C#

```
public interface IsettingsStore
{
  string Version { get; }

  Dictionary<string, string> FindAll();

  void Update(string key, string value);
}
```

ISettingsStore接口定义了一些方法，用于检索和更新配置存储中保存的配置设置，并且还包括一个版本号，用于检测最近是否有任何配置设置被修改。更新配置设置时，版本号会随之更改。BlobSettingsStore类使用blob对象的ETag属性来实现版本控制。每次写入blob时，blob的ETag属性都会自动更新。

注意：值得注意的是，按照设计，这个简单的解决方案会通过字符串值来公开所有的配置设置，而并非类型值。

ExternalConfigurationManager类提供了一个围绕BlobSettingsStore对象的封装。应用程序可以使用该类来存储和检索配置信息。通过实现IObservable接口，ExternalConfigurationManager类使用Microsoft的响应式扩展库来显示对配置所做的一切更改。如果通过调用SetAppSetting方法来修改设置，则会引发Changed事件，并且将通知此事件的所有订阅者。

注意：所有设置都被缓存在ExternalConfigurationManager类的Dictionary对象中，以便快速访问。SetAppSetting方法更新这个缓存，被应用程序使用来检索配置设置的GetSetting方法则从缓存读取数据（如果在缓存中找不到该设置，则从BlobSettingsStore对象中检索该设置）。

GetSettings方法调用CheckForConfigurationChanges方法来检测blob存储中的配置信息是否已更改。具体方法是通过检查版本号并将其与ExternalConfigurationManager对象中保存的当前版本号进行比较。如果发生了一个或多个变更，则会引发Changed事件，并刷新Dictionary对象中缓存的配置设置。这是Cache-Aside模式的应用。

以下代码示例显示如何实现Changed事件、SetAppSettings方法、GetSettings方法和CheckForConfigurationChanges方法。

C#
```
public class ExternalConfigurationManager : IDisposable
{
  // An abstraction of the configuration store.
  private readonly ISettingsStore settings;
  private readonly ISubject<KeyValuePair<string, string>> changed;
  ...
  private Dictionary<string, string> settingsCache;
  private string currentVersion;
  ...
  public ExternalConfigurationManager(ISettingsStore settings, ...)
  {
    this.settings = settings;
    ...
  }
  ...
  public IObservable<KeyValuePair<string, string>> Changed
  {
    get { return this.changed.AsObservable(); }
  }
  ...
  public void SetAppSetting(string key, string value)
  {
    ...
    // Update the setting in the store.
    this.settings.Update(key, value);

    // Publish the event.
    this.Changed.OnNext(
        new KeyValuePair<string, string>(key, value));

    // Refresh the settings cache.
    this.CheckForConfigurationChanges();
  }

  public string GetAppSetting(string key)
  {
    ...
    // Try to get the value from the settings cache.
    // If there is a miss, get the setting from the settings store.
    string value;
    if (this.settingsCache.TryGetValue(key, out value))
    {
      return value;
    }

    // Check for changes and refresh the cache.
    this.CheckForConfigurationChanges();

    return this.settingsCache[key];
  }
  ...
  private void CheckForConfigurationChanges()
```

```
  {
    try
    {

      // Assume that updates are infrequent. Lock to avoid
      // race conditions when refreshing the cache.
      lock (this.settingsSyncObject)
      {         {
        var latestVersion = this.settings.Version;

        // If the versions differ, the configuration has changed.
        if (this.currentVersion != latestVersion)
        {
          // Get the latest settings from the settings store and publish the changes.
          var latestSettings = this.settings.FindAll();
          latestSettings.Except(this.settingsCache).ToList().ForEach(
                              kv => this.changed.OnNext(kv));

          // Update the current version.
          this.currentVersion = latestVersion;

          // Refresh settings cache.
          this.settingsCache = latestSettings;
        }
      }
    }
    catch (Exception ex)
    {
      this.changed.OnError(ex);
    }
  }
}
```

注意：ExternalConfigurationManager类还提供了一个名为Environment的属性。该属性的目的是支持在不同环境中运行的应用程序的不同配置，如模拟环境和生产环境。

ExternalConfigurationManager对象也可以周期性地查询BlobSettingsStore对象的所有变更（通过使用计时器）。下面的代码示例演示了使用StartMonitor和StopMonitor方法启动和停止计时器。OnTimerElapsed方法在计时器到期时运行，然后调用CheckForConfigurationChanges方法来检测所有变更并引发Changed事件，如前所述。

C#

```
public class ExternalConfigurationManager : IDisposable
{
  ...
  private readonly ISubject<KeyValuePair<string, string>> changed;
  private readonly Timer timer;
  private ISettingsStore settings;
  ...
  public ExternalConfigurationManager(ISettingsStore settings,
                                      TimeSpan interval, ...)
  {
    ...
```

```
    // Set up the timer.
    this.timer = new Timer(interval.TotalMilliseconds)
    {
      AutoReset = false;
    };
    this.timer.Elapsed += this.OnTimerElapsed;

    this.changed = new Subject<KeyValuePair<string, string>>();
    ...
  }
  ...

  public void StartMonitor()
  {
    if (this.timer.Enabled)
    {
      return;
    }

    lock (this.timerSyncObject)
    {
      if (this.timer.Enabled)
      {
        return;
      }
      this.keepMonitoring = true;

      // Load the local settings cache.
      this.CheckForConfigurationChanges();

      this.timer.Start();
    }
  }

  public void StopMonitor()
  {
    lock (this.timerSyncObject)
    {
      this.keepMonitoring = false;
      this.timer.Stop();
    }
  }

  private void OnTimerElapsed(object sender, EventArgs e)
  {
    Trace.TraceInformation(
        "Configuration Manager: checking for configuration changes.");

    try
    {
      this.CheckForConfigurationChanges();
    }
    finally
    {
      ...
      // Restart the timer after each interval.
      this.timer.Start();
```

```
      ...
    }
  }
  ...
}
```

ExternalConfigurationManager类被下面所示的ExternalConfiguration类实例化为单例实例。

C#

```
public static class ExternalConfiguration
{
  private static readonly Lazy<ExternalConfigurationManager>
            configuredInstance = new Lazy<ExternalConfigurationManager>(
    () =>
    {
      var environment = CloudConfigurationManager.GetSetting("environment");
      return new ExternalConfigurationManager(environment);
    });

  public static ExternalConfigurationManager Instance
  {
    get { return configuredInstance.Value; }
  }
}
```

以下代码摘自ExternalConfigurationStore.Cloud项目中的WorkerRole类。它显示应用程序如何使用ExternalConfiguration类读取和更新一个设置。

C#

```
public override void Run()
{
  // Start monitoring for configuration changes.
  ExternalConfiguration.Instance.StartMonitor();

  // Get a setting.
  var setting = ExternalConfiguration.Instance.GetAppSetting("setting1");
  Trace.TraceInformation("Worker Role: Get setting1, value: " + setting);

  Thread.Sleep(TimeSpan.FromSeconds(10));

  // Update a setting.
  Trace.TraceInformation("Worker Role: Updating configuration");
  ExternalConfiguration.Instance.SetAppSetting("setting1", "new value");

  this.completeEvent.WaitOne();
}
```

以下代码也来自WorkerRole类，它显示了应用程序如何订阅配置事件。

```
public override bool OnStart()
{
  ...
  // Subscribe to the event.
  ExternalConfiguration.Instance.Changed.Subscribe(
```

```
        m => Trace.TraceInformation("Configuration has changed. Key:{0}
            Value:{1}", m.Key, m.Value),
        ex => Trace.TraceError("Error detected: " + ex.Message));
    ...
}
```

关联模式和指南

实现此模式时，可能与以下模式关联。

- 运行时重配置模式。除了在外部存储配置之外，能够更新配置设置并应用变更而不重新启动应用程序也非常有用。运行时重配置模式描述了如何设计应用程序，以便可以重新配置应用程序，而无需重新部署或重新启动。

此模式相关的示例应用程序可以从Microsoft下载中心下载："云设计模式—示例代码"。网址为：http：//aka.ms/cloud-design-patterns-sample。

第 9 章

联合身份模式

Federated Identity Pattern

联合身份模式是指将身份验证委托给外部的身份验证提供商的模式。这种模式能够简化开发，最小化账户管理需求，并提升应用程序的用户体验。

背景和问题

用户通常需要使用多个应用程序，这些应用程序由一些有商业联系的组织提供和托管。然而，对于每个应用程序，这些用户可能会被强迫使用特殊的（和不同的）的凭证，这将导致以下问题。

- 糟糕的用户体验。当用户有许多不同的凭证时，常常会忘记一些登录凭证。
- 暴露安全漏洞。当用户离开一家公司时，必须立即停止支持其账户。在大型的组织中很容易忽略这一点。
- 复杂的用户管理。管理员必须管理所有用户的凭证，并执行额外的任务，例如密码提示。

相反，用户通常想要在这些应用内使用相同的凭证。

解决方案

采用一种联合身份认证机制，将身份认证从应用程序代码中分离出来，并将身份认证委托给一个可信的身份验证提供商。这样做可以大大简化开发，并允许用户使用更广泛的身份验证提供商（IdPs），同时最小化管理开销。也能够把认证从授权里明确地解耦出来。

这个可信的身份提供商可以是公司目录、内部联合服务（on-premises federation services）、其他商业伙伴提供的安全令牌服务（STSs），或者一些能够验证用户的社交身份提供商，比如Microsoft、Google、Yahoo、Facebook的账户。

图9-1展示了当一个客户端应用程序需要接入一个身份认证服务进行联合身份认证的原理。这个认证由一个身份提供商（IdP）履行，并与一个安全令牌服务（STS）协同工作。这个身份提供商下发一个安全令牌，该令牌声明一个已经授权的用户信息，称为声明（claims）。它包

括用户的身份，也可能包括其他的信息，像角色会员资格和更细节的接入权限。

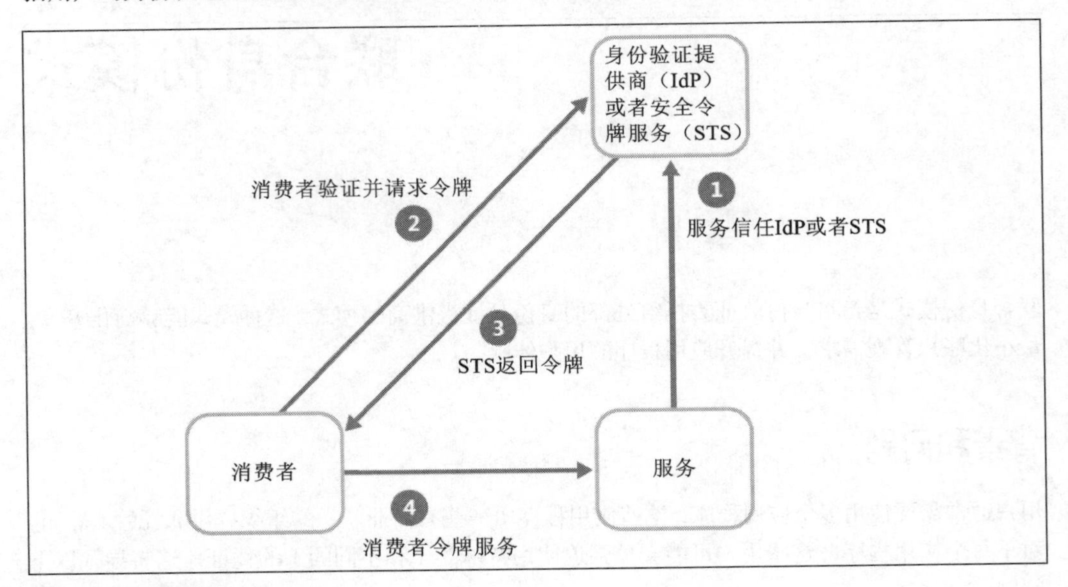

图 9-1　一个联合身份验证

这个模型通常称为基于声明的访问控制。应用程序和服务根据令牌中包含的声明授权访问特性和功能。需要身份验证的服务必须信任这个身份提供商。客户端应用程序连接身份提供商进行身份认证。如果认证成功，身份提供商会返回一个令牌，该令牌包含了用户到安全令牌服务的身份声明（注意，身份提供商（IdP）和安全令牌服务（STS）可能是相同的服务）。令牌返回到客户端之前，安全令牌服务会基于预定义规则转换和增加令牌中的声明（claims）。客户端应用程序把令牌传递到这个服务作为身份的证明。

注意：在一些情况下，在信任链内可能有一些额外的安全令牌服务。例如，在稍后描述的Microsoft Azure场景中，一个内部的安全令牌服务信任另一个安全令牌服务(负责接入一个已认证的身份提供商）。这种方法在企业场景中很常见，其中有内部安全令牌服务和目录。

联合身份认证提供一种基础标准解决方案，用来应对跨域身份认证的问题，也支持单点登录。它在所有类型的应用程序中变得越来越普遍，尤其是在云托管应用中，因为它支持单点登录，所以不用与身份提供商直接网络连接。用户不必为每个应用程序输入凭据。这样就增加了安全性，因为它防止了访问不同应用程序时带来的凭据扩散，并且它还隐藏了来自所有原始的身份提供商的凭据。应用程序仅看得见包含在令牌中的已认证的身份信息。

联合身份还有一个主要特点，即身份和凭证的管理由身份提供商负责，应用程序或者服务不需要提供身份管理功能。另外，在企业场景中，企业目录不需要了解用户（让用户去信任身份提供商），这一点会消除企业目录中管理用户的所有开销。

问题与思考

当设计实现联合身份认证的应用程序时，应考虑事项如下。

- 认证可以是单点失效。如果将应用程序部署到多个数据中心，则可将身份管理机制部署到相同的数据中心，以便维护应用程序的可靠性和可用性。
- 认证机制可以提供访问控制工具，它基于包含在认证令牌中的角色声明。这通常称为基于角色的访问控制（RBAC），它允许更精细地控制访问特性与资源。
- 与企业目录不同，使用社交身份提供商基于声明的认证通常不提供除电子邮件和名字以外的授权用户信息。一些社交身份提供商（比如Microsoft账户）仅提供一个唯一标识符。应用程序通常需要维护一些注册用户的信息，然后将这些信息同令牌中的标识符匹配。这通常通过用户第一次访问应用程序的注册过程来完成，每次认证之后将信息作为额外的声明注入令牌中。
- 如果为安全令牌服务配置了多个身份提供商，则安全令牌服务就必须检测用户应该重新定向到哪个身份提供商进行验证。这个过程称为发现首页域（home realm discovery）。安全令牌服务能够基于用户提供的Email或者用户名自动地验证用户正在访问的应用程序子域、用户的IP地址范围或者用户浏览器cookie存储的内容。例如，如果用户在Microsoft域中输入电子邮件地址，像user@live.com，安全令牌服务将会重定向这个用户到Microsoft单点登录页面。在随后的访问中，安全令牌服务可以使用cookie最后判断一次登录是否使用Microsoft账户。如果自动发现机制无法确定首页域，安全令牌服务则将展示一个身份提供商信任的主页域列表，用户必须从中选择一个自己想要使用的。

何时使用此模式

此模式非常适合用于以下场景。

- 企业中的单点登录。在这种情况下，需要对企业安全边界之外的云中托管公司应用程序的员工进行身份验证，不需要每次访问应用程序都登录。应用程序登录到企业网络时首先进行身份验证，从那之后就可以访问所有相关的应用程序，而无需再次登录，这就和使用内部部署应用程序用户体验相同。
- 与多个伙伴联合身份认证。在这种情况下，需要对在公司目录中没有账户的公司雇员和业务伙伴进行身份认证。这在企业对企业（B2B）应用、与第三方服务集成的应用、有多个IT系统合并和共享资源的一些公司内比较常见。
- 在软件即服务（SaaS）应用中联合身份认证。在这种情况下，软件独立供应商（ISVs）为多个客户端或租户提供即用服务。每个租户将要使用合适的身份提供商认证身份。例如，当租户的消费者和客户想要使用他们的社交身份凭证时，商业用户需要我们的公司凭证。

此模式在以下情况下可能不适合使用。

- 应用程序的全部用户不需要其他的身份提供商，只需要一个身份提供商认证身份。这在仅使用一个公司目录进行身份认证的企业应用中是典型的，这些用户使用VPN或通过虚拟网络在内部部署网络与应用程序连接。
- 应用程序最开始使用不同的身份验证机制构建，可能是自定义的用户存储，或不具有处理基于声明技术协商标准的能力。将基于声明的认证和访问控制改进到现有的应用程序中，可能不具有成本效益。

示例

在Azure中，一个组织托管一个多租户的软件即服务（SaaS）应用程序。这个应用程序包含一个网站，租户可以使用这个网站管理自己所有的用户。这个网站允许租户通过联合身份访问这个租户的站点。当一个用户通过这个组织拥有的活动目录认证后，则租户的站点被活动目录联合服务（ADFS）生成。图9-2展示了该过程。

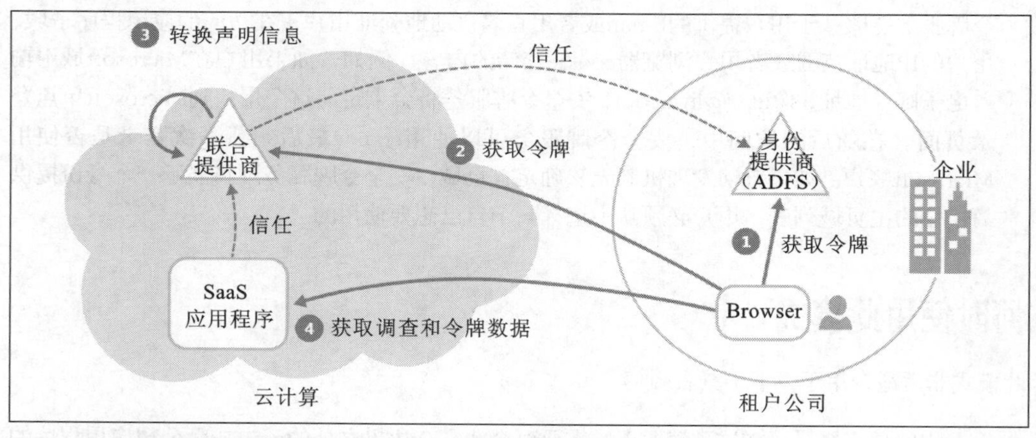

图 9-2 用户在大型企业订阅服务器上是如何访问应用程序的

在图9-2所示的场景中，租户使用自己的身份提供商认证身份（步骤1），在活动目录联合服务（ADFS）情况下成功认证租户，最后ADFS发出令牌。客户端浏览器将此令牌转发到SaaS应用程序的联合提供商。这个联合提供商信任租户的活动目录联合服务发出的令牌，以便能够对SaaS联合提供商返回一个有效的令牌（步骤2）。如有必要，在返回一个新的令牌到客户端浏览器之前，SaaS联合提供商将令牌中的声明转换为应用程序可识别的声明（步骤3）。应用程序信任由SaaS联合提供商提供的令牌，并使用令牌中的声明去应用授权规则（步骤4）。

租户不需要记录访问应用程序的单独凭证，租户企业中的管理员将能够在自己的ADFS中配置可以接入应用程序的用户列表。

相关模式和指南

目前，没有相关的模式和指南。

更多信息

有关在Azure应用程序中使用联合身份认证的更多信息，请参阅以下内容。

- Azure网站：微软Azure活动目录。

（http://www.windowsazure.com/en-us/services/active-directory/）

- MSDN：活动目录域服务。

（https://msdn.microsoft.com/en-us/library/windows/desktop/aa362244(v=vs.85).aspx）

- MSDN：活动目录联合服务。

（https://msdn.microsoft.com/en-us/library/bb897402.aspx）

- MSDN：Windows身份基础。

（https://msdn.microsoft.com/en-us/library/hh377151.aspx）

- MSDN：使用微软Azure活动目录开发多租户网络应用程序。

关于基于声明的身份和联合身份认证的详细信息，请参阅以下内容。

- MSDN：联合身份的方案、架构、实现。

（https://msdn.microsoft.com/en-us/library/aa479079.aspx）

- 架构期刊：在面向服务世界中联合身份认证模式。

（https://msdn.microsoft.com/en-us/library/cc836393.aspx）

第 10 章

门卫模式

Gatekeeper Pattern

门卫模式通过使用专用宿主实例来保护应用程序和服务，该宿主实例充当客户端与应用程序或服务之间的代理，验证并过滤请求，然后在它们之间传递请求和数据。这样可提供额外的安全保护，降低系统被攻击的危险。

背景和问题

应用程序要向客户端公开其功能，以便接受和处理客户端请求。在云托管场景中，应用程序向连接它的客户端公开终结点，并且通常包括处理客户端请求的代码。此代码可能会执行身份认证和验证，处理部分或全部请求，并有可能代表客户端访问存储和其他服务。

如果“黑客”能够攻破系统并获得对应用程序托管环境的访问权限，则它所使用的安全机制（例如凭证和存储密钥）及其访问的服务和数据都会暴露出来。因此，“黑客”可能无限制地访问敏感信息和其他服务。

解决方案

为了尽量降低客户端访问敏感信息和服务的风险，将其与处理访问数据请求时会暴露终结点的任务或宿主解耦。可以通过使用外观模式或与客户端交互的专有任务（可能通过一个用来解耦的接口）来将请求交给处理请求的宿主或任务来实现。图10-1所示为这种方法的高级视图。

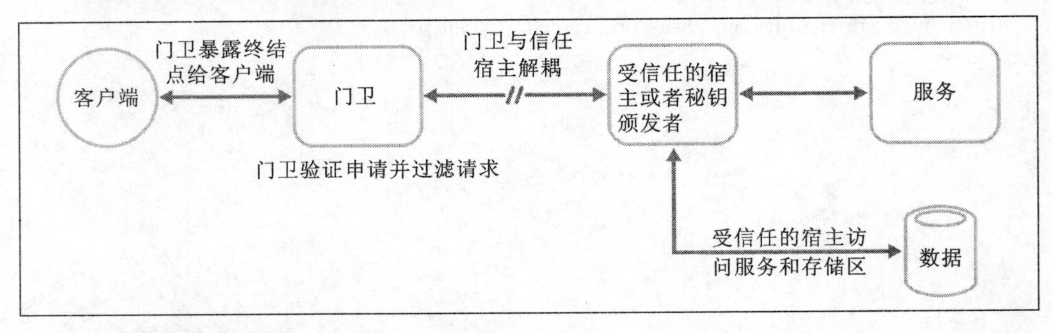

图 10-1　门卫模式高级视图

门卫模式可以简单地用于保护存储区，或者可以作为更全面的外观模式以保护所有应用程序的功能。安全检查的重要因素如下。

- 控制验证。门卫验证所有的请求，并拒绝那些不符合验证的请求。
- 限制风险和暴露点。门卫无权访问受信任主机访问存储和服务所使用的凭据或密钥。如果门卫被渗透，攻击者将无法获得这些凭据或密钥的访问权。
- 适当的安全性。门卫运行在有限的特权模式中，而应用程序的其余部分在访问存储和服务所需的完全信任模式中运行。如果门卫被泄露或盗用，则它不能直接访问应用程序服务或数据。

此模式就像网络拓扑中的一个典型防火墙。它允许门卫检查请求，并决定是否将请求传递到执行所需任务的受信任主机（有时称为Keymaster）。此决定通常需要门卫在将请求内容传递到受信任主机之前验证并过滤请求内容。

问题与思考

在决定如何实现此模式时，请考虑以下几方面问题。

- 确保门卫传递请求的受信任主机仅公开内部或受保护的终结点，并仅连接到门卫。受信任主机不应暴露任何外部终结点或接口。
- 门卫必须在有限的特权模式下运行。也就是说，在单独的托管服务或虚拟机中运行门卫和受信任主机。
- 门卫不应执行与应用程序或服务相关的任何处理或访问任何数据。它的功能纯粹是验证和过滤请求。受信任主机可能需要执行额外的验证请求，但核心验证应由门卫执行。
- 在可能的情况下，在门卫和受信任的主机或任务之间使用安全的通信通道（HTTPS、SSL或TLS）。但是，某些主机环境可能不支持内部终结点上的HTTPS。
- 为应用程序添加额外的层以实现门卫模式，这可能会对应用程序的性能产生一些影响，因为它需要额外的处理和网络通信。
- 门卫实例可能发生单点故障。为了尽量降低故障所造成的影响，请考虑部署多个实例，并使用自动伸缩机制来确保有足够的能力保持可用性。

何时使用此模式

此模式非常适合以下情况。

- 处理敏感信息，暴露必须具有高度防御恶意攻击能力的服务，或执行不能中断的关键任务或操作的应用程序。

- 需要与主要任务分开执行请求验证，或集中该验证以简化维护和管理的分布式应用程序。

示例

在云托管场景中，可以通过使用内部终结点、队列或存储作为中间通信机制，将门卫角色或虚拟机与应用程序中的受信任角色和服务分离来实现此模式。图10-2显示了使用内部端点时的基本原理。

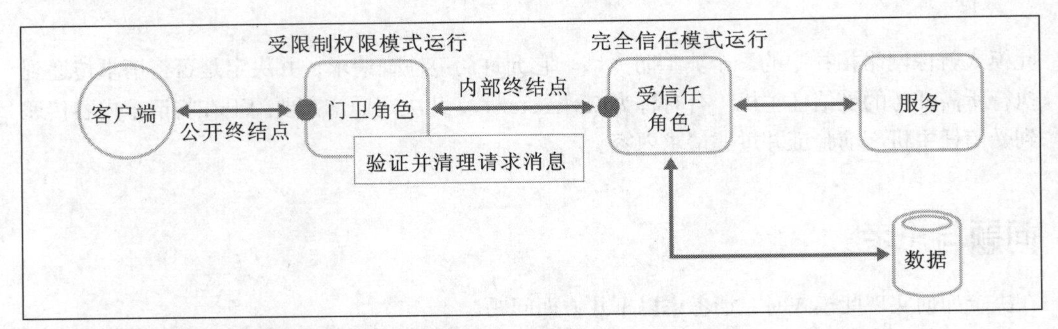

图 10-2　门卫模式使用内部端点时的基本原理

相关模式和指南

在实现此模式时，也可能与以下模式相关。

- 令牌模式。当门卫和受信任角色之间进行通信时，通过使用受限访问权限的密钥或令牌来增强安全性是一种不错的办法。令牌模式描述如何使用令牌或钥匙，限制客户端直接访问特定资源或服务。

第 11 章

健康终端监控模式

Health Endpoint Monitoring Pattern

健康终端监控模式是指外部工具通过暴露出来的终结点定期访问应用程序，并对它实施功能检测。这种模式可以用来检测应用程序和服务是否正常执行。

背景和问题

在监控Web应用、中间层和共享服务，确保它们可用并正常运行时，采用这种模式是一种很好的做法，通常也是一种业务需求。然而，监控云中运行的服务比监控本地服务更加困难。例如，由于没有对宿主环境完全进行控制，故服务通常取决于平台供应商和其他提供的服务；还有许多影响云托管应用程序的因素，如网络延迟、底层计算、存储系统的性能和可用性，以及它们之间的网络带宽，这些因素中的任何一个都可能部分或完全导致服务失败。因此，必须定期检测服务是否正确执行，以排除可能性因素，这也有可能成为服务级别协议(SLA)的一部分。

解决方案

通过向应用程序的终结点发送请求来实现健康监控。应用程序应执行必要的检查，并返回状态提示。健康监控检查通常结合两个因素：一是通过应用或服务来响应健康终端的请求，二是由工具或框架对健康进行检测的分析结果。通过响应状态码，可以选择使用终端的任何组件和服务。监视工具和框架则用来检查延迟或响应时间。图11-1所示为对此模式的概述。

应用程序中的健康监控执行检查可能包括以下几方面。

(1) 检查云存储或数据库的可用性和响应时间。

(2) 检查位于应用程序或其他位置但由应用程序使用的其他资源和服务。

我们可以通过使用多个现有服务和工具向可配置的一组终结点提交请求，并且根据规则和评估结果来监视Web应用。这样就很容易创建一个只在系统上执行一些功能测试的终结点。

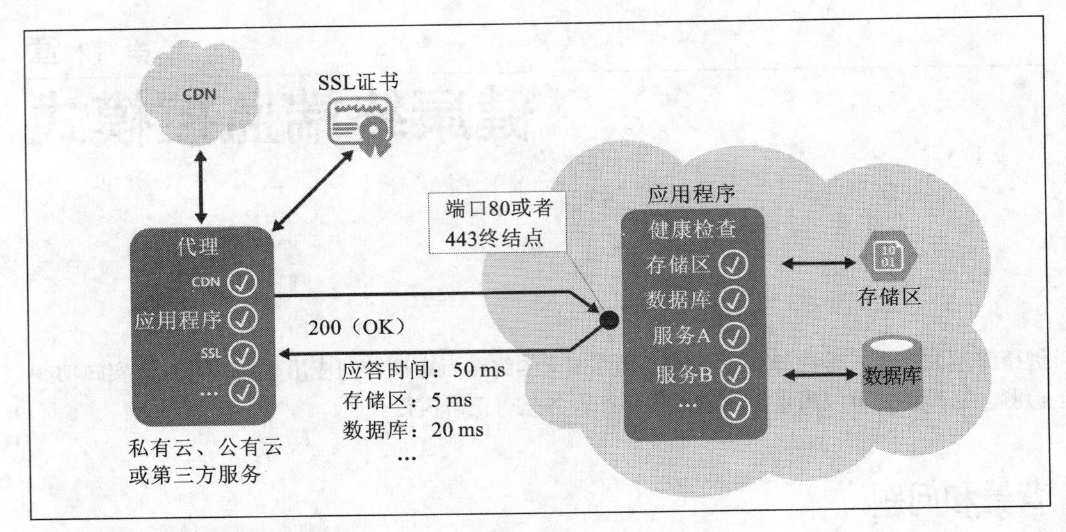

图 11-1　健康终端监控模式概述

由监视工具执行的常用检查如下。

- 验证响应代码。例如，HTTP响应为200(OK)表示应用程序未出现错误。监控系统还可以检查其他响应代码从而给出更全面的提示。
- 检查错误响应的内容。即使返回200（OK）状态码，也可能检查到错误，因为它仅影响部分返回的Web网页和服务的响应。例如，检查页面的标题或返回正确页面的特定短语。
- 测量响应时间。计算出网络延迟和应用程序执行请求所用的时间总和，若有增加的值，就表示应用或网络出现新的问题。
- 检查应用程序外部的服务资源。例如应用程序使用的CDN，用于从全局高速缓存中传递的内容。
- 检查SSL证书是否过期。
- 测量应用程序URL的DNS查找的响应时间，以便检测DNS的延迟或故障。
- 验证DNS查找返回的URL地址，以确保输入是正确的。这可以避免通过DNS攻击服务器的恶意请求的重定向。

如果有可能，可根据不同的部署地或宿主来执行检查并测量比较响应时间是非常有用的。理想环境下，应该监控最靠近客户位置的应用程序，以便准确查看每个位置的性能。除提供一种更健壮的检查机制外，其结果可能会影响应用程序部署位置的选择，以及决定是否将其部署在多个数据中心上。还应对客户使用的所有服务实例进行测试，以确保所有客户使用应用程序能正常工作。例如，如果客户分布在多个存储账户中，则监控进程必须检查所有这些存储账户。

问题与思考

当决定如何实现该模式时，请考虑以下几方面内容。

- 如何验证响应。例如，仅一个200（OK）状态码则不足以验证应用程序是否正常工作。虽然这提供了应用程序可用性的最基本标准，而且是此模式的最小实现，但它不提供关于操作、趋势及应用程序中即将出现的问题的任何信息。

备注：确保应用程序仅在找到并正确处理目标请求时才返回200状态码。例如，当使用主页托管目标网页时，即使未找到目标内容，也会返回200状态码而不是404状态码。

- 要为应用程序公开端点数。一种方法是暴露应用程序所使用的核心服务的至少一个端点，另一种方法是用于辅助或优先级较低的服务，允许将不同级别的重要性分配给每个监控结果。还要考虑对外暴露更多端点，比如每个核心服务使用一个，以提供额外的监控粒度。健康监控可能会检验应用程序使用的数据库，存储和使用外部地理编码服务的应用程序；每个服务都需要不同的运行时间和响应时间。如果地理编码服务或某些其他后台任务在几分钟内不可用，应用程序仍可能健康正常。
- 可以选择使用通用的断点或者特定的路径来监视，例如通用访问端点上的/ HealthCheck / {GUID} /。这种监控允许应用内的一些功能测试由监控工具执行，如添加用户注册、登录和放置一个测试命令，同时还验证一般访问端点的可用性。
- 响应监视请求在服务中收集的信息类型，以及如何返回此信息。大多数现有的工具和框架仅可以查看端点或返回的HTTP状态码。要返回并验证其他信息，可能需要创建自定义监控应用工具或服务。
- 需要收集大量信息。在检查期间执行过多的处理可能会使应用程序过载，影响其他用户，而且所花费的时间可能会导致系统超时，因此要将应用程序标记为不可用。大多数应用程序包括记录性能、详细错误信息处理及性能计算器等，可能足以代替从健康监控返回的信息。
- 配置监控端点的安全性，以保护它们免受公开访问。这可能会使应用程序暴露并遭受恶意攻击，存在泄露敏感信息的风险，或引来服务（DOS）的攻击。这些通常应该在应用程序的配置中完成，以便可以轻松更新而无需重新启动应用程序。综合上述情况，请考虑使用以下一种或多种技术：
    - 通过认证来保护端点。可以使用请求头中的认证安全密钥或将凭证通过请求一起传递来实现，前提是监控服务或工具支持认证。
    - 使用模糊或隐藏的端点。例如，将端点暴露在与默认应用程序URL所使用的IP不同的地址上，在非标准HTTP端口上配置端点或使用测试页面的复杂路径。通常可以在应用程序配置中指定其他端点地址和端口，如果需要，可以将这些端点的条目添加到DNS服务器，以避免直接指定IP地址。

- ◆ 在接收诸如键值或操作模式值的参数端点上公开一种方法。根据接收请求参数值来定，如果是正常参数值，代码可执行特定校验；如果是未识别参数值，则返回404（未找到）错误。这样就可以在应用程序配置中设置能被识别的参数值。

备注：DoS攻击可能对一个单独的端点的影响较小，它是针对基本功能测试而不会影响应用程序的操作。理想情况下，应避免使用可能暴露敏感信息的测试。如果必须获取攻击者有用的信息，则考虑如何来保护端点并免受未经授权的访问。在这种情况下，仅依靠隐藏是不够的。即便会增加服务器上的负载，也应该考虑使用HTTPS连接和加密敏感数据。

- 并非所有的工具和框架都可以配置具有健康验证请求的凭据，那么如何请求使用身份验证保护的端点？例如，Microsoft Azure内置健康验证功能若无法提供身份验证凭据，就考虑使用一些第三方的替代品，如Pingdom、Panopta、NewRelic和Statuscake。
- 确保监控代理程序正确执行。一种简单的方法是暴露来自应用程序配置中返回的端点或者可以用于测试代理的随机值。

备注：还要确保监视系统对自身进行自检和内测，以避免它发出假结果。

何时使用此模式

此模式非常适合用于以下情况。

- 验证网站和Web应用程序的可用性。
- 检查网站和Web应用程序是否正常运行。
- 通过监控中间层或共享服务来检测隔离可能会中断其他应用程序的故障。
- 完善应用程序中的现有功能，比如性能计数和错误处理程序。健康验证并不能取代日志和审核应用程序的工作。可以通过监控计数器和错误日志为现有框架提供有用的信息，以检测故障等问题。但是，若该应用程序不可用，则不能提供信息。

示例

以下示例代码摘自HealthEndpointMonitoring.Web项目中的`HealthCheckController`类，包含在你可以为本指南下载的示例中，通过暴露的端点演示并执行一系列健康检查。

`CoreServices`方法对应用程序中使用的服务执行一系列检查。如果所有的测试都没有出现错误，则返回200（OK）状态码。如果有测试引发异常，则返回500（内部错误）状态码。如果监视工具或框架能利用它，当发生错误时，该方法能够返回可选的附加信息。

C#

```
public ActionResult CoreServices()
{
  try
  {
    // Run a simple check to ensure the database is available.
    DataStore.Instance.CoreHealthCheck();

    // Run a simple check on our external service.
    MyExternalService.Instance.CoreHealthCheck();
  }
  catch (Exception ex)
  {
    Trace.TraceError("Exception in basic health check: {0}", ex.Message);

    // This can optionally return different status codes based on the exception.
    // Optionally it could return more details about the exception.
    // The additional information could be used by administrators who access the
    // endpoint with a browser, or using a ping utility that can display the
    // additional information.
    return new HttpStatusCodeResult((int)HttpStatusCode.InternalServerError);
  }
  return new HttpStatusCodeResult((int)HttpStatusCode.OK);
}
```

ObscurePath方法展示如何读取来自应用程序配置中的路径，并将其作为测试的端点。该示例还展示了如何使用它来检查有效的请求并接受ID参数。

C#

```
public ActionResult ObscurePath(string id)
{
  // The id could be used as a simple way to obscure or hide the endpoint.
  // The id to match could be retrieved from configuration and, if matched,
  // perform a specific set of tests and return the result. It not matched it
  // could return a 404 Not Found status.

  // The obscure path can be set through configuration in order to hide the endpoint.
  var hiddenPathKey = CloudConfigurationManager.GetSetting("Test.ObscurePath");

  // If the value passed does not match that in configuration, return 403 "Not Found".
  if (!string.Equals(id, hiddenPathKey))
  {
    return new HttpStatusCodeResult((int)HttpStatusCode.NotFound);
  }

  // Else continue and run the tests...
  // Return results from the core services test.
  return this.CoreServices();
}
```

TestResponseFromConfig方法展示如何公开检查指定配置了值的端点。

C#

```
public ActionResult TestResponseFromConfig()
{
```

```
  // Health check that returns a response code set in configuration for testing.
  var returnStatusCodeSetting = CloudConfigurationManager.GetSetting(
                                                   "Test.ReturnStatusCode");

  int returnStatusCode;

  if (!int.TryParse(returnStatusCodeSetting, out returnStatusCode))
  {
    returnStatusCode = (int)HttpStatusCode.OK;
  }

  return new HttpStatusCodeResult(returnStatusCode);
}
```

监控 Azure 托管应用程序的端点

在Azure应用程序中，用于监控端点的一些选项如下。

- 使用微软Azure的内置功能，如管理服务或流量管理器。
- 使用第三方服务或框架（如Microsoft System Center Operations Manager）。
- 创建自定义的程序工具或在自身和托管服务器上运行的服务。

注意：即便Azure提供了一套相当全面的监控选项，也可以选择使用其他服务或工具来提供额外的信息。

Azure管理服务提供了一种围绕警报规则构建的全面内置监视机制。管理服务页面的“警报”部分，允许为每个服务订阅和配置最多10条警报规则。这些规则指定了服务条件和诸如CPU负载的阈值或每秒请求错误的数量，并且服务可以自动向每条规则中定义的邮件地址发送通知。

可以监控的具体条件取决于为应用程序选择的托管机制（例如网站、云服务、虚拟机或移动服务），但包括创建使用网络端点警报规则的功能都须在服务的设置中指定。该端点应及时做出响应，以便警报系统能检测到应用程序是否在正常运行。

备注：更多关于创建监视警报的信息，请参阅MSDN上的管理服务。

如果应用程序托管在Azure或虚拟机中，就可以利用Azure内置服务的流量管理器优势。流量管理器是一种路由和负载均衡服务，可以根据一系列配置规则将请求分发到云服务托管应用程序的特定实例中。

除了路由请求外，流量管理器会定期对指定的URL、端口和相对路径进行ping操作，以确定在其规则中定义的应用程序的某些实例处于活动状态，并且正在响应请求。如果它检测到200（OK）状态码，则将该应用程序标记为可用，任何其他状态码都会导致应用程序被流量管理器标记为离线。可以在Traffic Manager控制台中查看状态，并配置规则以将请求路由重新发送到正在响应的应用程序的其他实例中。

请注意，流量管理器只有等待10秒钟后才从监控的URL接收响应。因此，应该确保健康验证在这个时间范围内执行，并允许从流量管理器到应用程序的往返之间存在网络延迟，然后再返回。

备注：有关使用Windows流量管理器监控应用程序的更多信息，请参阅MSDN上的Microsoft Azure流量管理器。也在多个数据中心的部署指南中讨论了流量管理器。

相关模式和指南

在使用此模式时，也可能与以下指南相关。

- 仪器和遥测指南。通常能通过检测完成对服务和组件的健康运行状况的监控，但也有必要根据适当的信息来监控应用程序性能和其运行时发生的事件。该数据可以返回给监控工具，以提供用于健康监控的附加特性。《仪器和遥测指南》用来探讨收集应用程序中远程诊断的信息。

更多信息

- 第三方工具：Pingdom，Panopta，NewRelic和Statuscake。
- 文中的管理服务请参阅MSDN。
- 文中Microsoft Azure流量管理器请参阅MSDN。

此模式具有与其关联的应用程序示例。你可以从Microsoft“云设计模式—示例代码”下载，网址为http：//aka.ms/cloud-design-patterns-sample。

第 12 章

索引表模式

Index Table Pattern

在数据存储的字段中创建索引是被查询标准经常引用的一种模式。这种模式可以通过让应用从数据存储中更快地定位获取数据的方式来提高查询效率。

背景和问题

很多数据存储是通过使用主键将数据组织成数据实体的。其他应用可以通过使用主键来定位和获取数据。图12-1展示了一个数据存储中的客户数据，其主键是Customer ID。

主键（Customer ID）	客户数据
1	LastName: Smith, Town: Redmond, ...
2	LastName: Jones, Town: Seattle, ...
3	LastName: Robinson, Town: Portland, ...
4	LastName: Brown, Town: Redmond, ...
5	LastName: Smith, Town: Chicago, ...
6	LastName: Green, Town: Redmond, ...
7	LastName: Clarke, Town: Portland, ...
8	LastName: Smith, Town: Redmond, ...
9	LastName: Jones, Town: Chicago, ...
...	...
1000	LastName: Clarke, Town: Chicago, ...
...	...

图 12-1　通过主键(Customer ID)组织的客户数据

当查询通过这些主键来获取数据时，这些主键是很有用的。但如果查询通过其他字段来获取数据，这些主键就没有什么作用了。以客户表为例说明。若一个应用不能通过Customer ID而只能通过其他的属性来获取数据比如说客户所在的城镇，那么为了完成这个查询，就需要该应用去获取和调用每条客户记录，但获取客户记录是一个非常慢的过程。

很多关系型数据库管理系统支持二级索引。二级索引是一种单独的数据结构，它通过一个或多个非主键（二级）列来组织数据，能标明每个索引值的存储位置。二级索引的所有项目都通过二级索引值将数据进行典型的分类，以便快速查询数据。这些索引一般都通过数据库管理系统来自动维护。

可以建立很多的二级索引作为必要条件来支持应用的不同查询。例如，在一个关系型数据库的Customer表中，Customer ID是主键，当一个应用需要经常通过客户所居住的城镇来查询数据时，对town字段建立二级索引是很有好处的。

虽然二级索引是关系型数据库的一个公共特性，但是云应用所使用的大多数NoSQL不提供此功能。

解决方案

如果数据存储不支持二级索引，就手动创建自己的索引表以此仿效二级索引。索引表通过特定的键来组织数据。构建一个索引表通常有三种策略，其中依赖于二级索引的数量和应用程序的自然查询是必须具备的。

- 复制数据到每张索引表，并且通过不同的键来组织数据（完全反规范化）。图12-2展示了通过Town和LastName来组织同样的用户信息（每个索引表中的数据都是重复的）。

Secondary Key (Town)	Customer Data
Chicago	ID: 5, LastName: Smith, Town: Chicago, ...
Chicago	ID: 9, LastName: Jones, Town: Chicago, ...
Chicago	ID: 1000, LastName: Clarke, Town: Chicago, ...
...	...
Portland	ID: 3, LastName: Robinson, Town: Portland, ...
Portland	ID: 7, LastName: Clarke, Town: Portland, ...
Redmond	ID: 1, LastName: Smith, Town: Redmond, ...
Redmond	ID: 4, LastName: Brown, Town: Redmond, ...
Redmond	ID: 6, LastName: Green, Town: Redmond, ...
Redmond	ID: 8, LastName: Smith, Town: Redmond, ...
Seattle	ID: 2, LastName: Jones, Town: Seattle, ...
...	...

Secondary Key (LastName)	Customer Data
Brown	ID: 4, LastName: Brown, Town: Redmond, ...
Clarke	ID: 7, LastName: Clarke, Town: Portland, ...
Clarke	ID: 1000, LastName: Clarke, Town: Chicago, ...
Green	ID: 6, LastName: Green, Town: Redmond, ...
Jones	ID: 2, LastName: Jones, Town: Seattle, ...
Jones	ID: 9, LastName: Jones, Town: Chicago, ...
...	...
Robinson	ID: 3, LastName: Robinson, Town: Portland, ...
Smith	ID: 1, LastName: Smith, Town: Redmond, ...
Smith	ID: 5, LastName: Smith, Town: Chicago, ...
Smith	ID: 8, LastName: Smith, Town: Redmond, ...
...	...

图 12-2　对 Customer 数据执行二次索引的索引表

如果通过每个索引来查询的数据是相对静态的，则这种策略是很有用的。如果数据相对动态，则维护每个索引表的额外开销会很大。另外，如果数据的列数很多，则存储重复数据所需的空间也会非常大。

- 针对不同的索引参考原始数据的主键而不是单纯地通过复制主键来建立标准索引表。如图12-3所示，原始数据为一张事实表。

这种方法节省了空间并减少了维护重复数据的开销。其缺点是应用程序必须使用二次索引进行两次查询操作才能获取数据（在索引表中查询数据主键，在事实表中通过主键查询数据）。

- 通过不同的键来创建标准索引表，索引表中含有部分常用的数据列。参考原始数据来访问不经常访问的字段，这种结构如图12-4所示。

通过这种方式，可以在两种策略之间取得平衡。经常用到的数据可以通过一次单独的查询快速获取，而且所需空间和维护的开销也没有复制整个数据集的大。

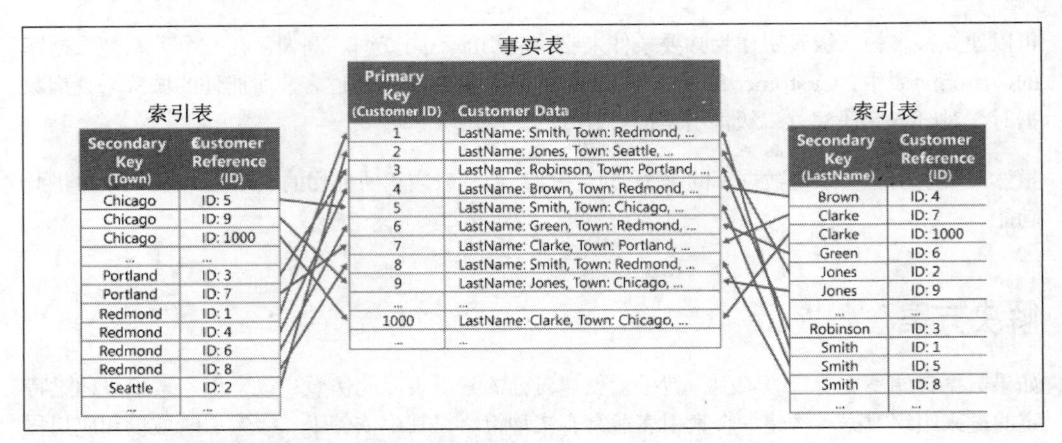

图 12-3　索引表实现了对 Customer 数据的二次索引

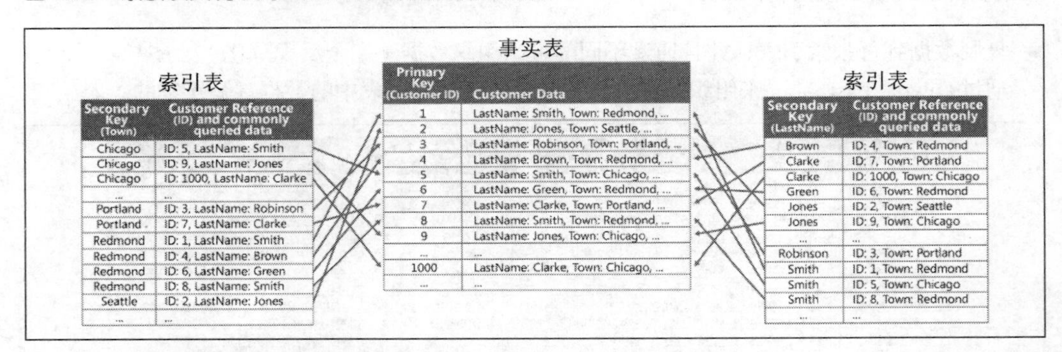

图 12-4　索引表针对客户数据实现二次索引

如果一个应用程序经常通过指定条件组合来进行查询(例如,查找所有居住在Redmond并且叫Smith的所有客户信息)，就可以将索引表中的键设置为Town与LastName的结合。如图12-5所示，先设置键Town，然后在相同Town下根据LastName进行分类。

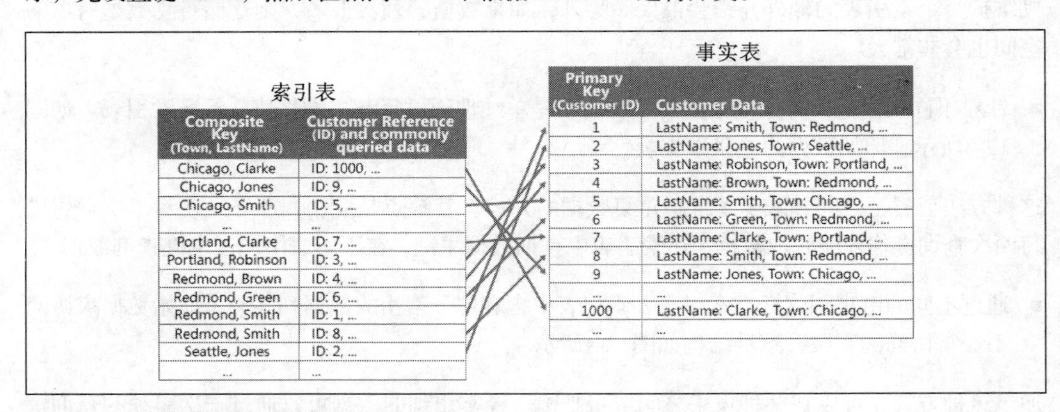

图 12-5　基于组合键的索引表

索引表可以加快在分片数据中的查询操作，当分片键是散列的时候特别有用。图12-6所示为Customer ID作为分片键并且是散列的。索引表可以通过非散列的值(Town和LastName)来组织数据，并提供分片键的散列值去查询数据。如果需要在一个范围内检索数据或按照非散列键去查询数据，这样就可以节省应用程序重复计算散列键（可能是一个非常昂贵的操作）的时间。例如，一个“查找所有住在Redmond的客户”的查询可以通过定位索引表的项目（存储在连续块中）来快速解决，然后通过使用存储在索引表中的分片键来获取客户数据。

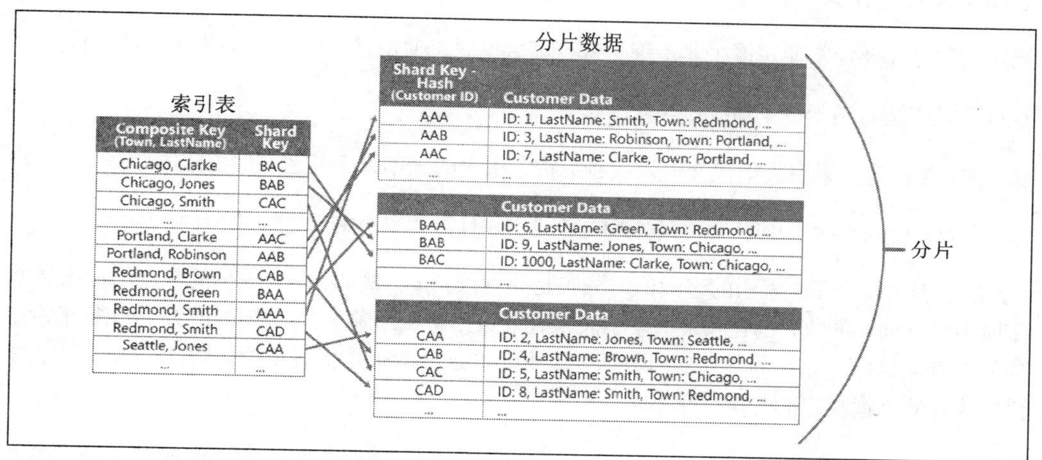

图 12-6 索引表对分片数据的快速查询

问题与思考

当考虑怎样使用这种模式时，就应当考虑以下内容。

- 二次索引的额外开销可能是很大的。必须分析、了解应用程序所用到的查询。当查询有规律地被使用时，才建立索引表。不要创建应用程序不需要或者很偶然需要使用的索引表。
- 将数据复制到索引表中会增加存储的额外开销，维护数据的多个复制也需要做出很大的努力。
- 引用原始数据将索引表构建成常规的结构需要应用程序调用两次查询来获取数据。第一次查询是搜索索引表获取主键，第二次查询是根据主键匹配数据。
- 如果一个系统包含一个索引表数量非常大的数据集，就很难保证索引表和原始数据的一致性。这时需要设计最终一致性模式。例如，插入、更新或删除数据，应用程序需要发送消息到队列，让其他任务异步去执行和维护索引表。关于实施最终一致性的更多信息，请参见“数据一致性”章节。

注意：Azure存储表支持对同一分区中的数据进行更改的事务性更新（称为实体组事务）。如果可以将数据存储在同一分区中的事实表和一个或多个索引表中，则可以使用此特性来帮助确保一致性。

- 索引表本身是可以分区或分片的。

何时使用此模式

当应用程序需要经常使用键（非主键）来查询数据时，使用这种模式可以提高查询效率。

这种模式不适合用于以下情况。

(1) 数据不稳定，索引表很快会失效或者维护索引表的开销大于其他存储方式的。

(2) 作为索引的二次索引字段没有很大的区别，并且只有很小的一个值集（例如性别）。

(3) 索引表中作为二次索引的字段值的分布是高度倾斜的。例如，如果90%的数据记录在某个字段中包含同样的值，创建和维护索引表来查询数据就会比顺序扫描产生更多的开销。但是，如果查询的目标分布在另外10%的数据记录中，则这个索引是很有用的。因此必须了解应用程序执行的查询及它们的执行频率。

示例

Azure存储表为运行在云端的应用程序提供了一个高伸缩的Key/Value数据存储。应用程序通过指定Key来存储和检索数据。Value可能包含多个字段，但存储的数据项的结构是不透明的，需要将数据项作为一个字节数组来处理。

Azure存储表也提供分片。分片键包含两个元素，一个分片键和一个行键。存储在同一分片中的数据有相同的分片键并且在该片中按照行键的顺序存储。表存储优化的目的是当执行范围查询时获取分区内连续的行键值范围内的数据。如果正在建立一个云应用并且数据存在于Azure表中，就应该按照这种思路去结构化数据。例如，设计一个应用程序来存储电影的信息时，应用程序要经常按照类型（动作片、纪录片、历史片、喜剧片、戏剧等）来查询电影信息。应该使用电影类型作为分片键来新建每个分片，并指定电影名作为行键，如图12-7所示。

如果应用程序需要按照演员进行查询，这种方式就不太有效。在这种情况下，可以创建一个单独的Azure表作为索引表，将演员作为分片键，将电影名作为行键。每个演员的数据将会存储在不同的分片中。如果一部电影有多个演员，则同一部电影会存储在多个分片中。

Partition Key (Genre)	Row Key (Movie Name)	Movie Data
Action	Action Movie 1	Starring Actors: [Fred, Bert], Director: Sid, Date Released 1/1/2013, ...
Action	Action Movie 2	Starring Actors: [Mary, Fred], Director: Harry, Date Released 2/2/2013, ...
Action	Action Movie 3	Starring Actors: [Bill, Ted], Director: Sid, Date Released 3/3/2013, ...
...	...	...

Partition Key (Genre)	Row Key (Movie Name)	Movie Data
Comedy	Comedy Movie 1	Starring Actor: Harry, Director: Sid, Date Released 4/1/2013, ...
Comedy	Comedy Movie 2	Starring Actors: [Alice, Anne], Director: Fred, Date Released 2/1/2013, ...
Comedy	Comedy Movie 3	Starring Actors: [Bert, Bill], Director: Harry, Date Released 3/5/2013, ...
...	...	...

Partition Key (Genre)	Row Key (Movie Name)	Movie Data
Drama	Drama Movie 1	Starring Actor: Keith, Director: Fred, Date Released 1/1/2013, ...
Drama	Drama Movie 2	Starring Actor: Susan, Director: Harry, Date Released 4/5/2013, ...
Drama	Drama Movie 3	Starring Actors: [Keith, Susan], Director: Fred, Date Released 1/8/2013, ...
...	...	...

分片

图 12-7　Azure 表中存储的电影数据

你可以采用第一种方式将电影的信息复制到不同的分片中。但是，很可能每部电影都会复制多次（每个演员一次），所以通过部分规范化数据来支持常见的查询（比如其他演员的名字），让应用程序能够检索其他剩余的细节，包括通过分片键来在类型分区中检索完整的信息。这种方式描述的是解决方案中的第三种，图12-8展示了这种方法。

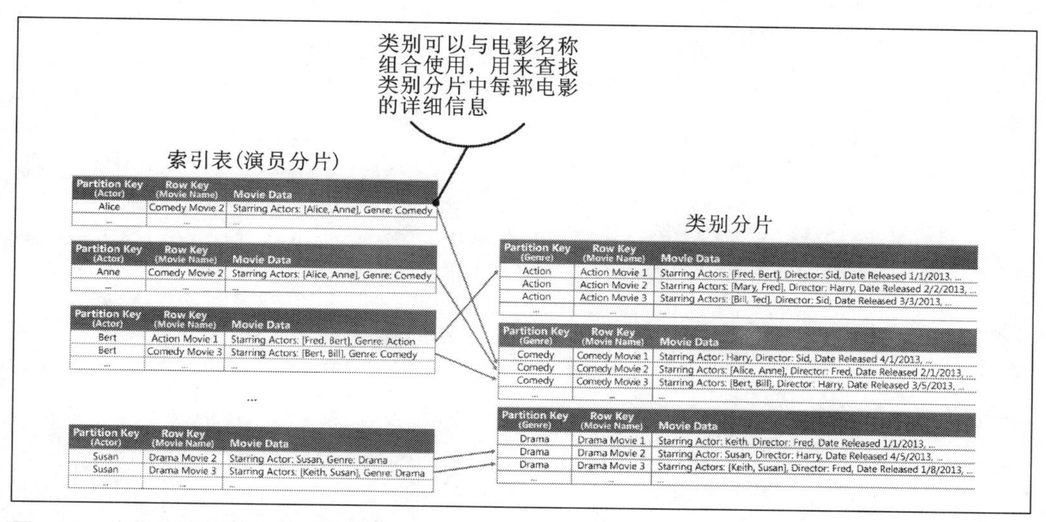

图 12-8　演员分片作为电影数据的索引表

相关模式与指南

当应用这种模式时，可能会用到以下模式和指南。

- 数据一致性。当索引变化时，必须维护索引表。在云端，只修改索引作为修改数据事务的一部分是不适当或不可能的——最终一致性的方法可能更合适。这个基础提供了数据的最终一致性。
- 分片模式。索引表模式经常结合分片模式使用。分片模式提供了更多如何将数据进行分片的信息。
- 物化视图模式。对于汇总数据的查询，物化视图模式比对数据建立索引模式更合适。这种模式描述了如何通过生成预填充视图来有效地支持汇总查询。

第 13 章

领导者选举模式

Leader Election Pattern

在分布式应用中，该模式选取一个实例作为领导者承担管理其他实例的责任，并通过这种方式协调一系列协作任务实例的执行。这种模式可确保各任务实例之间不冲突，因为实例间的冲突会导致共享资源的争夺，或无意间干扰其他任务实例的处理。

背景和问题

典型的云应用程序包含许多以协调方式工作的任务。这些任务可以是运行相同代码并且需要访问相同资源的实例，或者是可以并行处理复杂计算的各个部分。

任务实例可能在大多数时间自动运行，但也可以协调每个实例的执行，以确保它们不会因冲突导致共享资源的争用或无意中干扰其他任务实例的执行。

- 在云计算系统中实现水平缩放(横向扩展，horizontal scaling)，可以同时运行同一任务的多个实例，且每个实例服务不同的用户。如果多个实例写入同一个共享资源，就有必要协调这些实例的执行，以防止每个实例盲目地覆盖由其他实例做出的改变。
- 如果任务是并行执行复杂计算中的某个单个元素，则在该复杂计算的所有单个元素都计算完成时，需聚合所有执行结果。

因为任务实例都是平等的，所以没有天然的领导者可以充当协调器或聚合器。

解决方案

应选取单个任务实例作为领导者，并且此实例应协调其他从属者任务实例的动作。如果所有任务实例都运行相同的代码，那么它们都能充当领导者。因此，必须仔细管理筛选进程，以防止两个或多个实例同时充当领导角色。

系统须提供一种健全的机制来筛选领导者。此机制必须能够处理诸如网络中断或进程故障等事件。在许多解决方案中，从属者任务实例通过某种心跳（heartbeat）机制或轮询（polling）机制来监听领导者。如果指定的领导者意外终止，或者网络故障使从属者任务实例不能访问领导者，则有必要筛选一个新的领导者。（注：在没有领导者实例的那些从属任务实例中重新筛选一个从属实例作为新的领导者。）

有几种策略可用于在分布式环境中筛选一组任务的领导者，具体如下。

- 根据排名最低的任务实例或者根据任务实例标识的ID来选择领导者。
- 通过竞赛获得共享的分布式互斥体。将互斥体的第一个任务实例作为领导者。如果领导者终止领导或与系统的其余部分断开连接，则系统必须确保，释放互斥体以允许其他任务实例成为领导者。
- 霸王算法（Bully Algorithm）或环算法（Ring Algorithm）是实现通用领导者筛选模式的典型算法。这些算法相对简单，但也有一些更复杂的技术可用。这些算法假定参与筛选的每个候选者具有唯一的ID，并且它们可以以可靠的方式与其他候选者通信。

问题与思考

决定如何实现此模式时，请考虑以下几点：

- 筛选领导者的进程应适应短暂或持续筛选失败等情况。
- 能够检测出领导者失败或已成为其他不可用（例如通信故障引起领导者不可用）等情况。这种检测的速度是系统依赖的。有些系统可以在没有领导者的情况下运行一段时间，在此期间，导致领导者不可用的短暂故障可能已被纠正。其他情况下，必须立即检测出领导者失败并触发新的领导者筛选。
- 在实现横向扩展的系统中，如果系统缩小并关闭某些计算资源，则可以终止领导者。
- 使用共享的分布式互斥导致了对提供互斥体外部服务可用性的依赖。此服务可能构成单点故障。也就是说，如果由于任何原因导致此服务不可用，那么系统将无法筛选领导者。
- 使用单个专用进程作为领导者是一种相对直接的方法。然而，如果进程失败，则在其重新启动时可能存在明显延迟，并且，如果其他进程正在等待领导者协调运算，则所得到的等待时间可能影响其他进程的性能和响应时间。
- 手动实现领导者筛选算法为调整和优化代码提供了最大的灵活性。

何时使用此模式

当分布式应用程序（例如云托管解决方案）中的任务需要仔细协调并且没有天然的领导者时，请使用此模式。

注意：避免使领导者成为系统中的瓶颈。领导者的角色是协调从属者任务所执行的工作，而领导者本身不一定必须参与这项工作本身——尽管当任务没有被筛选为领导者时，它应该能够这样做。

此模式不适合用于以下情况。

- 如果有天然的领导者或有可一直作为领导者的专用进程，则不适合使用此模式。例如，对于可以实现协调任务实例的单例进程，如果此进程失败或变得不正常，则系统可以关闭并重新启动该进程。
- 如果可以通过使用更轻量级的机制轻松实现任务之间的协调，则不适合用此模式。例如，如果几个任务实例仅需要对共享资源的协调访问，则优先的解决方案可能是使用乐观锁或悲观锁来控制对该资源的访问。
- 如果第三方解决方案更合适，则不适合使用此模式。例如，微软 Azure HDInsight服务（基于Apache Hadoop）使用Apache Zookeeper提供的服务来协调聚集、汇总数据的map/reduce任务。还可以在Azure虚拟机上安装和配置Zookeeper，并将其集成到自己的解决方案中，或使用微软开放技术提供的Zookeeper预制虚拟机映像。有关更多信息，请在微软开放技术网站上参阅Microsoft Azure中的Apache Zookeeper部分。

示例

本指南可用的示例代码内包含了LeaderElection解决方案中的DistributedMutex项目。此项目显示了如何通过使用Azure存储二进制大对象（blob）中的lease来提供实现共享分布式互斥的机制。在Azure云服务的一组角色实例中，此互斥体可用于筛选领导者。选取lease的第一个角色实例作为领导者，并保持其领导者地位，直到它释放lease或无法更新lease。其他角色实例可以在领导者不再可用的情况下继续监视blob租赁权。

注释：Blob lease是对blob的专有写锁。单个blob可以是在任何一个时间点最大限度lease的主体。当某个角色实例请求指定blob的lease时，如果该角色实例及其他任何角色实例此时都未持有此指定blob上的其他lease，则该角色实例将取得此指定blob的lease（即只有blob上无任何lease时才能获取此blob的lease），否则该请求将引发异常。

为减少有故障的角色实例无限期占有lease，请指定一个lease的有效期限。当lease有效期满时，lease重新变为可用。但是，当某个持有lease的角色实例处于有效期内时，它可以更新lease，并更新有效期，此时其占有lease的有效期比更新前要长。如果角色实例希望持续占有lease，就可以不断地重复此过程。

有关怎样给blob lease更多的信息，请参阅MSDN上的Lease Blob（REST API）。

示例中的`BlobDistributedMutex`类包含`RunTaskWhenMutexAquired`方法，该方法使角色实

例尝试获取指定blob的lease。当创建BlobDistributedMutex对象（此对象是包含在示例代码中的简单结构）时，blob的详细信息（名称、容器、存储账户）被传递到BlobSettings对象的构造函数中。如果此构造函数成功获取blob的lease并被筛选为领导者，则它还接受引用角色实例运行代码的任务。注意，处理获取lease的详细代码在名为BlobLeaseManager的单独帮助类中实现。

C#

```
public class BlobDistributedMutex
{
  ...
  private readonly BlobSettings blobSettings;
  private readonly Func<CancellationToken, Task> taskToRunWhenLeaseAcquired;
  ...

  public BlobDistributedMutex(BlobSettings blobSettings,
           Func<CancellationToken, Task> taskToRunWhenLeaseAquired)
  {
    this.blobSettings = blobSettings;
    this.taskToRunWhenLeaseAquired = taskToRunWhenLeaseAquired;
  }

  public async Task RunTaskWhenMutexAcquired(CancellationToken token)
  {
    var leaseManager = new BlobLeaseManager(blobSettings);
    await this.RunTaskWhenBlobLeaseAcquired(leaseManager, token);
  }
  ...
```

上面代码示例中的RunTaskWhenMutexAquired方法调用下面代码示例中的RunTaskWhen-BlobLeaseAcquired方法来实际获取租赁权。RunTaskWhenBlobLeaseAcquired方法异步运行。如果成功获取lease，则筛选该角色实例作为领导者，用taskToRunWhenLeaseAcquired委托协调其他角色实例。如果未获取lease，则筛选另一个角色实例作为领导者，当前角色实例仍为从属者。请注意，TryAcquireLeaseOrWait方法是一个辅助方法，它使用BlobLeaseManager对象来获取lease。

C#

```
  ...
  private async Task RunTaskWhenBlobLeaseAcquired(
    BlobLeaseManager leaseManager, CancellationToken token)
  {
    while (!token.IsCancellationRequested)
    {
      // Try to acquire the blob lease.
      // Otherwise wait for a short time before trying again.
      string leaseId = await this.TryAquireLeaseOrWait(leaseManager, token);

      if (!string.IsNullOrEmpty(leaseId))
      {
        // Create a new linked cancellation token source so that if either the
        // original token is cancelled or the lease cannot be renewed, the
        // leader task can be cancelled.
```

```
        using (var leaseCts =
          CancellationTokenSource.CreateLinkedTokenSource(new[] { token }))
        {
          // Run the leader task.
          var leaderTask = this.taskToRunWhenLeaseAquired.Invoke(leaseCts.Token);
          ...
        }
      }
    }
  }
  ...
```

开始时领导者的任务也异步执行。当此任务正在运行时，以下代码示例中所示的`RunTaskWhenBlobLeaseAquired`方法会定期尝试更新lease。此操作有助于确保角色实例继续作为领导者。在示例解决方案中，更新lease请求的延迟应小于lease的有效期限，以防止其他角色实例被筛选为领导者。如果由于任何原因导致更新lease请求失败，则将取消任务。如果更新lease失败或任务被取消（可由角色实例关闭引起），则会释放lease。此时，此角色实例或其他角色实例可能被筛选为领导者。下面的代码摘录显示了部分处理过程。

C#

```
  ...
  private async Task RunTaskWhenBlobLeaseAcquired(
    BlobLeaseManager leaseManager, CancellationToken token)
  {
    while (...)
    {
      ...
      if (...)
      {
        ...
        using (var leaseCts = ...)
        {
          ...
          // Keep renewing the lease in regular intervals.
          // If the lease cannot be renewed, then the task completes.
          var renewLeaseTask =
            this.KeepRenewingLease(leaseManager, leaseId, leaseCts.Token);

          // When any task completes (either the leader task itself or when it could
          // not renew the lease) then cancel the other task.
          await CancelAllWhenAnyCompletes(leaderTask, renewLeaseTask, leaseCts);
        }
      }
    }
  }
  ...
}
```

`KeepRenewingLease`方法是另一个辅助方法，它使用`BlobLeaseManager`对象来更新lease。`CancelAllWhenAnyCompletes`方法取消指定为前两个参数的任务。

图13-1阐明了`BlobDistributedMutex`类的功能。

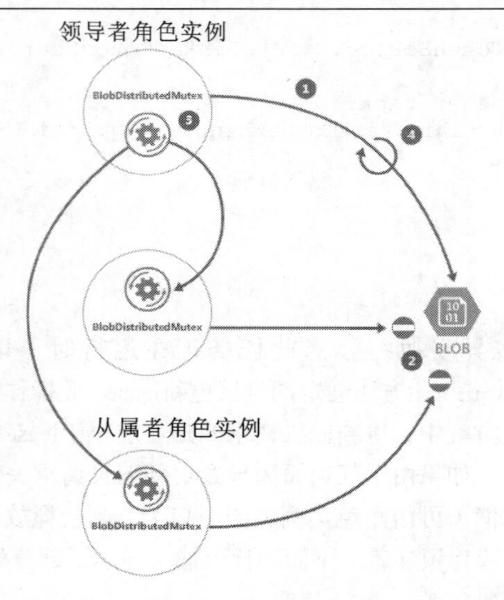

1. 角色实例调用 BlobDistibutedMutex 对象的 RunTaskWhenMutexAcquired 方法，并被授予对 blob 的 lease。角色实例被筛选为领导者。

2. 其他角色实例被阻止调用 RunTaskWhenMutexAcquired 方法。

3. 领导者的 RunTaskWhenMutexAcquired 方法运行任务，该任务协调从属者角色实例的工作。

4. 领导者的 RunTaskWhenMutexAcquired 方法定期更新 lease。

图 13-1　使用 BlobDistributedMutex 类筛选领导者并运行协调操作的任务

以下代码示例显示如何在worker角色中使用BlobDistributedMutex类。此代码存储在leases容器中，获取对blob名为MyLeaderCoordinatorTask的lease，并指定：如果角色实例被筛选为领导者，则运行MyLeaderCoordinatorTask方法中定义的代码。

C#

```
var settings = new BlobSettings(CloudStorageAccount.DevelopmentStorageAccount,
  "leases", "MyLeaderCoordinatorTask");
var cts = new CancellationTokenSource();
var mutex = new BlobDistributedMutex(settings, MyLeaderCoordinatorTask);
mutex.RunTaskWhenMutexAcquired(this.cts.Token);
...

// Method that runs if the role instance is elected the leader
private static async Task MyLeaderCoordinatorTask(CancellationToken token)
{
  ...
}
```

对于本示例解决方案，请注意以下几点。

(1) blob是一个潜在的单点故障。如果blob服务变得不可用或blob不可访问，则领导者将无法更新blob的lease期限，并且也没有其他角色实例能够获得lease。在这种情况下，没有角色实例能够充当领导者。然而，blob服务的设计具有可复原的弹性，因此blob服务完全失败的可能性极低。

(2) 如果领导者执行的任务停止，则领导者可以继续更新lease，阻止任何其他角色实例获取lease并接管领导者角色以协调任务。在现实世界中，应每隔一段时间定期检查领导者的健康状况。

(3) 筛选领导者过程具有不确定性。不能就某个角色实例获取blob的lease并成为领导者的情况做出任何假设。

(4) 如果使用blob的目的是将其用作blob lease，那么使用该blob就不应再用作任何其他目的。如果角色实例尝试在此blob中存储数据，那么，除非该角色实例就是领导者并持有该变量，否则将无法访问存储的数据。

相关模式与指南

采用本模式时，请注意以下相关指南。

- 自动缩放指南。当应用程序的负载发生变化时，可以启动或停止任务主机的实例。在峰值处理期间，自动缩放有助于保持吞吐量和性能。
- 分区计算指南。该指南描述了一种在运行成本最小化前提下如何给云服务中的主机分配任务的方式，并同时保持服务的性能、可扩展性、可用性和安全性。

更多信息

- MSDN中基于任务的异步模式（Task-based Asynchronous Pattern）。
- 阐述霸王算法（Bully Algorithm）的示例。
- 阐述环算法（Ring Algorithm）的示例。
- 微软开放技术网站上的文章《微软Azure中的Apache Zookeeper》。
- MSDN中关于表现层状态转移API（REST API）的文章《Lease blob》。

此模式具有与其关联的示例应用程序。可以从Microsoft下载中心网站上下载“云设计模式——示例代码（Cloud Design Patterns – Sample Code）”，网址为http://aka.ms/cloud-design-patterns-sample。

第 14 章

实体化视图模式

Materialized View Pattern

当数据被构建成一种不适合所需查询操作的格式时，可使用一个或多个数据存储(data store)库中的数据生成预填充视图。这种模式有助于支持高效查询和数据提取，并且能提高应用程序的性能。

背景和问题

当存储数据时，开发人员和数据管理人员经常优先关注的是如何存储数据，而不是如何读取数据。所选择的存储格式一般与数据的格式、要管理的数据量的大小、数据完整性以及所用的存储库的种类(the kind of store)密切相关。例如，当使用一个NoSQL文档型数据库时，数据经常表示为一系列对象的集合，集合中每个元素包含该实体的所有信息。

解决方案

为了支持高效查询，通常的解决方案是提前生成一个最适合所需结果集格式的实体化视图。实体化视图模式(Materialized View pattern)描述了在源数据的格式不适合查询，或者生成合适的查询很困难，或者由于数据或数据存储库的性质导致查询性能比较差的环境下，用数据生成预填充视图的一种方案。

这种仅包含一次查询所请求到的数据实体化视图，允许应用程序可以快速获取它们需要的信息。另外，除了表连接产生的实体或组合数据实体以外，实体化视图也可以包括计算产生的列或数据项的当前值、多个值组合后或对多个数据项执行转换后的结果值，以及本次查询结果的一部分。一个实体化视图甚至可以针对单个查询进行优化。

很关键的一点是一个实体化视图以及它包含的数据完全是一次性的(用后即丢弃)，因为它可以通过源数据存储库(source data stores)完全重建。一个实体化视图绝对不会被应用程序直接更新，因为它实际上是一个特殊的缓存。

当视图的源数据改变时，必须更新视图以保证包含最新的信息。这可能在适当的时候自动发生，或当系统检测到原来的数据发生了更改时发生。在其他情况下，可能需要手动重新生成视图。

图14-1展示了一个怎样使用实体化视图模式的例子。

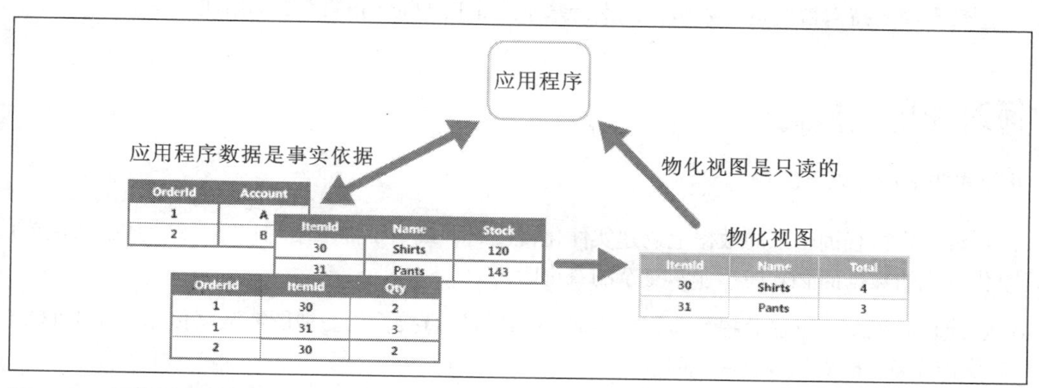

图 14-1　实体化视图模式

问题与思考

当决定使用此模式时，需考虑以下几点。

- 什么时候和什么情况下会更新view。理想状态下，它会响应对源数据修改的事件而重新生成(regenerated)view，但是，如果源数据频繁、快速地变化，将会导致过多的开销。另外，可以考虑使用计划任务、外部触发器或手动操作来重新生成视图。
- 在一些系统中，例如当使用事件溯源模式(event sourcing pattern)仅存储修改数据时，实体化视图可能是必要的。通过检查所有事件以确定当前状态的预填充视图可能是从事件集合(event store)中获取信息的唯一方式。在除了使用事件溯源模式的其他情况下，有必要衡量实体化视图所能提供的优势。实体化视图往往是专门针对一个或少数几个查询量身定制的。如果必须使用多个查询来维护实体化视图，则可能导致无法接受的存储容量要求和存储成本。
- 当生成视图或按计划更新视图时，要考虑数据一致性的影响，如果源数据在生成视图时发生变化，则视图中的数据副本可能与原始数据不完全一致。
- 考虑要存储视图的位置。视图数据并不一定位于与原始数据相同的存储区或分区中。它可以是几个不同数据分区的子集的组合。
- 如果视图是暂时的，并且仅被用于通过反射当前数据的状态来提高查询性能或可扩展性，那么它可以被存储在缓存中或较不可靠的位置，即使丢失，也可以重新生成它。
- 当定义一个实体化视图时，对于那些基于现有数据项计算或转换的视图、基于查询中传递值的视图、基于这些值的适当组合而产生的视图，我们通过给这些视图添加数据项或列来最大化它的值。

- 在存储服务器支持的情况下，通过给实体化视图添加索引来进一步提升性能，大部分关系型数据库支持对视图进行索引，也支持基于Apache Hadoop的大数据解决方案。

何时使用此模式

此模式非常适合以下场景。

- 在难以直接查询出来的数据上创建实体化视图时，或为了提取结构化、半结构化或非结构化方式的数据而必须使用非常复杂的查询时。
- 创建临时视图可以显著提升查询性能时，或者可以直接作为源视图或数据传输对象(DTOs)用于UI层、报表或数据展示时。
- 为了支持不稳定连接的场景时(对于数据存储库的链接并不总是可用)。这种情况下可以在本地缓存视图。
- 尝试用一种不需要知道源数据格式的方式简化查询和展示数据时。例如，通过连接一个或多个数据库中不同的数据表或一个乃至多个NoSQL存储中的域，然后规格化这些数据以适合其最终用途。
- 提供对源数据特定子集的访问能力时（出于安全或隐私的原因，源数据不能被随意访问、修改或完全暴露给用户）。
- 当使用基于它们各自功能的不同数据存储区时，实体化视图可以桥接它们之间的分离。例如，通过使用一个写效率高的云存储作为相关的数据存储区，以及一个可以提供好的查询和读取性能的关系型数据库来维持实体化视图。

此模式可能不适合在以下情况下使用。

- 源数据非常简单并且容易查询时。
- 源数据的变化很快，或可以不通过视图(view)进行访问时。这时可以避免因创建视图而带来的开销。
- 要求高一致性时。这些视图可能不总是与原始数据完全一致。

示例

图14-2所示为一个使用实体化视图模式的例子。它组合了存储在Microsoft Azure存储账户不同分区中的Order、OrderItem、Customer三张表里的数据，生成Electronics类别中包含的每个产品的总销售值的视图，并且计算购买每个产品的用户数量。

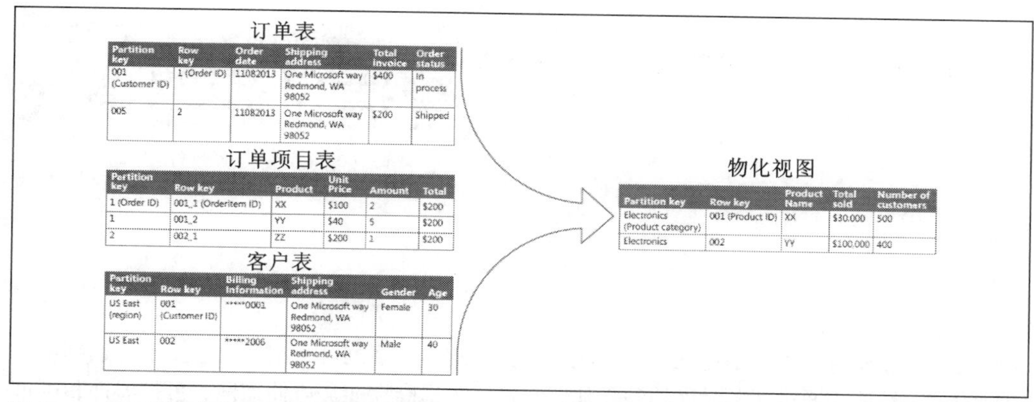

订单表

Partition key	Row key	Order date	Shipping address	Total invoice	Order status
001 (Customer ID)	1 (Order ID)	11082013	One Microsoft way Redmond, WA 98052	$400	In process
005	2	11082013	One Microsoft way Redmond, WA 98052	$200	Shipped

订单项目表

Partition key	Row key	Product	Unit Price	Amount	Total
1 (Order ID)	001_1 (Orderitem ID)	XX	$100	2	$200
1	001_2	YY	$40	5	$200
2	002_1	ZZ	$200	1	$200

客户表

Partition key	Row key	Billing Information	Shipping address	Gender	Age
US East (region)	001 (Customer ID)	*****0001	One Microsoft way Redmond, WA 98052	Female	30
US East	002	*****2006	One Microsoft way Redmond, WA 98052	Male	40

物化视图

Partition key	Row key	Product Name	Total sold	Number of customers
Electronics (Product category)	001 (Product ID)	XX	$30.000	500
Electronics	002	YY	$100.000	400

图 14-2　使用实体化视图模式生成销售摘要

创建此实体化视图需要复杂的查询。然而，通过把查询结果作为实体化视图，用户能够轻松地获得结果并且直接使用它们，或将它们合并到另一个查询中。视图可以被用在报表系统(reporting system)或控制面板(dashboard)中，并且可以按计划(例如每周)更新视图。

注意：这个例子使用了Azure表存储，且许多关系型数据库也为实体化视图提供了原生支持。

相关模式与指南

- 数据一致性入门。在实体化视图中保存摘要(summary)信息是必要的，它反映了基础数据的值。当数据值发生变化时，可能无法实时地更新摘要数据，而是必须采用最终一致的方法。数据一致性入门总结了关于保持分布式数据一致性的规则，并描述了不同一致性模型的优、缺点。
- 命令查询职责分离模式。可以利用这种模式通过响应数据值变化时发生的事件来更新实体化视图中的信息。
- 事件溯源模式。可以将此模式与CQRS模式结合使用以维护实体化视图中的信息。当实体化视图所基于的数据值被修改时，系统可以引发特定的用来描述这些修改的事件，并把它们保存在事件存储区中。
- 索引表模式。实体化视图中的数据常常按主键组织，但查询时可能需要通过查看其他字段中的数据来检索信息。你可以使用索引表模式在并不支持原生二级索引的数据存储库的数据集上创建二级索引。

第 15 章

管道过滤器模式

Pipes and Filters Pattern

用管道过滤器模式可将一个处理复杂问题的任务分解为一系列可重用的离散元素，达到重用的目的。这种模式通过任务元素的独立部署和扩展来提高性能、可伸缩性、可扩展性和可重用性。

背景和问题

应用程序可能会处理各种信息和复杂度不同的任务。实现这个应用程序的一个简单但不灵活的方法是将此处理作为单模块执行。然而，如果其他地方需要处理相同的问题，则这种方法将很难使代码重构、重用或者优化。

图15-1阐述了使用单模块处理数据的问题。应用程序接受和处理两个来源的数据，每一个来源的数据都由单独的模块去处理。该模块在传递到业务逻辑之前需要通过执行一系列任务来转变数据。

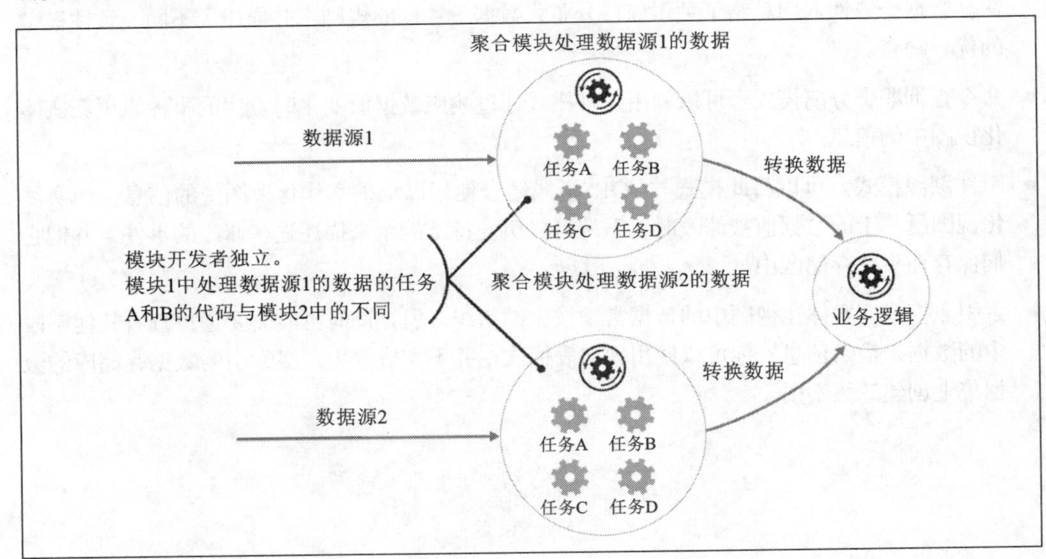

图 15-1　使用单模块的解决方案

单模块执行的一些任务在功能上非常相似，但模块是单独设计的。实现任务的代码与模块紧密耦合，并且几乎没有考虑代码的重用性或者伸缩性。然而，每个模块执行任务或者每个任务的部署可能会随着需求的改变而改变。有些任务可能需要密集计算、需要强大的硬件支持，而其他任务可能不需要使用如此昂贵的资源。此外，未来可能会有额外的需求要处理，或者所执行的任务顺序可能发生变化。所以需要一种解决这些问题的方案，并尽可能地实现代码重用。

解决方案

将每个管道所需的处理分解成一组离散的组件(或者过滤器)，每个离散组件执行单个任务。通过标准化每个组件接收和返回的数据格式，这些过滤器在一起可组合成流水线。这有助于避免重复代码，并且，如果处理的需求发生改变，可以非常容易删除、替换或集成附加的组件。

图15-2所示为这种结构的例子。

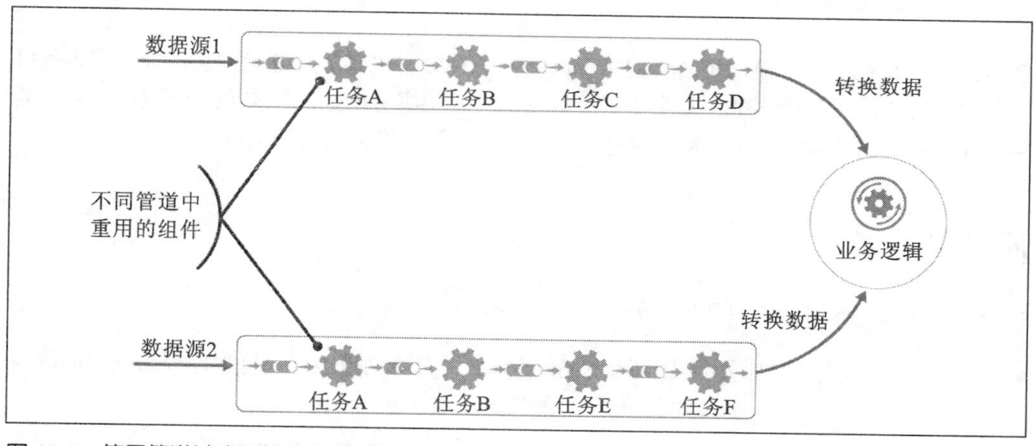

图 15-2　使用管道过滤器解决方案

处理单个请求所需的时间取决于管道中最慢的过滤器的速度。一个或多个过滤器可能是瓶颈，特别是当大量请求出现在特定的数据源管道中时。管道模式的一个特点是它给运行过慢的过滤器提供了并行的机会，使系统能够拓展负载、提高吞吐量。

构成管道的过滤器可以在不同的机器上运行，它们可以独立拓展，并且可以使用许多云中提供的弹性。计算密集型过滤器可以在高性能的硬件上运行，而其他要求不太苛刻的过滤器可以在廉价的硬件上托管。甚至过滤器可以不必在相同的数据中心或者位置，这样就允许管道中的每个元素可以尽可能地在接近所需资源的环境中运行。

图15-3所示为数据源1的管道示例。

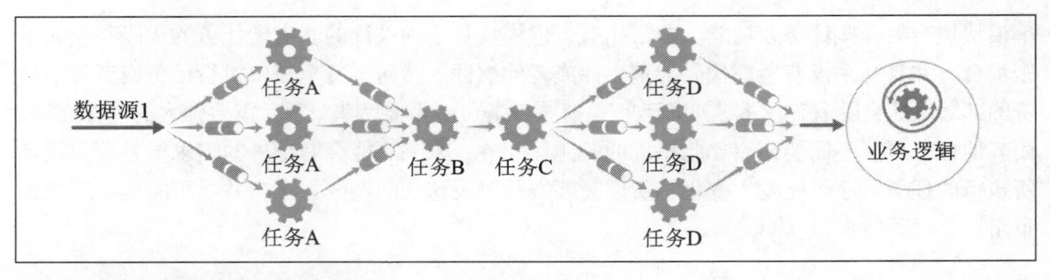

图 15-3　负载均衡管道中的过滤器

如果过滤器的输入/输出是流的结构，则可以并行地处理每个过滤器。管道中的第一个过滤器可以开始工作并返回处理结果，在第一个过滤器完成工作之前，直接将它们传递到管道序列中的下一个过滤器。

另一个好处是这个模型可以提供更好的弹性。如果过滤器失败或者正在运行的机器不能使用，则管道可能会将过滤器正在执行的工作安排到该组件的另一个实例，单个过滤器出现故障不一定会导致整个管道故障。

管道过滤器和补偿事务模式相结合使用可以提供一种分布式事务的替代方法。分布式事务可以分解成独立的可补偿事务，每个事务可以使用可补偿事务的过滤器实现。管道中的过滤器可以作为独立的托管任务来实现，这些任务运行在它们所维护的数据附近。

问题与思考

在决定使用此模式时，需要考虑下列几点。

- 复杂性。该模式在增加灵活性的同时带来了复杂性，特别是当管道过滤器分布在不同的服务器上时。
- 可靠性。要使用能确保管道内的过滤器数据不会丢失的基础结构。
- 幂等性。如果管道中的过滤器在收到消息之后宕机，并且工作被重新安排到了过滤器的另一个实例，则有可能已经完成部分功能。如果此工作已经更新全局状态的一部分（例如数据库中的信息），则可以重复更新。如果过滤器将其结果发布到管道中的下一个过滤器之后在完成工作之前失败，则可能会出现类似的问题。在这些情况下，相同的工作由过滤器的另一个实例重复，可能会导致相同的结果发送两次。这可能导致管道中后续的过滤器两次处理相同的数据。因此管道中的过滤器应该设计成支持幂等。
- 重复的消息。如果管道中的过滤器将消息发给下一级后宕机，则可以运行过滤器的另一个实例，并且将它相同消息的副本发布到管道，这可能导致两个相同的消息传递到下一个过滤器。为避免这种情况，应该检测和去除管道的重复消息。

注意：如果你通过使用消息队列（如Azure服务总线队列）来实现管道，消息队列基础结构可以提供自动重复消息检测和删除。

- 上下文和状态。在一个管道中，每个过滤器几乎是孤立运行的，不应该考虑它是如何被调用的。这意味着每个过滤器必须提供足够的上下文信息，以便它可以执行其工作。该上下文可以包括大量的状态信息。

何时使用此模式

在下列情形下使用此模式。

- 应用所处理的任务很容易被分解成一组离散的、独立的步骤。
- 应用程序所处理的步骤需要可拓展性。
- 要允许由应用程序执行处理步骤重新排序的灵活性，或添加和移除步骤的能力。
- 系统可以跨不同服务器进行分发并从中受益。
- 需要一种可靠的解决方案,以便在处理数据时使系统的故障影响最小。

下列情形不适合使用此模式。

- 应用程序处理的步骤不是独立的，或者它们作为相同事务的一部分被一起执行。
- 步骤所需的上下文或状态信息使得该方法效率低下；可以将状态信息保存到数据库，但数据库上额外负载的争用过多。

示例

你可以使用消息队列来实现管道所需的基础设施。初始消息队列接收未处理的消息。作为过滤器实现的组件侦听消息，执行其操作，然后将消息发布给下一个队列。另一个过滤器可以侦听队列上的消息，处理它们，将结果发布到另一个队列，依此类推，直到完全转换的数据出现在队列的最终消息中，如图15-4所示。

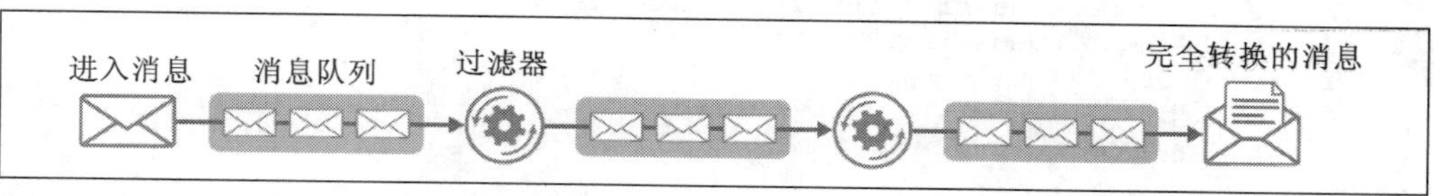

图 15-4　使用消息队列实现管道

如果你在Azure上构建解决方案，你可以使用Service Bus队列来提供可靠的和可拓展的队列。下面显示的`Service BusPipeFilter`类实现了一个示例。它演示了如何从队列中接收输入消息，处理这些消息并发布到另一个队列的过滤器。

C#

```
public class ServiceBusPipeFilter
{
  ...
  private readonly string inQueuePath;
  private readonly string outQueuePath;
  ...
  private QueueClient inQueue;
  private QueueClient outQueue;
  ...

  public ServiceBusPipeFilter(..., string inQueuePath, string outQueuePath = null)
  {
    ...
    this.inQueuePath = inQueuePath;
    this.outQueuePath = outQueuePath;
  }

  public void Start()
  {
    ...
    // Create the outbound filter queue if it does not exist.
    ...
    this.outQueue = QueueClient.CreateFromConnectionString(...);

    ...
    // Create the inbound and outbound queue clients.
    this.inQueue = QueueClient.CreateFromConnectionString(...);
  }

  public void OnPipeFilterMessageAsync(
    Func<BrokeredMessage, Task<BrokeredMessage>> asyncFilterTask, ...)
  {
    ...
    this.inQueue.OnMessageAsync(
      async (msg) =>
    {
      ...
      // Process the filter and send the output to the
      // next queue in the pipeline.
      var outMessage = await asyncFilterTask(msg);

      // Send the message from the filter processor
      // to the next queue in the pipeline.
      if (outQueue != null)
      {
        await outQueue.SendAsync(outMessage);
      }
    // Note: There is a chance that the same message could be sent twice
    // or that a message may be processed by an upstream or downstream
    // filter at the same time.
    // This would happen in a situation where processing of a message was
    // completed, it was sent to the next pipe/queue, and then failed
    // to complete when using the PeekLock method.
```

```
    // Idempotent message processing and concurrency should be considered
    // in a real-world implementation.
    },options);
  }
  public async Task Close(TimeSpan timespan)
  {
    // Pause the processing threads.
    this.pauseProcessingEvent.Reset();

    // There is no clean approach for waiting for the threads to complete
    // the processing. This example simply stops any new processing, waits
    // for the existing thread to complete, then closes the message pump
    // and finally returns.
    Thread.Sleep(timespan);

    this.inQueue.Close();
    ...
  }

  ...
}
```

ServiceBusPipeFilter类中的Start方法连接到一对输入和输出队列，而关闭方法则断开输入队列连接。OnPipeFilterMessageAsync方法执行消息的实际处理过程，此方法的asyncFilterTask参数指定要进行的处理。OnPipeFilterMessageAsync方法等待输入队列的传入消息，到达的每个消息由asyncFilterTask参数的代码执行，并发布到输出队列。队列本身由构造函数指定。

示例的解决方案在一组works角色中实现过滤器。每个工作者角色都可以独立拓展，这取决于它执行任务的复杂性和执行任务所需的资源。每个工作者角色的多个实例可以并行运行以提高吞吐量。

下面的代码展示了一个Azure工作角色命名PipeFilterARoleEntry，该角色在实例解决方案PipeFilterA项目中定义。

C#

```
public class PipeFilterARoleEntry : RoleEntryPoint
 {
   ...
   private ServiceBusPipeFilter pipeFilterA;

   public object Constants { get; private set; }

   public override bool OnStart()
   {
     ...
     this.pipeFilterA = new ServiceBusPipeFilter(
       ...
       Constants.QueueAPath,
       Constants.QueueBPath);

     this.pipeFilterA.Start();
```

```
    ...
  }

  public override void Run()
  {
    this.pipeFilterA.OnPipeFilterMessageAsync(async (msg) =>
    {
      // Clone the message and update it.
      // Properties set by the broker (Deliver count, enqueue time, ...)
      // are not cloned and must be copied over if required.
      var newMsg = msg.Clone();

      await Task.Delay(500); // DOING WORK

      Trace.TraceInformation("Filter A processed message:{0} at {1}",
        msg.MessageId, DateTime.UtcNow);

      newMsg.Properties.Add(Constants.FilterAMessageKey, "Complete");

        return newMsg;
      });
      ...
  }
  ...
}
```

此角色包含ServiceBusPipeFilter对象。角色中的OnStart方法连接到用于接收输入消息和发布输出消息的队列（队列的名称在Constants类中定义）。Run方法调用OnPipeFilterMessagesAsync方法以对接收到的每条消息执行一些处理（在该示例中，通过等待很短的时间来模拟处理）。处理完成后，将构造包含结果的新消息（在这种情况下，输入消息只需使用自定义属性进行扩展），并将此消息发布到输出队列。

示例代码在PipeFilterB项目中包含另一个名为PipeFilterBRoleEntry的工作程序角色。此角色类似于PipeFilterARoleEntry，但它在Run方法中执行不同的处理。在示例解决方案中，这两个角色被组合成一个管道；PipeFilterARoleEntry角色的输出队列是PipeFilterBRoleEntry角色的输入队列。

示例代码还提供了两个名为InitialSenderRoleEntry（InitialSender项目）和FinalReceiverRoleEntry（FinalReceiver项目）的角色。InitialSenderRoleEntry提供初始化消息功能。Onstart方法向连接的那个队列发送一个消息。此队列是PipeFilterARoleEntry角色使用的输入队列，因此此条消息将由PipeFilterARoleEntry角色接收和处理。消息经过处理后，进入PipeFilterBRoleEntry的输入队列，然后执行PipeFilterBRoleEntry的Run方法进行最后的处理，如下代码所示。然后将管道过滤器中自定义的属性值写入输出的追踪信息中。

C#

```
public class FinalReceiverRoleEntry : RoleEntryPoint
{
```

```
  ...
  // Final queue/pipe in the pipeline from which to process data.
  private ServiceBusPipeFilter queueFinal;

  public override bool OnStart()
  {
    ...
    // Set up the queue.
    this.queueFinal = new ServiceBusPipeFilter(..., Constants.QueueFinalPath);
    this.queueFinal.Start();
    ...
  }

  public override void Run()
  {
    this.queueFinal.OnPipeFilterMessageAsync(
      async (msg) =>
      {
        await Task.Delay(500); // DOING WORK

        // The pipeline message was received.
        Trace.TraceInformation(
          "Pipeline Message Complete - FilterA:{0} FilterB:{1}",
          msg.Properties[Constants.FilterAMessageKey],
          msg.Properties[Constants.FilterBMessageKey]);

        return null;
    });
    ...
  }
  ...
}
```

相关模式与指南

在使用此模式时，也可能与以下模式相关。

- 竞争消费者模式。管道可以包含一个或多个过滤器的多个实例。此方法用于运行慢过滤器的并行实例，使系统能够扩展负载并提高吞吐量。过滤器的每个实例将与其他实例竞争输入;过滤器的两个实例不应该处理相同的数据。竞争消费者模式提供了有关此方法的更多信息。
- 计算资源合并模式。可以将过滤器分组到相同的进程中。计算资源合并模式提供了有关此策略的优点和权衡的更多信息。
- 补偿事务模式。过滤器可以实现为可以回滚的操作，或者具有在发生故障的情况下将状态恢复到先前版本的补偿操作。补偿事务模式是为了保持或实现最终一致性，以及如何实现这种类型的操作。

第 16 章

优先队列模式

Priority Queue Pattern

优先队列模式可为发送给服务端的请求确定优先级，使得优先级较高的请求能够比优先级较低的请求更快被接受和处理。此模式在为个人客户端提供不同服务级别保证的应用中非常有用。

背景和问题

应用程序可以向其他服务委托特定的任务，例如，进行后台处理或者与其他应用程序、服务集成。在云中，消息队列往往用于将任务委托给后台处理。在许多情况下，服务接收请求的顺序并不重要。然而，在某些情况下，可能需要区分特定请求的优先级。应用程序应该更早处理这些请求，即使那些优先级低的请求可能更早地传输过来。

解决方案

队列通常是先进先出(FIFO)的结构，消费者接收消息的顺序往往与他们被发送到队列的顺序相同。然而，一些消息队列支持优先发送消息；发送消息的应用可以为队列中的一个或多个消息指定优先级并自动重新排序，使得高优先级的消息会在低优先级的消息之前被收到。图16-1说明了提供优先发送消息功能的队列。

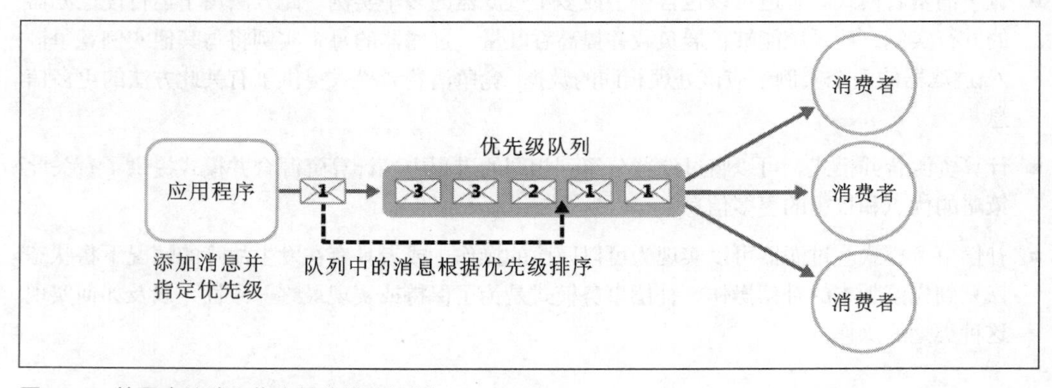

图 16-1　使用支持消息优先级的排队机制

注意：大多数消息队列实现支持多个消费者（遵循竞争消费者模式），而且消费者进程数可以根据要求进行扩大或缩小。

在不支持基于优先级的消息队列系统中，一种替代方案是为每个优先级维护一个单独队列。应用程序负责将消息发送到相应的队列。每个队列都可以对应单独的消费者池。高优先级队列可以比低优先级队列拥有更大的消费者池，并运行在更快的硬件上。

图16-2说明了这种方法。

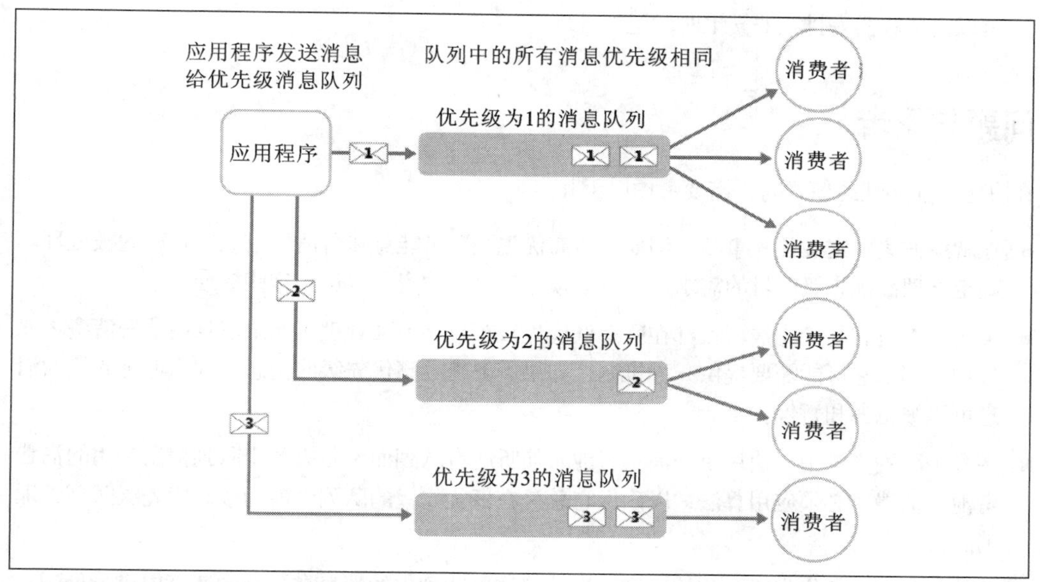

图 16-2　为每种优先级使用分开的消息队列

在这策略上的变化是单一消费者池会首先检查高优先级队列上的消息，只有没有高优先级的消息在等待，才开始从低优先级队列获取消息。在一些解决方案中，会存在使用单一消费者过程池的语义差异（支持不同优先级消息的单个队列、多个队列，每个队列处理一个优先级）和为每个队列使用一个单独池的多个队列的解决方案。

在单个池方法中，总会在优先级低的消息之前收到和处理优先级高的消息。理论上，一个非常低优先级的消息可能会不断被取代并且可能永远无法得到处理。在多个池方法中，优先级低的消息总是会得到处理，只是不会如那些优先级更高的消息一样快（根据可用池和资源的大小来定）。

使用一种优先队列机制能提供以下好处。

- 允许应用程序满足需要可用性或性能优先排序的需求。例如，向特定的客户群体提供不同级别的服务。

- 可以帮助减少运营成本。在单个队列方法中，如果有必要，则可以缩减消费者的数量。优先级高的消息仍将首先被处理（虽然可能慢一些），优先级低的消息可能会被延迟更长时间。如果已经实现了为每个队列使用一个单独池的多个消息队列方法，就可以减少低优先级队列的消费者池，甚至可以通过停止监听队列上消息的所有消费者来暂停处理一些优先级非常低的队列。
- 多个消息队列方法可以基于处理请求通过分割信息来最大化提升应用程序的性能和可扩展性。例如，接收器可以优先考虑并立即处理至关重要的任务，而不那么重要的后台任务可以由接收器安排在非繁忙时段运行处理。

问题与思考

在决定如何实现此模式时，需要考虑以下几点。

- 在解决方案中定义优先事项。例如，“高优先级”可能意味着消息应该在10秒内被处理。确定处理高优先级项目的需求，并且必须分配足够的资源以达到这些标准。
- 决定是否所有高优先级项目都在所有低优先级项目之前被处理。如果消息被单一消费者池处理，那么它可能需要提供一种机制；如果需要处理高优先级的消息，那么低优先级的消息可以被抢占和暂停。
- 在多个队列方法中，使用单一消费者池时侦听所有队列而不是为每个队列使用专用的消费者池，消费者必须应用算法，以确保它总是在低优先级的队列之前为较高优先级队列处理消息。
- 监控处理高、低优先级队列的速度，以确保这些队列中的消息在预期的速度内进行处理。
- 如果要保证低优先级的消息会被处理，就可能要实现多消息队列方法与多消费者池。另外，在支持消息优先级的队列中，有可能要根据消息的年龄来动态增加排队的优先级。然而，这取决于提供此功能的消息队列。
- 为每个消息优先级使用一种单独队列的方法最适合有少量明确优先级事项的系统。
- 消息的优先级可能由系统从逻辑上确定。例如，不一定要指定高、低优先级消息，它们可被指定为“付费客户”或“非付费客户”。根据业务模式，如果是付费客户，那么该系统可能在处理消息时比非付费客户分配到更多的资源。
- 可能存在每检查一个消息队列就会产生财务或者处理费用的情况（一些商业消息系统每次在发送或接收消息以及每次为消息查询队列时都会充一小笔费用）。在检查多个队列时，这笔费用将会增加。
- 可能要根据运行中的消费者池的队列长度来动态地调整消费者池的大小。更多的信息请参阅自动缩放指南。

何时使用此模式

此模式适合以下场景使用。

- 该系统必须处理可能具有不同优先级的多个任务。
- 不同的用户或租户应根据不同的优先级来服务。

示例

微软 Azure 不提供原生的支持消息优先级自动排序的排队机制，但是提供 Azure 服务总线主题和订阅，支持提供消息过滤以及种类繁多的灵活功能，适合使用几乎所有的优先队列模式。

Azure的解决方案可以实现服务总线与队列一样发送消息。消息可以包含应用程序自定义属性的元数据。服务总线订阅可以是相关的主题，并且这些订阅可以过滤基于它们属性的消息。当应用程序向主题发送一条消息时，消息被定向到适当的订阅并在那里被消费者读取。消费者方法可以作为消息队列（订阅是一个逻辑队列）在订阅中恢复消息。

图16-3表示了一种使用Azure服务总线主题和订阅实现一个优先队列的解决方案。

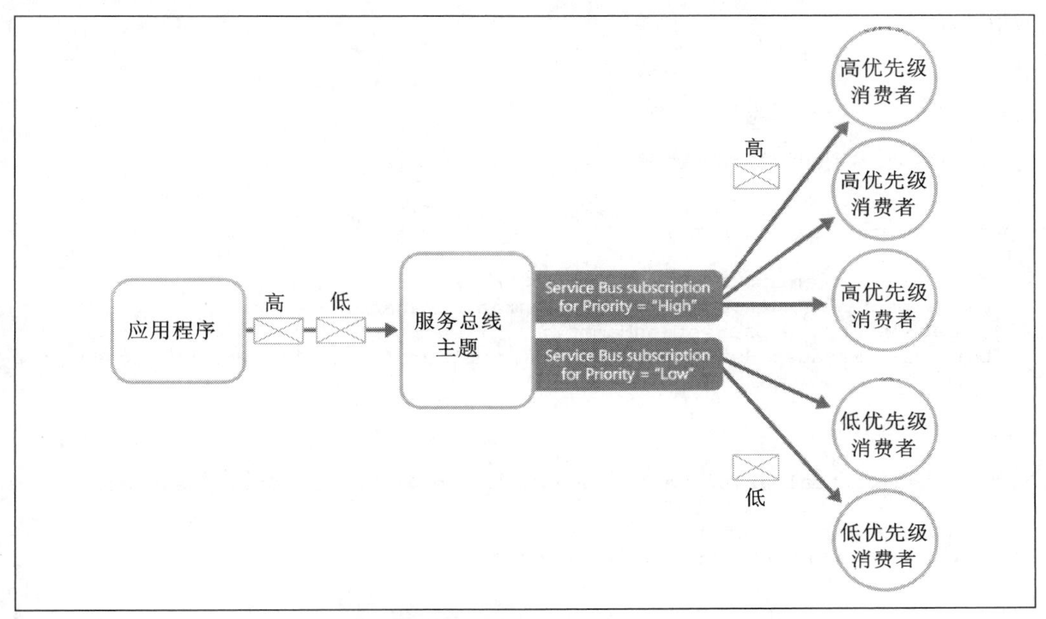

图 16-3　使用 Azure 服务总线主题和订阅实现一个优先队列

在图16-3中，应用程序会创建多个消息，并且为每个消息分配一个名为优先级的自定义属性，其值为High或Low。应用程序会向主题发送这些消息。主题有两个关联的订阅，它通过检查优先级属性来过滤消息。订阅接收的消息优先级属性设置为高，那么其他订阅接收的消息优先级属性会设置为低。消费者池从每个订阅中读取消息。高优先级的订阅有较大的池，这些消费者可能会在比低优先级池中的消费者更强大（且昂贵）、拥有更多资源的计算机上运行。

请注意，此示例在指派高低优先级消息时没有什么特别。这些都只是为每个消息中的属性指定简单的标签，用来将消息定向到特定的订阅。如果需要额外的优先级，那么它会比较容易进一步创建订阅和消费者池来处理这些优先事项。

PriorityQueue 解决方案的代码包含这种方法的实现指南。此解决方案包含命名为PriorityQueue.High和PriorityQueue.Low的两个工作者角色项目。这两个工作者角色继承了PriorityWorkerRole类，其中包含OnStart方法中用于连接到指定订阅的功能。

PriorityQueue.High和PriorityQueue.Low工作者角色连接不同的订阅，是根据配置的设置来定义的。管理员可以配置每个角色上运行的实例数量；通常，PriorityQueue.High工作者角色比PriorityQueue.Low 工作者角色拥有更多的实例。

PriorityWorkerRole类中的Run方法让ProcessMessage虚方法（也在PriorityWorkerRole类中定义）在队列上为收到的每个消息安排执行。下面的代码展示了Run和ProcessMessage方法。定义在PriorityQueue.Shared项目中的QueueManager类可提供使用Azure服务总线队列的帮助方法。

C#

```
public class PriorityWorkerRole : RoleEntryPoint
{
  private QueueManager queueManager;
  ...

  public override void Run()
  {
    // Start listening for messages on the subscription.
    var subscriptionName = CloudConfigurationManager.
      GetSetting("SubscriptionName");
    this.queueManager.ReceiveMessages(subscriptionName, this.ProcessMessage);
    ...;
  }
  ...

  protected virtual async Task ProcessMessage(BrokeredMessage message)
  {
    // Simulating processing.
    await Task.Delay(TimeSpan.FromSeconds(2));
  }
}
```

PriorityQueue.High工作者角色和PriorityQueue.Low工作者角色同时重写了ProcessMessage方法的默认功能。下面的代码显示了PriorityQueue.High工作者角色的ProcessMessage方法。

C#

```
protected override async Task ProcessMessage(BrokeredMessage message)
{
  // Simulate message processing for High priority messages.
  await base.ProcessMessage(message);
  Trace.TraceInformation("High priority message processed by " +
    RoleEnvironment.CurrentRoleInstance.Id + " MessageId: " + message.MessageId);
}
```

当应用程序发送消息到使用PriorityQueue.High和PriorityQueue.Low工作者角色的相关订阅的主题时，它通过使用优先级的自定义属性来指定优先级，如下面的示例代码所示。此代码（在PriorityQueue.Sender项目的`WorkerRole`类中实现）使用`QueueManager`类的`SendBatchAsync`帮助方法向主题分批发送消息。

C#

```
// 发送低优先级的批次
var lowMessages = new List<BrokeredMessage>();

for (int i = 0; i < 10; i++)
{
  var message = new BrokeredMessage() { MessageId = Guid.NewGuid().ToString() };
  message.Properties["Priority"] = Priority.Low;
  lowMessages.Add(message);
}

this.queueManager.SendBatchAsync(lowMessages).Wait();
...

// 发送高优先级的批次
var highMessages = new List<BrokeredMessage>();

for (int i = 0; i < 10; i++)
{
  var message = new BrokeredMessage() { MessageId = Guid.NewGuid().ToString() };
  message.Properties["Priority"] = Priority.High;
  highMessages.Add(message);
}

this.queueManager.SendBatchAsync(highMessages).Wait();
```

相关模式与指南

实现此模式时可能会与下面的模式和指南有关联。

- 异步消息指南。消费者服务处理请求可能需要向应用程序的实例发送答复。异步消息应答为实现请求/响应消息传递的策略提供了详细信息。
- 竞争消费者模式。要增加队列的吞吐量，就可能有侦听同一队列的多个消费者和并行处理的任务。这些消费者将争夺消息，但只有一个能够处理所有消息。竞争消费者模式提供更多实施这种方法的利弊信息。

- 节流模式。可以通过使用队列来实现节流。消息传递优先级可确保来自关键应用或高价值客户运行应用的请求优先于较不重要应用的请求。
- 自动缩放指南。缩放基于队列的长度处理队列的消费者池的大小是可能的。这种策略可以用来提升性能，尤其是对处理高优先级消息的池。

更多信息

- 云设计模式网站上的文章《优先队列模式》。
- Abhishek Lal 博客中的文章《企业服务总线的集成模式》。

这种模式有一个与之关联的示例应用程序，可以从Microsoft下载中心http://aka.ms/cloud-design-patterns-sample“云设计模式—示例代码”下载。

第 17 章

基于队列的负载均衡模式

Queue-Based Load Leveling Pattern

基于队列的负载均衡模式是指在任务与服务之间使用队列作为一个缓冲而用于平滑那些可能会引起服务失败或任务超时的过载请求的模式。该模式有助于最小化任务时以及服务在应对高峰时受到的影响，这些影响体现在可用性和响应性。

背景和问题

在云中，许多解决方案存在正在运行的任务用于调用服务的问题。在这种环境下，如果一个服务受到断断续续的过载请求，则很可能会引起性能问题或者可靠性问题。

在相同的解决方案中，同一个服务可以被重复利用并被作为组件用来执行任务，它也可以作为一个提供资源频繁访问的第三方服务，比如缓存或存储服务。如果相同的服务被多个运行的任务并发使用，那么就很难预测这个服务会在什么时间点接收到大量请求了。

一个服务很可能需要应对请求量陡增的情况，这会使服务变得过载并使服务无法及时对请求做出响应。对服务进行大量的并发请求时，如果服务无法应对这些请求对资源的争夺，那么很可能引起服务失败。

解决方案

重构解决方案并在任务与服务之间引入一个队列。任务与服务异步运行时，任务将包含服务所需信息的消息发送到队列。队列作为一个缓冲，储存这个消息直到被服务接收。服务从队列接收消息并将其进行处理。多个任务产生请求时可以是高速可变的，这些请求可以通过同一个消息队列传递给服务。图17-1所展示的为这种结构。

队列有效地将任务从服务中分离，并且服务对消息的处理只取决于自身的效率，而无需再考虑并发任务的请求数量。此外，即使服务不可用，任务向队列投递消息也不会产生延迟。

这种模式提供了以下好处：

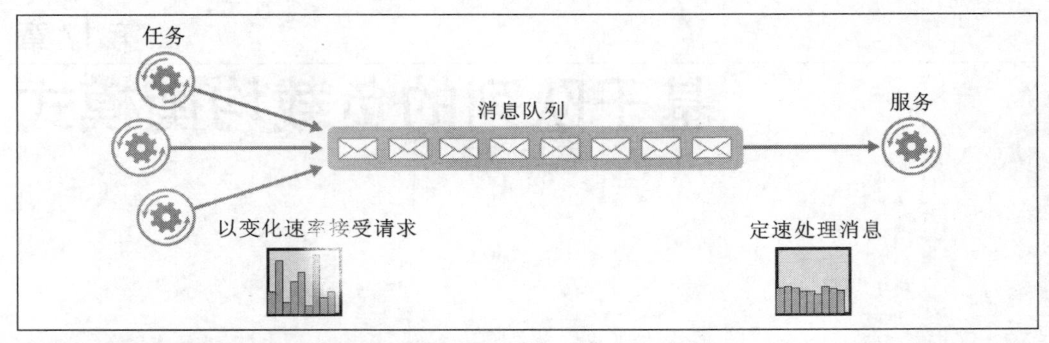

图 17-1 使用一个队列对一个服务进行负载均衡

(1) 有助于最大化可用性，因为服务产生延迟时不会立即并直接地对应用程序造成影响。即便服务不可用或者当前服务没有处理消息，应用程序仍旧可以向队列投递消息。

(2) 有助于最大化可扩展性，因为队列的数量和服务的数量可以依据需求进行调整。

(3) 有助于控制成本，因为服务实例部署的数量只要满足平均负荷即可，而不必再是峰值负荷。

注意：一些服务可能需要采取节流措施，因为一旦系统需要处理的请求数量超出系统处理能力的阈值，就会产生系统故障。节流可能会降低功能可用性。你可以对这些服务进行负载均衡以确保阈值不被触及。

问题与思考

当决定如何实现这种模式时，需考虑以下几点：

- 为了避免目标资源被压倒性地访问，通过实现应用程序的业务逻辑来控制服务处理消息的速度是很有必要的。避免将激增的需求全部交由系统的下一阶段。测试系统的负荷能力，确保它能够提供应对需求的能力，并调整队列的数量和处理消息的服务实例的数量。
- 消息队列是一种单向的通信机制。如果一个任务希望从服务中得到回复，就可能要通过一种机制来让服务能够发送响应。更多信息请查看异步消息传递基础(https://msdn.microsoft.com/en-us/library/dn589781.aspx)。

必须注意的是，如果为监听队列请求的服务应用自动伸缩策略，就可能会加剧这些服务争夺它们的共享资源，并降低使用队列完成负载均衡的效果。

何时使用此模式

这种模式非常适合用于使用服务时可能会产生负载的任何种类的应用程序。

这种模式可能不适合用于希望以低延迟获取服务响应的应用程序。

示例

微软的Azure Web角色使用单独的存储服务存储数据时，如果大量的Web角色实例并发执行，存储服务可能会被压垮，而且不能足够快地对请求进行响应，也就无法阻止这些请求的超时或者失败。图17-2展示了这个问题。

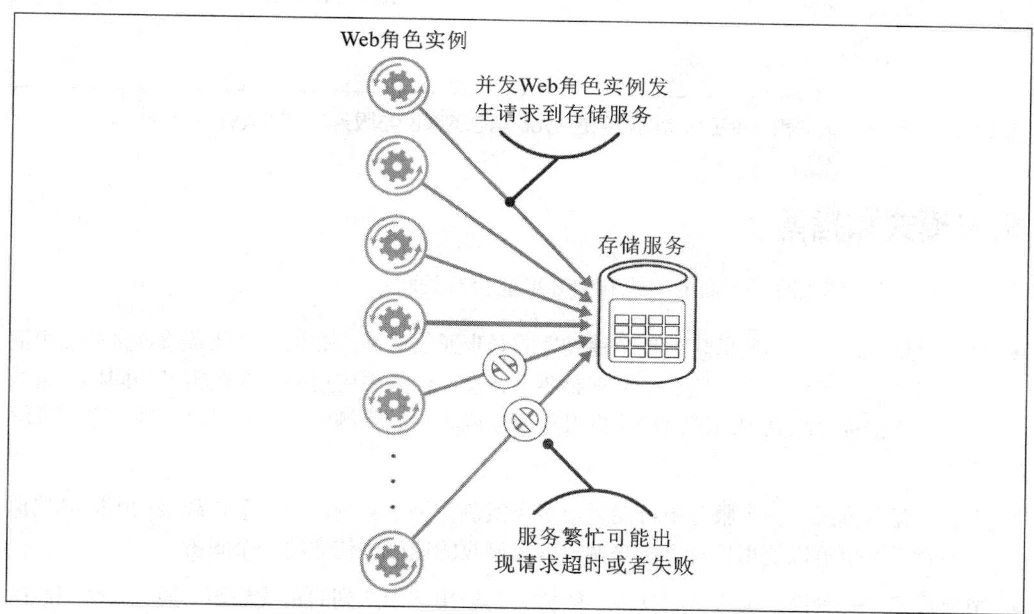

图 17-2　来自一个 Web 角色实例中的大量并发请求压垮的服务

想要解决这个问题，可以在Web角色的实例与存储服务之间使用一个队列做负载。然而，存储服务被设计为接受同步请求，并且无法被轻易地修改后去读取消息或者管理吞吐量。因此，可以引入一个工作者的角色作为一个服务代理用于接受队列中的请求并将它们转发到存储服务中。工作代理角色中的应用程序逻辑可以控制转发到存储服务请求的速度，用来防止存储服务被压垮。图17-3描述了这个解决方案。

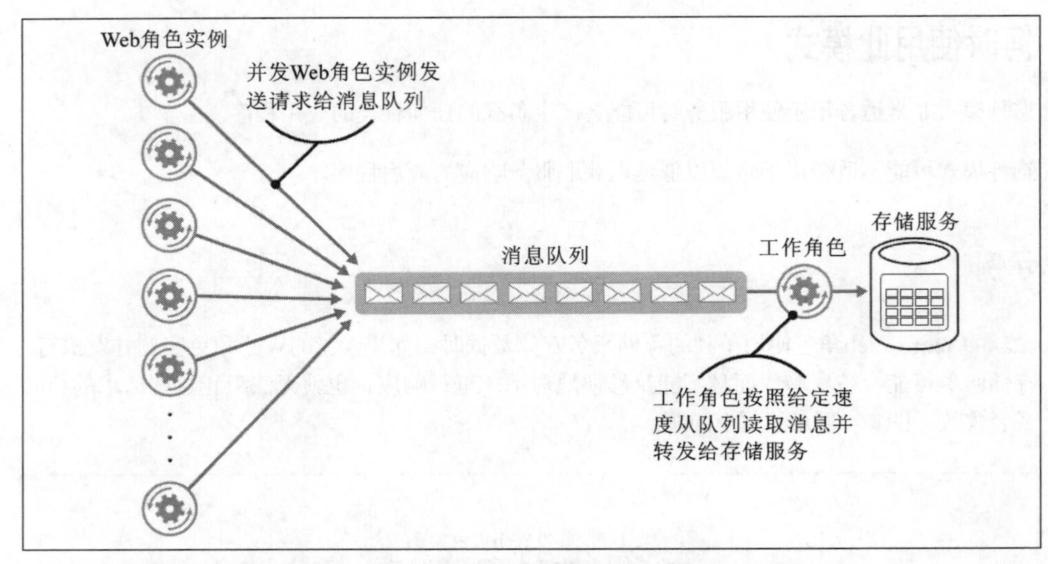

图 17-3　使用一个队列和一个工作者的角色在 Web 角色的实例与服务之间做负载

相关模式和指南

当采用补偿事务模式时，下面的模式和引导可能会有关联：

- 异步消息传递指南。消息队列是一种天生的异步通信机制。如果一个任务适合直接使用消息队列与服务进行通信，那么就很有必要重新设计任务中应用程序的逻辑了。同样，重构一个服务去接收队列中的消息可能也很重要（或者，如示例中所述，可以实现一个代理服务）。
- 消费者竞争模式。一个服务中可能运行多个实例，每个实例作为一个负载来均衡队列的消息消费者。也可以使用这种方法来调整消息接收的速度并传递给一个服务。
- 节流模式。一种简单为服务实现节流的方式是使用基于队列的负载均衡，通过一个消息队列将所有请求路由到一个服务。服务可以以固定的速度处理请求以确保服务所需的资源不被耗尽，并减少处理大量请求时可能会引发资源争夺的数量。

第 18 章

重试模式

Retry Pattern

当应用程序尝试连接服务或网络资源时，如果发生预期的瞬时故障，则可以通过透明地重试先前失败的操作来处理这种故障，使用这种模式可以提高应用程序的稳定性。

背景和问题

与运行在云中的元素进行通信的应用程序必须对在这种环境中可能发生的瞬时故障敏感。这样的故障包括与组件或服务的网络连接临时丢失、服务暂时不可用或因为服务忙碌而导致超时。

这些故障通常是可以自动修复的，并且如果触发故障的操作适当延迟之后重试执行，则有可能执行成功。例如，可以在处理高并发请求的数据库服务中使用一种节流策略，该策略会在当前工作负载缓解之前暂时拒绝更多的请求。此时，如果应用程序尝试连接到该数据库服务，则可能会失败，但是，若适当延迟之后重新尝试，就有可能会连接成功。

解决方案

在云中，瞬时故障并不罕见，应用程序应该设计得能够优雅、透明地处理它们，从而可能将这些故障对正在执行的业务产生的影响降到最低。

如果应用程序检测到尝试向远程服务发送请求时发生故障，则它可以使用以下策略来处理故障：

- 如果故障显示错误不是暂时的或者即使重复执行也不可能成功（例如，由于提供无效凭证而导致的认证失败，无论尝试多少次都不可能成功），则应用程序应该中断操作并报告恰当的异常信息。
- 如果报告的具体故障是特殊的或不常见的，则可能是发送的网络数据包被损坏引起的，则应用程序可以立即重试失败的请求，因为相同的失败不太可能重复出现，请求很可能会执行成功。

- 如果故障是由一个更常见的连接或“忙碌”导致，则网络或者服务可能需要一段短暂的时间等待修复连接问题或者处理完服务器积压的工作。应用程序在重试请求之前应该等待一段合适的时间。

对于更为常见的瞬时故障，应该选择合理的重试时间间隔，尽可能平衡应用程序的多个实例发送请求。这样可以减小已经忙碌的服务器持续过载的概率。如果应用程序多个实例持续通过重试发送请求来给服务压力，就可能会花费更长的时间来恢复服务的正常运行。

如果请求仍然失败，则应用程序可以等待更长的时间进行另一次尝试。如果有必要，可以增加两次重试之间的时间延迟，直到达到失败请求的最大次数。延迟时间可以增量式地增加，或者可以使用指数退避的定时策略，这取决于故障的性质和在该时间段内被修正的可能性。

图18-1说明了这种模式。如果在预定次数的尝试之后请求依然不成功，则应用程序应将故障视为异常并进行相应处理。

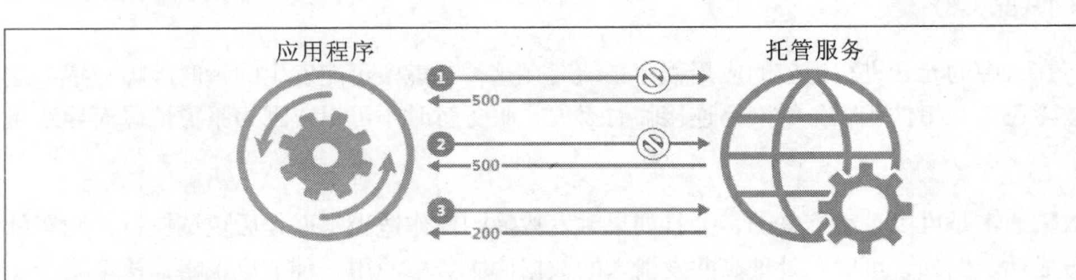

1. 应用程序调用托管服务。请求失败时，服务宿主应答代码 500（内部服务器错误）。
2. 应用程序等待一段时间进行重试。请求仍然失败时应答代码 500。
3. 应用程序等待更长一段时间进行重试。请求成功则返回应答 200（OK）。

图 18-1　使用重试模式调用托管服务中的操作

尝试访问远程服务的应用程序在代码中应该实现上述策略列表中匹配的重试策略。请求不同的服务可能会使用不同的策略，一些供应商提供封装此类方法的库。这些库通常实现参数化的策略，应用程序开发人员可以指定参数的值，例如，指定重复尝试次数和重复尝试之间的时间间隔。

检测故障并重试失败操作的应用程序应该记录这些故障的详细信息，这些信息可能对操作者有用。如果服务频繁地报告不可用或忙碌，则通常是因为服务已经耗尽资源。可以通过横向扩展服务来减少这些故障发生的频率。例如，如果数据库服务持续过载，则可以通过拆分数据库并将数据库服务部署在多个服务器上来改善此问题。

注意：微软Azure为重试模式提供广泛的支持。瞬时故障处理模块使应用程序能够使用一系列重试策略处理许多Azure服务中的瞬时故障。Microsoft Entity Framework版本6提供重试数据库操作的功能。此外，许多Azure服务总线和Azure存储API透明地进行重试逻辑。

问题与思考

在决定如何实现此模式时，应考虑以下几点：

- 应该调整重试策略以满足应用程序的业务需求和故障的性质，一些非关键操作可以尽早抛出异常，而不是进行多次重试，否则会影响应用程序的吞吐量。例如，在尝试访问远程服务的交互式Web应用中，最好在比较短的时间间隔和进行较少次数的失败重试后就提示失败，并向用户显示友好的消息(例如“请稍后重试”)，以防止应用程序变得无响应。对于批处理应用程序，更适合的方式可能是以指数式增加重试的时间延迟。
- 大量短时间内的重试策略可能进一步降低了本来就已经接近或达到能力极限的服务性能，如果持续执行重试失败的操作而不执行有用的工作，则此重试策略也有可能影响应用程序的响应特性。
- 如果在大量的重试之后请求仍然失败，则应用程序应该在一段时间内阻止相同的请求，并且立即报告请求失败。当限制时间到期时，应用程序可以暂时地允许一个或多个请求通过以查看它们是否成功。有关此策略的更多详细信息请参考断路器模式。
- 由实现重试策略的应用程序调用的服务操作可能要求是幂等的。例如，发送到服务的请求可以被成功地接受和处理，但是，由于存在瞬时故障，它可能不能发送处理完成的响应来表明已完成处理，然后，应用中的重试逻辑可以在没有接收到第一个请求响应的情况下重试该请求。
- 对服务的请求可能会因各种原因而失败，并且由于失败的性质不同而引发不同的异常，一些异常可能很快得到解决，而一些异常可能会持续很长时间。重试策略可以基于异常的类型来调整重试的时间间隔，这种处理方式可能是有益的。
- 考虑重试事务中的部分操作将如何影响整体事务的一致性时，微调操作事务的重试策略以获得最大的成功机会并减少撤销所有事务的步骤，这可能是有用的。
- 确保所有重试代码都针对各种故障条件进行了充分测试。检查它不会严重影响应用程序的性能或可靠性，不会导致服务或资源过度负载，不会形成竞争条件或瓶颈。
- 仅在理解失败操作的完整上下文时才实施重试逻辑。例如，如果包含重试策略的任务调用另一个也包含重试策略的任务，则此额外的重试层可能会延长处理时间。最好将下级任务配置为快速失败，并将失败的原因回报给调用它的任务。然后，更高级别的任务可以基于自己的策略来决定如何处理故障。
- 记录所有重试故障的提示很重要，便于识别应用程序、服务或资源的基本问题。
- 调查服务或资源最有可能发生的故障，以便发现它们是持续存在的还是终止的。在这种情况下，将故障作为异常来处理可能更好。应用程序可以报告或记录异常，并尝试通过调用替代服务(有可用服务时)或提供降级的功能继续运行。有关如何检测和处理持久故障的更多信息，请参考断路器模式。

何时使用此模式

适合使用此模式的情况如下：

- 当应用程序与远程服务交互或访问远程资源时。这时可能会遇到暂时的故障，这些故障预期是暂时的，随后尝试先前失败的请求就有可能会成功。

此模式可能不适合以下情况：

- 当故障可能持续很长时间时。因为这可能会影响应用程序的响应能力。该应用程序可能仅仅是通过浪费时间和资源来重复尝试最有可能失败的请求。
- 用于处理不是由瞬时故障导致的故障。例如由应用程序的业务逻辑错误导致的内部异常情况。
- 作为解决系统中可扩展性问题的替代方案。如果应用程序频繁地经历忙碌故障，则通常表明应该扩展所访问的服务或资源。

示例

以下示例说明了重试模式的实现。OperationWithBasicRetryAsync方法如下所示，通过TransientOperationAsync方法异步调用外部服务（此方法的细节只针对服务，并从示例代码中省略了）。

C#

```
private int retryCount = 3;
...
public async Task OperationWithBasicRetryAsync()
{
 int currentRetry = 0;

  for (; ;)
  {
    try
    {
      // Calling external service.
      await TransientOperationAsync();

      // Return or break.
      break;
    }
    catch (Exception ex)
    {
      Trace.TraceError("Operation Exception");

      currentRetry++;

      // Check if the exception thrown was a transient exception
      // based on the logic in the error detection strategy.
```

```
      // Determine whether to retry the operation, as well as how
      // long to wait, based on the retry strategy.
      if (currentRetry > this.retryCount || !IsTransient(ex))
      {
        // If this is not a transient error
        // or we should not retry re-throw the exception.
        throw;
      }
    }

    // Wait to retry the operation.
    // Consider calculating an exponential delay here and
    // using a strategy best suited for the operation and fault.
    Await.Task.Delay();
  }
}

// Async method that wraps a call to a remote service (details not shown).
private async Task TransientOperationAsync()
{
  ...
}
```

调用此方法的语句被封装在for循环的try/catch块中。如果TransientOperationAsync方法调用成功而没有抛出异常，则退出for循环。如果TransientOperationAsync方法调用失败，则catch块会检查失败的原因，并且，如果它被认为是暂时性错误，则代码在重试操作之前有短暂的延迟。

for循环还跟踪尝试操作的次数。如果代码失败3次，则假定异常更持久。如果异常不是暂时的而是持久的，则catch处理程序抛出异常。此异常导致退出for循环，并由调用OperationWithBasicRetryAsync方法的代码捕获。

IsTransient方法（如下所示）检查与运行代码环境相关的特定异常集。暂时异常的定义可以随正在访问的资源和正在执行操作的环境变化而变化。

C#

```
private bool IsTransient(Exception ex)
{
  // Determine if the exception is transient.
  // In some cases this may be as simple as checking the exception type, in other
  // cases it may be necessary to inspect other properties of the exception.
  if (ex is OperationTransientException)
    return true;

  var webException = ex as WebException;
  if (webException != null)
  {
    // If the web exception contains one of the following status values
    // it may be transient.
    return new[] {WebExceptionStatus.ConnectionClosed,
                  WebExceptionStatus.Timeout,
                  WebExceptionStatus.RequestCanceled }.
            Contains(webException.Status);
```

```
  }

  // Additional exception checking logic goes here.
  return false;
}
```

相关模式与指南

在实现此模式时，可能与以下模式相关：

- 断路器模式。重试模式非常适合用于处理瞬时故障。如果故障预计更持久，则可能更适合使用断路器模式。重试模式也可以与断路器模式结合使用，以提供全面处理故障的方法。

更多信息

本书中的所有链接都可以从本书的联机书目中查阅：http://aka.ms/cdpbibliography。

- MSDN上的瞬时故障应用程序处理模块。
- MSDN上的有关弹性连接/重试逻辑的文章（EF6以后的版本）。

第 19 章

运行时重配模式

Runtime Reconfiguration Pattern

设计一款重新配置时无需重新部署或重新启动的应用程序，有助于保持系统可用性并减少宕机时间。

背景和问题

对于像商业项目和企业网站类重要的应用程序，应尽量给客户及用户减少因宕机时间而引发的系统中断。然而，有时候我们不得不在部署或使用应用程序时重新配置它，改变它的特性行为或者某些设置。因此，按这样的方式设计有助于允许应用程序运行时应用这些配置变化，有利于应用程序组件检测到配置变化并能尽快部署使用。

使用的不同配置就有不同的应用示例，如可以通过调整日志粒度来协助调试系统问题，或者通过替换连接字符串来使用不同的数据库存储，或者通过打开/关闭应用程序的特定部分或功能的手段来实现。

解决方案

实现这种模式的解决方案依赖于应用程序托管环境中可用的功能。在检测到系统修改时，应用程序代码响应托管环境引发的一个或多个事件。这通常是上传新配置文件的结果，或者是修改管理通道入口的配置及访问API所做出的响应。

配置修改事件的代码可以检验到代码所做的修改，并将它们应用到程序组件。这些组件需要以这些变化进行检测和响应，因此它们使用的值通常会被作为事件处理程序中的代码设置为新值或执行的可写属性或方法来公开。从这一点上讲，此组件应该使用新的值，便于所需的修改对系统产生作用。

如果这些修改在组件运行时没有变化，就必须重新启动该应用程序，让系统再次启动时应用这些修改。在一些托管环境中，它可能会检测到这些类型的变化，并指出必须重新启动系统。在其他情况下，必须执行分析变更设置的代码，必要时强制重新启动系统。

此模式如图19-1所示。

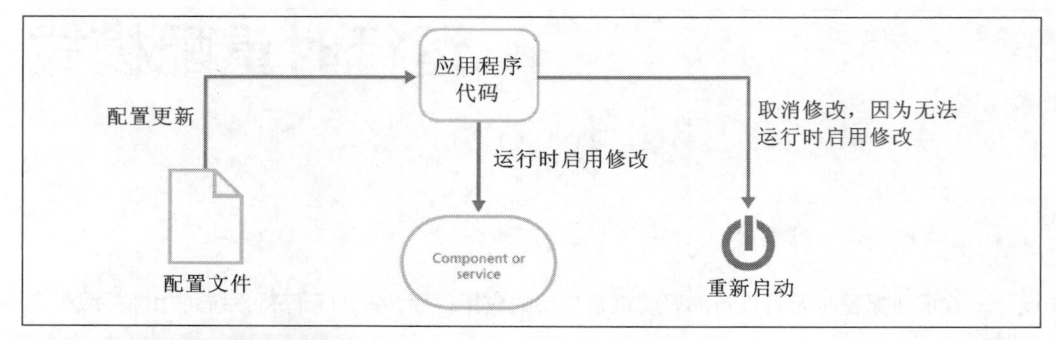

图 19-1　运行时重配模式的基本概述

大多数系统环境中的配置修改会引发事件响应。定期轮询检查修改配置并应用这些修改是很有必要的。如果这些修改不能在运行时被应用，则很有必要重新启动系统。例如，有可能将预设的一个配置文件的日期和时间做比较，并运行代码以应用到新的版本中。另一种方法是，包含一个控制中的系统管理用户界面或者公开一个安全的终结点，从系统外部进行访问，执行读取，并应用更新后的配置代码。

另外，系统可以对环境中的其他更改做出响应。例如，发生特殊的运行时错误可能会更改日志配置及自动收集其他信息，或者代码可以使用当前日期来读取反映当时的重要事件。

问题与思考

在决定如何实现此模式时，请考虑以下几点：

- 配置设置必须存储在部署的系统之外，以便更新它们时无需重新部署整个软件包。通常的设置是存储在配置文件或外部库中，如数据库或云存储。对运行时配置机制的访问应严格控制，并在使用时严格审核。
- 如果托管结构没有自动检测配置更改事件，并将这些事件暴露到应用程序代码中，就必须实现一种替代机制，以检测并应用所做的更改。这或许可以通过轮询机制或者通过公开互动控制或终结点来引发整个更新过程。
- 如果需要执行轮询机制，就应该考虑多久检查一次更新配置。长时间轮询间隔意味着更改的应用在一段时间内可能不会被执行。短时间轮询间隔也许会影响可用的计算操作和I/O资源。
- 如果有多个实例系统，就应考虑其他因素，具体取决于如何检测系统变更。如果由托管环境引发的事件自动检测变更，则可能未检测到这些系统实例在同一时间的更改。这意味着某些情况下将使用原来的配置执行循环，而其他的使用新的设置。如果通过轮询机制检测到更新，就必须确保所有实例更改有一致性。

- 某些配置更改可能需要重新启动系统，甚至必须重新启动托管服务器，因此必须先确定这些类型的配置设置并执行适当的操作。例如，需要系统重新启动的变更可以做成自动重新启动，或者管理员在当系统不处于过度负载和其他实例程序可以处理负载时下执行。
- 分阶段部署更新方案需确认它们是成功的，更新的系统实例都正确，而且将更新应用于所有实例，这可以防止系统中断发生错误。更新要求重新启动或重新启动系统，特别是系统在比较重要的启动或预热期间，应使用分阶段部署方法来防止多个实例同一时间脱机。
- 考虑如何回滚配置变更会导致系统失败的问题，例如，它可能立即回滚更改而不是等待轮询间隔来检测变更。
- 考虑如何配置设置会影响系统的性能。例如，当系统启动不可用时处理外部存储，或配置更改时应用错误——也许通过使用默认配置或缓存本地服务器上的设置，并尝试访问远程数据重用这些存储值。
- 如果一个组件需要多次访问配置设置，则缓存可以帮助减少延误。然而，当配置发生更改时，系统代码需要设置无效缓存，并且组件必须使用更新后的设置。

何时使用此模式

这种模式非常适合以下场景。

- 必须避免所有不必要的宕机时间，同时还能够将更改应用于系统配置。
- 更改主要配置时自动公开事件环境。这通常是当检测到新的配置文件或对现有的配置文件进行修改时发生的。
- 系统配置经常发生变化及所做的更改应用于程序组件，而无需系统重新启动或无需宿主服务器重新启动。

如果设计成仅在初始化时运行组件，则这种模式不适合；重新启动系统和短暂宕机配置更新这些组件也不适合使用这种模式。

示例

Azure云服务角色公开检测托管环境对`ServiceConfiguration.cscfg`文件的更改时会引发两个事件：

- `RoleEnvironment.Changing`。检测到配置更改后，在更改应用于系统之前引发此事件。可以通过处理事件来查询所做的更改并取消运行，重新配置。如果取消更改，则网络或工作线程角色将自动重新启动以便系统使用新的配置。

- RoleEnvironment.Changed。在应用程序配置后会引发此事件。你可以处理事件以查询应用的变更。

在系统运行时取消RoleEnvironment.Changing事件的修改，Azure说明修改不起作用，必须重新启动才能使用新的值。实际上，取消变更只是系统或组件不能运行变更后的响应，重启后才能使用新的值。

有关详细信息请参阅RoleEnvironment.Changing事件和在MSDN上使用RoleEnvironment.Changing事件。

处理RoleEnvironment.Changing和RoleEnvironment.Changed事件通常会将一个自定义的处理程序添加到事件中。例如，下面的代码在Global.asax.cs类中，运行重构方案示例可以下载本指南的示例代码，演示如何添加一个自定义函数名为RoleEnvironment_Changed给事件处理程序。以下是Global.asax.cs文件中的示例。

这种模式的例子在RuntimeReconfiguration.Web 项目的 RuntimeReconfiguration 解决方案中。

C#

```
protected void Application_Start(object sender, EventArgs e)
{
  ConfigureFromSetting(CustomSettingName);
  RoleEnvironment.Changed += this.RoleEnvironment_Changed;
}
```

网络或工人角色可以使用OnStart事件处理程序中类似的代码来处理RoleEnvironment.Changing事件。以下是WebRole.cs文件的示例。

C#

```
public override bool OnStart()
{
  // Add the trace listener. The web role process is not configured by web.config.
  Trace.Listeners.Add(new DiagnosticMonitorTraceListener());

  RoleEnvironment.Changing += this.RoleEnvironment_Changing;
  return base.OnStart();
}
```

注意：在网络角色情况下，OnStart事件处理程序运行在系统单独的进程中。这就是为什么通常会通过处理Global.asax文件中的RoleEnvironment.Changed事件来处理程序，以便可以更新Web系统和RoleEnvironment.Changing事件本身的运行配置。在工人角色情况下，可以订阅OnStart事件处理程序内的RoleEnvironment.Changing和RoleEnvironment.Changed事件。

可以在服务配置文件中存储自定义配置，在Azure SQL数据库或者虚拟机SQL Server中自定义配置文件，在 Azure blob 或表存储中存储自定义配置设置。要创建可以访问自定义配置的设置并将这些应用到系统的代码——通常是设置在系统中的组件属性。

例如，下面的自定义函数读取设置，其名称作为参数从Azure服务配置文件中传递，然后将它应用到名为SomeRuntimeComponent 的运行组件当前实例。以下是Global.asax.cs文件的示例。

C#

```
private static void ConfigureFromSetting(string settingName)
{
  var value = RoleEnvironment.GetConfigurationSettingValue(settingName);
  SomeRuntimeComponent.Instance.CurrentValue = value;
}
```

一些配置设置，例如Windows 身份认证框架，不能存储在 Azure 服务配置文件中，必须放在 App.config 或 Web.config 文件中。

在Azure中，某些配置是自动检测和应用的，这包括Diagnostics.wadcfg文件中的Azure诊断系统配置，指定要收集的信息和如何保存日志文件的类型。因此，它只需要编写代码来处理添加到服务配置文件的自定义设置。其代码应具有下列任一种情况：

(1) 在系统运行时对有关组件更新其自定义配置，以便它们使用新的配置资源。

(2) 取消所作更改并指示Azure新的值不能在运行时应用，系统必须重新启动以便修改应用。

例如，从`WebRole.cs`类中运行要重新配置的解决方案时，可以下载本指南中下面的示例代码，演示如何使用`RoleEnvironment.Changing`事件取消所有设置，且除了在运行时以外，应用无需重新启动也可更新配置。本示例允许命名为“CustomSetting”的设置更改用于运行时无需重新启动系统（使用此设置的组件将能够读取新值并相应地在运行时更改其行为）。任何其他的配置更改会自动导致网络或工人角色，只有这样才能重新启动。

C#

```
private void RoleEnvironment_Changing(object sender,
                              RoleEnvironmentChangingEventArgs e)
 {
 var changedSettings = e.Changes.OfType<
    RoleEnvironmentConfigurationSettingChange>()
                      .Select(c => c.ConfigurationSettingName).ToList();
 Trace.TraceInformation("Changing notification. Settings being changed: "
                        + string.Join(", ", changedSettings));

 if (changedSettings
   .Any(settingName => !string.Equals(settingName, CustomSettingName,
                              StringComparison.Ordinal)))
 {
   Trace.TraceInformation("Cancelling dynamic configuration change
      (restarting).");

   // Setting this to true will restart the role gracefully. If Cancel is not
   // set to true, and the change is not handled by the application, the
```

```
    // application will not use the new value until it is restarted (either
    // manually or for some other reason).
    e.Cancel = true;
  }
  Else
  {
    Trace.TraceInformation("Handling configuration change without restarting. ");
  }
}
```

这种方式演示了良好的实践，因为它可以确保应用程序代码不知道任何设置更改（所以不能确定它可以在运行时应用）都会导致重新启动。如果任何一个更改被取消，则对应系统角色将重新启动。

不取消RoleEnvironment.Changing事件处理程序中的更新，则可以检测到后面新的配置已经被Azure框架应用到系统组件中。例如，下面的示例代码在解决方案 Global.asax 文件中处理RoleEnvironment.Changed事件。检查每个配置设置，并当它找到名为“CustomSetting”的设置时调用一个函数（如上所示），将新设置应用于系统适当的组件中。

C#

```
private void RoleEnvironment_Changed(object sender,
                               RoleEnvironmentChangedEventArgs e)
{
  Trace.TraceInformation("Updating instance with new configuration settings.");

  foreach (var settingChange in
        e.Changes.OfType<RoleEnvironmentConfigurationSettingChange>())
  {
    if (string.Equals(settingChange.ConfigurationSettingName,
                      CustomSettingName,
                      StringComparison.Ordinal))
    {
      // Execute a function to update the configuration of the component.
      ConfigureFromSetting(CustomSettingName );
    }
  }
}
```

注意：如果未能取消配置更改，且不应用程序组件新值，直到下次重新启动系统前更改也不生效，这可能会导致不可预知的行为，特别是当主机角色实例自动重新启动，Azure 作为其定期维护的一部分时——此时将应用新的设置值。

相关的模式和指南

实现此模式时，也可能关联以下模式：

- 外部配置存储模式。将系统部署程序包配置信息移动到一个集中的位置，可以跨系统和系统实例提供更容易管理和控制的配置数据及共享配置数据的机会，外部配置存储模式说明了如何做。

更多的信息

这本书中的所有链接都可以从这本书的在线参考资料中访问：http://aka.ms/cdpbibliography。

- RoleEnvironment.Changing事件和使用RoleEnvironment.Changing事件的文章在MSDN上。这种模式有一个与之关联的示例系统，可以从Microsoft下载中心http://aka.ms/cloud-design-patterns-sample“云设计模式-示例代码”下载。

第 20 章

调度器代理管理者模式

Scheduler Agent Supervisor Pattern

该模式试图协调一系列在分布式服务和其他远程资源上的行为。当操作失败或因系统不能从故障中恢复而导致已执行的工作失效时，它会尝试透明地处理这些故障。这种模式可以增加分布式系统的弹性，这是通过让其能够恢复和重试因瞬时异常、长时间故障或过程故障而失败的操作来实现的。

背景和问题

由若干步骤组成的应用程序任务包含一些调用远程服务或者访问远程资源的步骤，各个步骤可能彼此独立，但是它们却是按应用程序的逻辑来协调完成任务的。

应用程序应该尽可能地确保任务顺利完成、解决远程访问服务或资源时可能发生的故障。这些故障可由任意原因引发，例如网络故障、通信中断、远程服务停止响应或处于不稳定的状态、远程资源可能暂时无法访问。在许多情况下，这些故障可能是暂时的，可以通过重试方式处理。

如果应用程序检测到一个不易恢复的永久性故障，就必须将系统恢复到一致性状态，以确保整个端对端操作的完整性。

解决方案

调度器代理管理者模式定义了以下角色，这些角色编排的步骤（单个操作）将作为任务（整个过程）的一个步骤执行。

- 调度器安排要执行的整体任务的每个步骤及其操作。这些步骤可以组合成一个管道或工作流，并由调度器确保它们在其中以适当的顺序被执行。在执行各步骤时（如“步骤还未开始”，“步骤运行时”或“步骤完成”），记录有关该步骤或工作流的状态信息。这个状态信息也应包括允许该步骤执行完毕（称为按时间完成）的时间上限。如果一个步骤需要访问远程服务或资源，调度器会调用适当的代理程序来处理这些细节。调度通常采用异步请求/响应消息与代理进行通信。这可以通过使用队列来实现，也可以使用其他分布式消息传递技术来代替。

调度器执行的功能类似于过程管理模式的过程管理器。实际工作流程通常是由该调度器所控制的工作流引擎来定义和实现的。这种方法实现了调度工作流与业务逻辑的分离。

- 代理封装各个步骤中调用的远程服务，或访问所引用的远程资源的逻辑。每个代理通常可以调用单个服务或资源，实施相应的错误处理和重试逻辑（如超时限制）。若调度器的工作流中所引用的若干服务和资源横跨了不同步骤，则每个步骤可能会引用不同的代理（这是该模式的实现细节）。
- 监控器监视正在执行的调度步骤的状态。它定期（频率视系统而定）运行，检测各步骤的状态，并通过调度器来更新、维护状态信息。如果检测到任何已超时或失败的步骤，就会安排相应的代理来恢复步骤或执行相应的补救措施（这可能涉及修改步骤的状态）。

注意：恢复或补救行动通常由调度器和代理执行。管理者只是请求执行这些动作。

调度器、代理和管理者是逻辑组件，它们的物理实现取决于所使用的技术。例如，若干个逻辑代理可以作为单一的Web服务。

调度器在持久数据存储器中维护各个任务的进度和每个步骤的状态信息，称为状态存储。管理者可以使用此信息来确定一个步骤是否出现故障。图20-1说明了调度器、代理、管理者和状态存储之间的关系。

图20-1是该模式的简化图。在实际的实现中，调度器有可能是多个实例同时运行任务的单个子集。类似地，系统可以运行每个代理程序的多个实例，甚至多个管理者。在这种情况下，管理者必须协调其各个实例的工作，以确保它们不会争相恢复同样失败的步骤和任务。在领导人选举模式中可以很好地解决这个问题。

当应用程序希望执行一个任务时，它提交一个请求给调度器。调度器将有关任务及其步骤（例如“步骤还未开始”）的初始状态信息记录在状态存储中，然后开始执行由工作流定义的操作。调度器每执行一步，就更新该步骤中（例如“步骤运行时”）的状态信息并存入状态存储中。

如果一个步骤引用远程服务或资源，调度器就将消息发送给相应代理。该消息可以包含代理需要传递给服务或访问资源的信息，包括操作的完成时间。如果代理成功完成其操作，它就响应调度器。然后调度器更新状态存储中的状态信息（例如“步骤完成”），并进行下一步骤。循环这个过程，直到整个任务完成。

代理可以执行需要它执行的任意重试逻辑。但是，如果该代理没有在截止时间之前完成其工作，调度器就会认为操作失败。在这种情况下，代理应该停止其工作，不再试图返回任何信息到调度器（甚至没有错误消息），或者进行任何形式的恢复。这样做的原因是：一个步骤超时或失败，则代理的另一个实例可被调度来处理失败的步骤（该过程将在后面描述）。

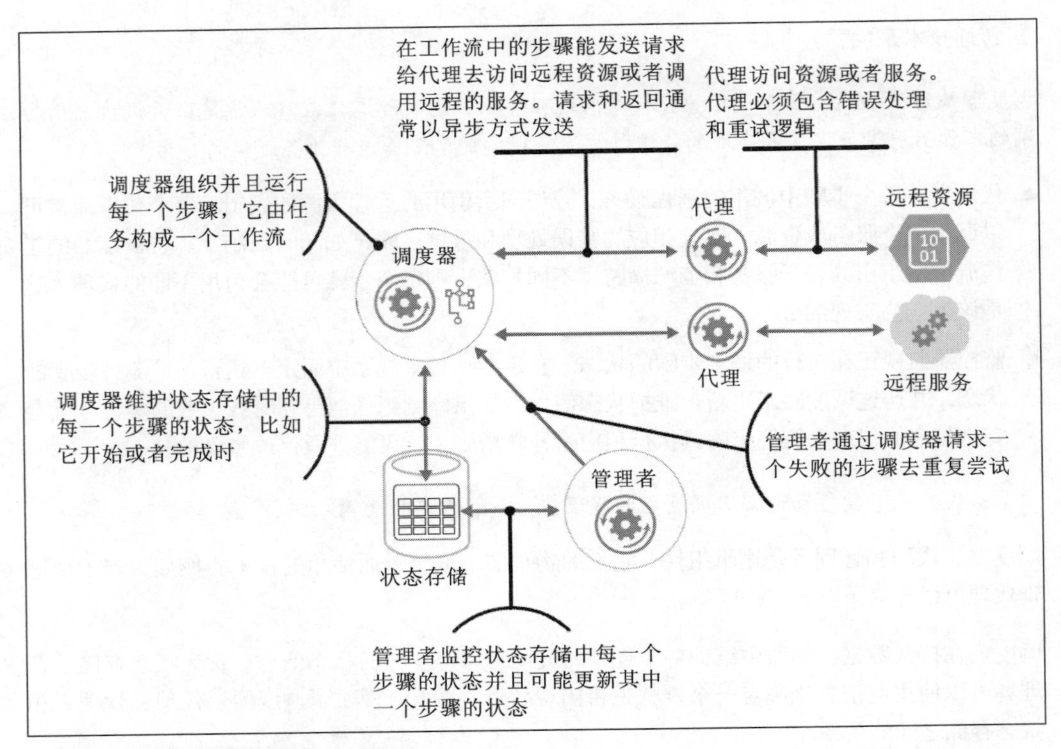
在工作流中的步骤能发送请求
给代理去访问远程资源或者调
用远程的服务。请求和返回通
常以异步方式发送
代理访问资源或者服务。
代理必须包含错误处理
和重试逻辑
调度器组织并且运行
每一个步骤，它由任
务构成一个工作流
代理
远程资源
调度器
代理
远程服务
调度器维护状态存储中的
每一个步骤的状态，比如
它开始或者完成时
管理者通过调度器请求一
个失败的步骤去重复尝试
管理者
状态存储
管理者监控状态存储中每一个
步骤的状态并且可能更新其中
一个步骤的状态

图 20-1　调度器代理管理者模式的角色

如果代理本身出现故障，调度器就不会收到回复。该模式不能真正区分哪个步骤已超时，哪个步骤已失败。

如果一个步骤超时或失败，状态存储将生成一条记录，指出该步骤是否正在运行（如“步骤运行”），但完成的时间已经过去了。在这种情况下，管理者需要查找这样的步骤，并试图恢复它们。一种可能的策略是管理者更新完成阈值以延长完成步骤的时间，然后将消息发送到调度器，识别已超时的步骤。然后，调度器可以尝试重复此步骤。然而，这样的设计要求为幂等任务。

如果持续出现故障或超时，则管理者要防止重试相同的步骤。为了实现这一点，管理者可以在状态存储中保存每个步骤的重试计数以及状态信息。如果该计数超过预定的阈值，则管理者要采取其他措施，例如延长等待的时间段，然后通知调度器重试该步骤，期望故障在该时间段内被解决。或者管理者可以通过补偿事务来实现，向调度器发送消息以请求撤销整个任务。

监控调度器和代理不是监控器的目的，如果它们失败，则要重新启动它们。这一方面应由运行这些组件的系统基础设施来处理。类似地，管理者不应该知道调度器正在执行的任务以及实际的业务操作（包括当这些任务失败时如何补偿）。这是调度器实现的工作流逻辑应该关注的。管理者的唯一责任是确定一个步骤是否失败，并安排重试或者将包含失败步骤的整个任务撤销。

如果调度器遇到错误后重启或者该调度器执行的工作流意外终止，则该调度器应能确定任何失败时正在执行的任务的状态，并准备从失败的时间点继续执行这个任务。具体的执行细节由系统而定。如果不能恢复任务，可能要撤销该任务已经完成的工作。也有可能还需要执行一个补偿事务。

这种模式的主要优点：在遇到意外事件或不可恢复故障的情况下，系统是弹性的。系统是自愈的。例如，如果一个代理程序或调度器崩溃，将会启动一个新实例，因此，管理者可以安排要恢复的任务。如果管理者发生故障，另一个实例也将启动，并且可以从发生故障的时间点接管任务。如果管理者计划定期运行，一个新的实例可以按预定的时间间隔启动，以及可复制地进行状态存储，从而实现更大程度的弹性。

问题与思考

在决定如何实现该模式时，应考虑以下几点：

- 这种模式可能实施起来并不简单，需要彻底地测试系统的每种可能故障模式。
- 通过调度器实现恢复/重试逻辑是非常复杂的工作，并且依赖状态存储中保存的状态信息。它可能还需要在一个持久的数据存储区记录执行一个补偿事务处理所需的信息。
- 管理者运行的频率非常重要。它应该足够频繁地运行，以防止任何失败的步骤长时间堵塞应用程序。但如果运行非常频繁，就将成为一个开销。
- 由代理执行的步骤可以被多次执行。实现这些步骤的逻辑应该是幂等。

何时使用此模式

这种模式适用于进程位于分布式环境的情况，比如云计算中，系统必须能适应通信故障和/或操作故障。

这种模式可能不适合用于不调用远程服务或远程资源的任务。

示例

实现一个已经部署在Microsoft Azure的电子商务系统的Web应用程序。用户可以运行此应用程序来浏览所提供的产品，并下订单。用户界面的运行作为一个Web角色，应用程序的一些处理逻辑作为一套辅助角色，订单处理的一部分逻辑包含访问远程服务。该系统在这方面容易发生瞬时或更持久的故障。为此，设计师使用了调度器代理管理者模式实现系统的订单处理单元。

当客户下订单时，应用程序构建了一个描述该订单的消息，并提交到消息到队列中。在单次的提交过程中，运行中的工作者角色检索此消息，将订单的详细信息记录到订单数据库中，并在状态存储中记录一条该订单的信息。请注意，插入到常规数据库和状态存储是同一操作的一部分执行。提交过程的设计目的是确保两个操作的一致性。

提交过程创建的状态信息如下：

- OrderID：在订单数据库中的订单ID。
- LockedBy：处理订单的辅助角色的实例ID。可能有多个角色实例正在运行调度器，但每个订单只能通过一个实例来处理。
- CompleteBy：处理订单的时间。
- ProcessState：处理订单任务的当前状态。包括以下状态：
    - Pending：已创建订单任务，但是处理还未启动；
    - Processing：正在处理订单任务；
    - Processed：已经成功处理订单任务；
    - Error：订单任务处理失败；
    - FailureCount： 订单已尝试处理的次数。

在这种状态信息中，`OrderID`字段从新订单的订单ID复制。若`LockedBy`和`CompleteBy`字段设置为`null`，则ProcessState字段设置为待定，并且`FailureCount`字段设置为0。

在这个例子中，订单处理逻辑相对简单，只包括一个调用远程服务的单个步骤。在更复杂的多步骤情况下，提交过程很可能涉及多个步骤，所以将在状态存储中产生多条记录，每条记录单据描述一个步骤的状态。

该调度器同时作为一个辅助角色，处理订单的业务逻辑。调度实例轮询新的订单并检查状态存储中的`LockedBy`字段是否为空，`ProcessStat`字段是待定的记录。当调度器发现一个新的订单，就用自己的实例ID立刻填充`LockedBy`字段，设置`CompleteBy`字段到一个适当的时间，并设置`ProcessState`字段为处理中。执行此代码的设计具有独占性和原子性，以确保调度器的两个并发实例不能试图同时处理相同的订单。

然后，调度器运行工作流程异步处理订单，从状态存储中传递它的值给`OrderID`字段。工作流处理的订单从订单数据库检索订单的详细信息，并执行其工作。当订单处理流程的步骤需要调用远程服务时，它使用一个代理。工作流步骤的代理将Azure服务总线消息队列对作为请求

/响应通道与代理进行通信。

图20-2所示为该解决方案的一个高级别视图。

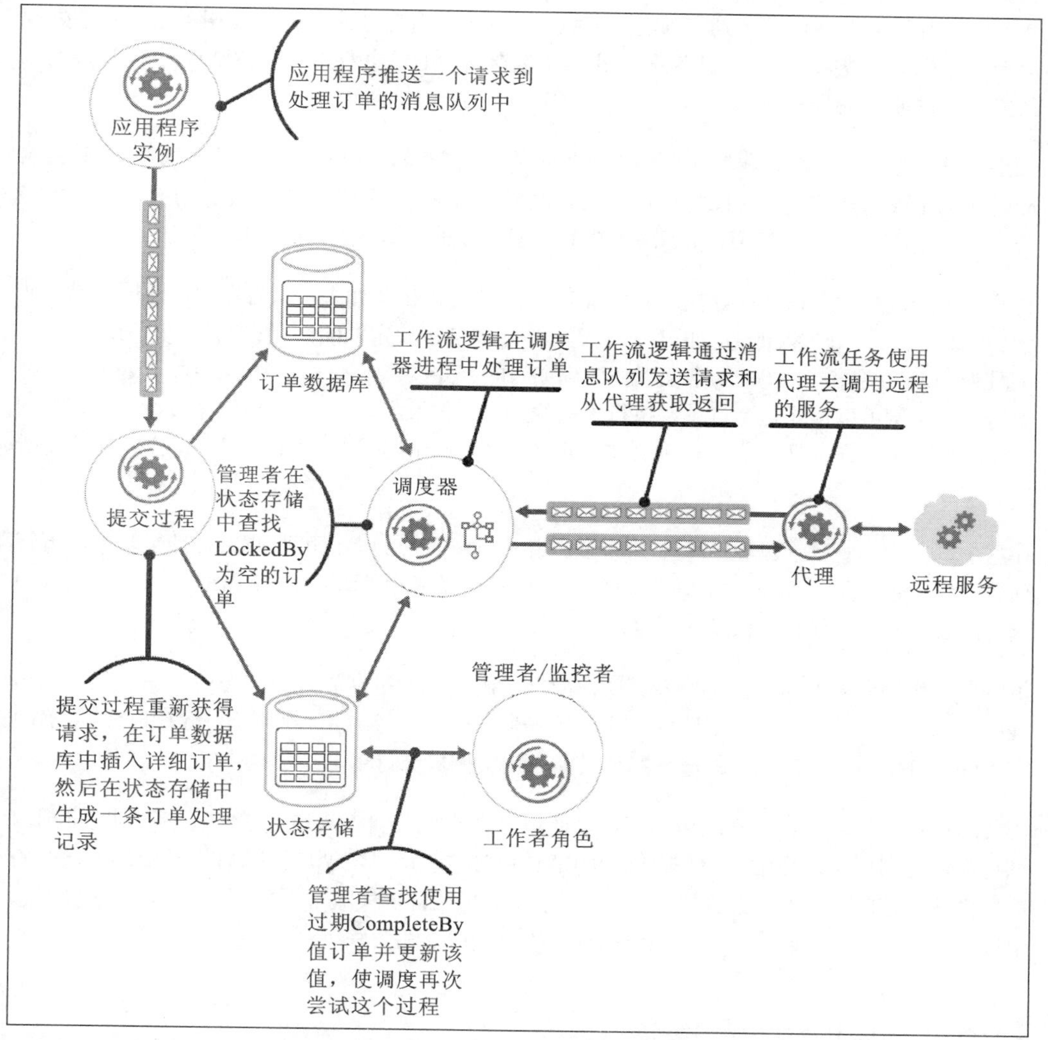

图 20-2　使用调度程序代理管理者模式在 Azure 的解决方案中处理订单

从一个工作流步骤发送到代理的描述订单消息包括`CompleteBy`时间。如果代理在`CompleteBy`时间到期之前接收到来自远程服务的响应，就会构建由工作流监听的投递到服务总线队列上的应答消息。当工作流步骤接收到有效的应答消息后，它将完成订单处理并设置订单状态`ProcessState`字段为已处理。到这个时间点，订单已处理成功。

如果代理接收到来自远程服务的响应之前CompleteBy时间到期，代理就暂停其处理，并终止处理订单。类似地，如果工作流处理的订单超过了CompleteBy时限，它也将终止。在这两种情况下，状态存储中的订单状态仍设置为“处理中”，但CompleteBy时间指示的用于处理订单时间已经过去，该处理被判定为已经失败。请注意，如果正在访问远程服务或者正在处理订单的工作流（或两者）的代理意外终止，状态存储中的信息将再次保持设置为“已处理”，最终将有过期CompleteBy值。

如果代理正在尝试联系远程服务时检测到不可恢复的非瞬时性故障，就可以发送一个错误响应返回到工作流。调度器可以将该订单状态设置为错误，并引发一个事件，向操作者发出警告。然后，操作者可以尝试手动解决失败的问题，并重新提交失败的处理步骤。

管理者定期检查状态存储在寻找过期CompleteBy值的订单。如果管理者发现这样的记录，就增加FailureCount字段的值。如果FailureCount值低于规定的阈值，管理者就复位LockedBy字段为null，更新CompleteBy字段以新的到期时间，并设置ProcessState字段待处理。调度器的一个实例可以接受这个订单并执行之前的操作。如果FailureCount值超过特定阈值，则故障的原因被假定为非瞬态。管理者将订单状态设置为错误，并引发了报警操作，如前文所述的事件。

在这个例子中，管理者是在一个单独的工作者角色中实现的。也可以使用各种策略来运行管理者任务，包括使用Azure的调度器服务（不要与此模式中的调度器相混淆）。关于Azure的调度器服务的更多信息，请访问调度器页面。

虽然在本实例中未展示，但调度器其实需要把了解订单的进展和订单状态放在第一位。应用程序和调度器彼此分离，以消除它们之间的任何依赖性。该应用程序并不知道哪个调度器的实例处理订单，调度器也不知道是哪个具体应用实例提交订单。

若要启用订单状态报告，则应用程序可以使用自己的私人响应队列。这个响应队列的详细信息将被发送到提交过程中，状态存储中的请求包含这些信息。调度器随后将表示订单状态的信息投递到该队列（“接收到的请求”，“订单完成”，“订单失败”，等等）。它应在这些消息中包括订单ID，以便它们可以与该应用程序的原始请求相关联。

相关模式与指南

- 重试模式　代理可以使用此模式重试访问之前失败的远程服务或者资源，导致失败的原因可能是短暂的并且已经被修复。
- 断路器模式。代理可以使用此模式来处理连接远程服务或者资源过程中出现的修复工作耗时可能很长的错误。
- 补偿事务模式。如果调度器执行的工作流没有完全成功，则可能需要执行一些取消回退操作。补偿事务模式介绍了如何达到最终一致性的模型，包含一些常见的调度器执行复杂业务流程和工作流的常见操作类型。

- 异步消息传输指南。调度器代理监控模式中的组件可以彼此独立解耦运行和异步通信。异步消息传输指南介绍了基于消息队列实现异步通信的方法。
- 领导者选举模式。可能需要协调多个监控器的实例来组织大家同时修复相同的失败进程。领导者选举模式介绍了如何实现选举过程。

更多信息

本书的所有链接都可以在本书在线目录里访问、阅读（http: //aka.ms /cdpbibliography）：

- The post *Cloud Architecture: The Scheduler-Agent-Supervisor Pattern on Clemens Vasters' blog.*
- The *Process Manager* pattern on the Enterprise Integration Patterns website.
- An example showing how the CQRS pattern uses a process manager is available in *Reference 6: A Saga on Sagas* (part of the CQRS Journey guidance) on the MSDN website.
- The *Scheduler* page on the Azure website.

第 21 章

分片模式

Sharding Pattern

将数据存储区划分为一组水平分区或者分片的模式称为分片模式。这种模式可以提高存储和访问大量数据的伸缩性。

背景和问题

数据存储在单个服务器上可能会受到如下限制。

- 存储空间。一个大规模云数据存储应用的数据量会随着时间的增加而显著增加。服务器通常只提供有限的磁盘存储，但它可能被更大空间的磁盘代替，或者随着数据量的增长添加更多的磁盘空间。然而，系统最终将达到一个硬限制，不可能轻易地给服务器增加存储容量。
- 计算机资源。云应用程序通常需要支持大量并发用户，执行每个查询都要从存储数据中检索信息。单体服务器托管数据存储可能无法提供必要的计算能力来支持这个负载，导致用户响应延迟、频繁的存储失败及检索超时。虽然可以增加内存或升级处理器，但即使增加这些计算资源，系统（单体系统）也终将达到极限。
- 网络带宽。最后，单体服务器的数据存储性能受限于该服务器接受请求和处理请求的速度。网络传输量超过所使用服务器的负载能力，可能导致请求失败。
- 地理位置。出于法律、合规性或性能考虑，可能有必要将特定用户生成的数据存储在与用户所在的区域中，以减少数据访问的延迟。如果用户分散在不同的国家或地区，就可能无法将应用程序的整个数据存储放在单个数据存储中。

通过添加更多磁盘容量、内存和网络连接来进行垂直扩展能延缓这些限制因素的影响，但很可能只是一个临时解决方案。能够支持大量用户和大量数据的商业云应用必须能够无限地扩展，因此垂直缩放不一定是最佳的解决方案。

解决方案

将数据存储划分为水平分区或分片，使每个分片具有相同的模式，但拥有自己的不同数据子集。分片是其自身的数据存储（它可以包含用于不同类型的许多实体数据），在充当存储节点的服务器上运行。

此模式具有以下优点：

- 可以通过添加在其他存储节点上运行的其他分片来扩展系统。
- 系统可以为每个存储节点使用现成的商业硬件，而不是专用（和昂贵）的计算机。
- 通过平衡跨分片的工作负载，可以减少资源竞用并提高性能。
- 在云中，分片可以位于物理上靠近将要访问数据的用户。

当将存储数据划分为分片时，应该确定在每个分片中放置哪些数据。分片通常包含一个或多个确定属性并且指定范围的数据项目。这些属性形成分片键（有时称为分区键）。分片键应该是静态的，它不应该基于可能更改的数据。

分片物理组织数据。当应用程序存储和检索数据时，分片逻辑将应用程序指向适当的分片。该分片逻辑可以为应用程序中数据访问代码的一部分，或者如果其透明地支持分片，则其可以由数据存储系统来实现。

在分片逻辑中，抽象数据的物理位置提供了对哪个分片包含哪些数据的高级控制，并且使得数据能够在分片之间迁移而不需要重新处理应用的业务逻辑。如果分片中的数据需要以后再分发（例如，分片变得不平衡），则在检索每个数据项时要权衡或者确定每个数据项的位置所需的附加数据访问开销。

为了确保最佳的性能和可扩展性，以适合应用程序执行的查询类型方式拆分数据是很重要。在许多情况下，分片方案不可能完全匹配每个查询的要求。例如，在多租户系统中，应用可能需要通过使用租户ID来检索租户数据，而且它还可能需要基于诸如租户的名称或位置的一些其他属性来查找该数据。为了处理这些情况，使用最常用的查询分片键实现分片策略。

如果查询通过使用属性值的组合来定期检索数据，则可以通过将属性连接在一起来定义复合分片关键字。或者，使用索引表等模式，根据分片键未涵盖的属性快速查找数据。

分片策略

当选择分片键并决定如何跨分片分发数据时，通常使用以下三种策略。请注意，分片和托管它们的服务器之间不必是一一对应的，单个服务器可以托管多个分片。

- 查找策略。在此策略中，分片逻辑实现一个映射，它通过使用分片键将数据请求路由到包含该数据的分片。在多租户应用程序中，可以通过使用租户ID作为分片键将租户的所有数据一起存储在分片中。多个租户可能共享同一个分片，但单个租户的数据不会分布在多个分片上。图21-1所示为此策略的一个例子。

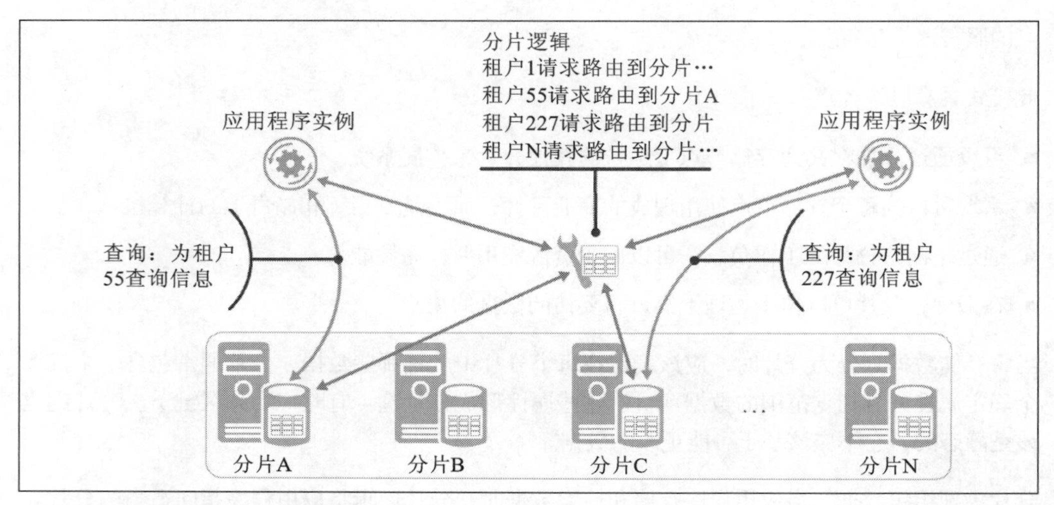

图 21-1　基于承租人 ID 分割承租人数据

分片密钥和物理存储之间的映射可以基于物理分片，其中每个分片密钥映射到物理分区。或者，在重新平衡分片时提供更多灵活性的技术，如使用虚拟分区方法，其中分片键映射到相同数量的虚拟分片，又映射到较少的物理分区。在此方法中，应用程序通过使用引用虚拟分片的分片键来定位数据，并且系统将虚拟分片透明地映射到物理分区。虚拟分片和物理分区之间的映射可以改变，而不需要修改应用程序代码以使用不同的分片密钥集合。

- 范围策略。此策略将相关项目组合在同一个分片中，并通过分片键对其进行排序——分片键是顺序的。它对于通过使用范围查询（返回一组落在给定范围内的分片键数据项的查询）频繁检索数据集的应用程序非常有用。例如，应用程序经常需要查找给定月份中的所有订单时，如果一个月的所有订单以日期和时间顺序存储在同一分片中，则可以更快地检索该数据。如果每个订单存储在不同的分片中，则必须通过执行大量点查询（返回单个数据项的查询）来单独提取它们。图21-2说明了这种策略的一个例子。

在此示例中，分片键是以订单月份作为最高有效元素的复合键，后跟订单日期和时间。当创建新订单并附加到分片时，订单的数据自然会进行排序。一些数据存储器支持两部分分片键，其中包括标识分片的分区键元素和唯一标识分片内项目的行键。在分片内数据通常按行键顺序保存。接受范围查询并需要分组在一起的项可以使用具有与分区键值相同，但是行键是唯一值的分片键。

- 哈希策略。此策略的目的是减少数据分片中热点的机会。它旨在实现每个分片大小和分片平均负载之间的平衡。分片逻辑基于数据的一个或多个属性的散列来计算其中存储项目的分片。所选择的散列函数应当在分片上均匀地分布数据，可能通过将一些随机元素引入到计算中。图21-3显示了这种策略的一个例子。

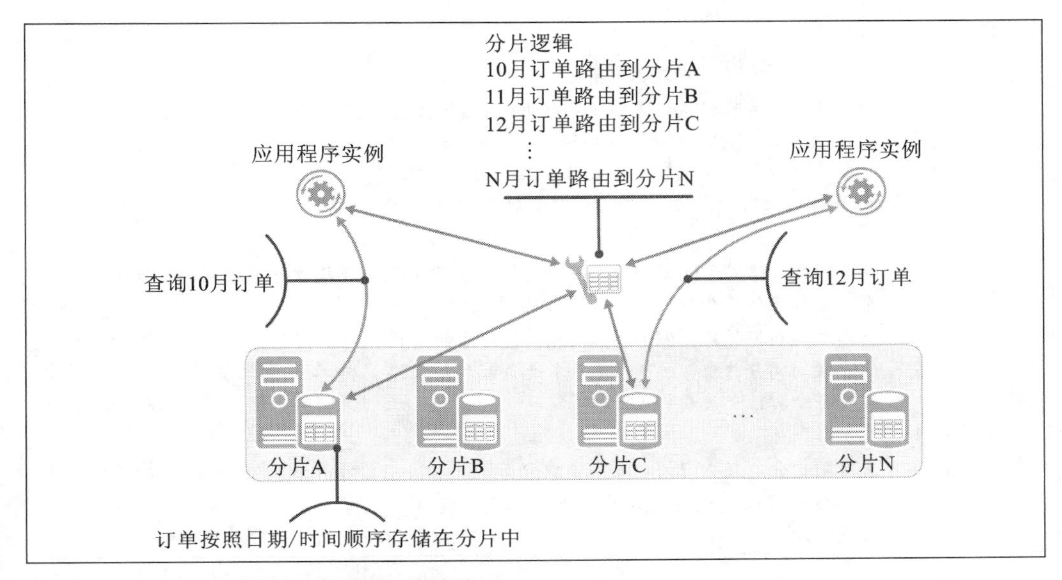

图 21-2　在分片中存储数据的顺序集（范围）

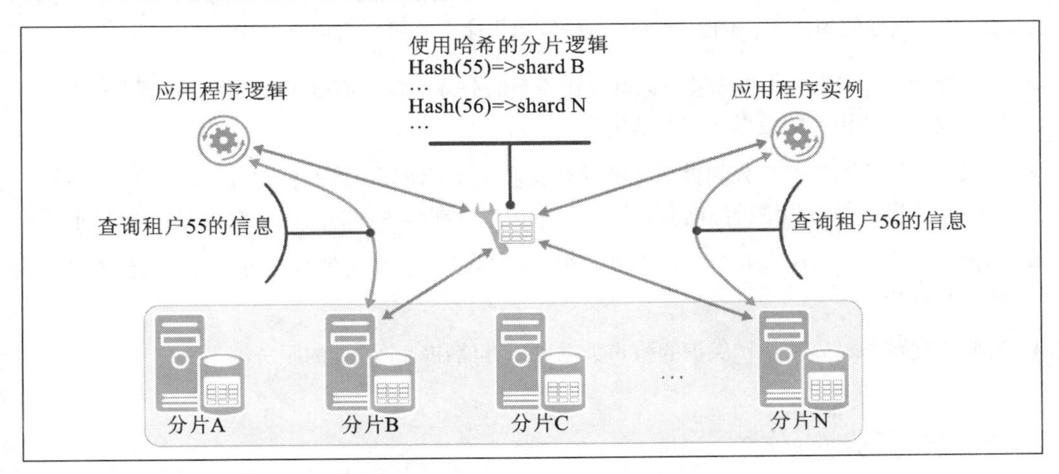

图 21-3　基于租户 ID 的哈希分割租户数据

- 要发挥哈希策略的优势，就考虑如何按顺序注册新租户的多租户应用程序，并将租户分配给数据存储中的分片。当使用范围策略时，租户1至n的数据将全部存储在分片A中，租户n+1至m的数据将全部存储在分片B中，依次类推。如果最近注册的租户也是最活跃的，则大多数数据活动将发生在少量的分片中，这可能导致热点。相比之下，哈希策略基于租户ID的哈希将租户分配给分片。这意味着顺序租户最可能被分配给不同的分片，如图21-3所示的租户55和56，将在这些分片上分配负载。

下表列出了这三种分片策略的主要优点和注意事项。

策略	优势	注意事项
查找策略	对分片配置和使用方式有更多控制 使用虚拟分片可以减少重新平衡数据时的影响，因为可以添加新的物理分区以均衡工作负载。可以修改虚拟分片和实现分片的物理分区之间的映射，而不影响使用分片密钥存储和检索数据的应用程序代码	查找分片位置可能会产生额外的开销
范围策略	易于实现，适用于范围查询，因为它们通常可以在单个操作中从单个分片获取多个数据项 更简单的数据管理。例如，如果相同区域中的用户位于相同的分片中，则可以基于本地负载和需求模式在每个时区中更新调度	不提供分片之间的最佳平衡 重新平衡分片是很困难的，并且如果大多数活动是针对相邻分片键的，则可能无法解决负载不均匀的问题
哈希策略	更好的机会，更均匀的数据和负载分布 请求路由可以通过使用哈希函数直接完成没有必要维护分布	计算散列可能会产生额外的开销 重新平衡分片很困难

最常见的分片都是选择了上述分片方法中的某一种方法实现的，但您还应考虑应用程序的业务需求及其数据使用模式。例如，在多租户应用程序中，可以有以下考虑。

- 可以根据工作负载来分割数据。你可以在单独的分片中分离高度易失性租户的数据。结果，可以改善其他租户的数据访问的速度。
- 可以根据租户的位置来分割数据。可以离线采取特定地理位置的租户数据，用于该区域非高峰时间进行备份和维护，而其他区域的租户数据在其工作时间保持在线并且可访问。
- 高价值租户可以分配到私有、高性能、轻负载的分片，而低价值租户可能会分配到更密集、繁忙的分片。
- 需要高度数据隔离和隐私保护的租户数据可以存储在完全独立的服务器上。

缩放和数据移动操作

每个分片策略意味着用于管理缩放、扩展、移动数据和维护状态的不同能力和复杂性水平。

查找策略允许在用户级别（在线或离线）执行缩放和移动数据。该技术是暂停一部分或所有用户活动（可能在非高峰期间），将数据移动到新的虚拟分区或物理分片、更改映射。若无效则刷新保存此数据的任何缓存，然后允许用户恢复。通常这种类型的操作可以集中管理。查找策略要求状态高度可缓存和复制。

范围策略对缩放和移动数据施加了一些限制，通常必须在部分或全部存储的数据离线时执行，因为数据必须在整个分片上分割和合并。如果大多数活动是针对相同范围内的相邻分片键或数据标识符，那么将数据移动到新的平衡分片，可能无法解决负载不均匀的问题。范围策略还可能需要维持一些状态以便将范围映射到物理分区。

哈希策略使得缩放和移动数据操作更复杂，因为分区键是分片键或数据标识符的哈希。每个分片的新位置必须由散列函数或修改的函数确定，以提供正确的映射。然而，哈希策略不需要维护状态。

问题与思考

决定如何实现此模式时，请考虑以下几点。

- 分片是对其他形式分区的补充，如垂直分区和功能分区。例如，单个分片可以包含已经被垂直分割的实体，并且功能分区可以被实现为多个分片。有关分区的详细信息，请参阅数据分区指南。
- 保持分片平衡，以便它们都能比较均衡地处理I/O操作。当插入和删除数据时，可能需要周期性地重新平衡分片以保证均匀分布并减少热点的机会。再平衡可能是昂贵的操作。为了减少重新平衡的频率，应该确保每个分片包含足够的可用空间，以便处理预期的更改量、计划未来的增长。还应该开发策略和脚本，以便在需要时使用这些策略和脚本来快速重新平衡分片。
- 对分片键使用稳定的数据。如果分片键改变，则相应的数据项可能要在分片之间移动，从而增加了执行更新操作的工作量。因此，要避免将分片密钥置于可能易失的信息上。相反，寻找不变的或自然形成的键的属性。
- 确保分片键是唯一的。例如，避免使用自动递增字段作为分片键。在某些系统，可能无法跨分片协调自动递增的字段，这可能导致不同分片中的项具有相同的分片键。

> 注意：不包含分片键字段中的自动递增值也可能会带来问题。例如，如果使用自动递增字段来生成唯一ID，则可以为位于不同分片中的两个项目分配相同的ID。

- 可能无法设计符合每个可能的数据查询要求的分片键。分割数据以支持经常执行的查询，并且如果有需要，可创建辅助索引表以支持非主键部分属性字段的条件查询。有关详细信息，请参阅索引表模式。
- 只访问单个分片的查询比多个分片检索数据的查询更有效，因此避免了实现一个导致应用程序执行大量查询以连接不同分片中数据的分片方案。请记住，单个分片可以包含多种类型实体的数据。考虑对数据进行反规范化，以便将通常在同一个分片中查询的相关实体（如客户的详细信息和他们下的订单）保留在一起，以减少应用程序执行的单独读取数据的次数。

注意：如果一个分片中的实体引用存储在另一个分片的实体中，则让第二个实体的分片键成为第一个实体模式的一部分。这有助于提高跨分片引用相关数据的查询的性能。

- 如果应用程序必须从多个分片检索数据执行查询，则可以使用并行任务获取此数据。示例包括扇出查询，先并行检索来自多个分片的数据，然后聚合到单个结果中。然而，这种方法不可避免地增加了解决方案数据访问逻辑的一些复杂性。
- 对于许多应用程序，创建更大数量的小分片可能比拥有少量大分片更有效，因为它们可以提供更多的机会进行负载平衡。如果预计需要将分片从一个物理位置迁移到另一个物理位置，则此方法很有用。移动小分片比移动一个大分片快。
- 确保每个分片存储节点的可用资源足以满足处理数据大小和吞吐量等方面的可扩展性要求。有关详细信息，请参阅“数据分区指南”中的“设计可扩展性分区”一节。
- 将影响的数据复制到所有分片。如果从分片检索数据的操作也将静态或慢移数据作为同一查询的一部分引用，则将此数据添加到分片。应用程序然后可以轻松地获取查询的所有数据，而无需进行单独的数据存储的额外开销。

注意：如果保存多个分片中的引用数据更改，则系统必须在所有分片上同步这些更改。当发生同步时，系统数据可能经历一定程度的不一致。如果遵循这种方法，则应该设计应用程序以便能够处理这种不一致的结果。

- 可能难以维持分片之间的引用完整性和一致性，因此在多个分片中应该最小化影响数据的操作。如果应用程序必须跨分片修改数据，则需要评估完整数据一致性是否是一个要求。相反，云中的通用方法是实现最终的一致性。单独更新每个分区中的数据，应用程序逻辑必须确保成功完成全部更新，以及在最终一致性操作运行时处理因查询数据可能产生的不一致问题。有关实现最终一致性的更多信息，请参阅数据一致性入门。
- 配置和管理大量分片可能是一个挑战。诸如监视、备份、检查一致性以及记录或审计等任务必须在多个分片和服务器上完成，可能位于多个位置。这些任务可能通过使用脚本或其他自动化解决方案来实现，但脚本和自动化可能无法完全消除额外的管理需求。
- 分片可以进行地理位置定位，以便它们包含的数据靠近使用它的应用程序实例。此方法可以显著提高性能，但需要额外考虑访问不同位置中的多个分片的任务。

何时使用此模式

使用此模式的情况如下。

- 当数据存储可能需要扩展到单个存储节点可用资源的限制之外时。
- 通过减少数据存储中的竞用来提高性能。

注意：分片的主要目的是提高系统的性能和可扩展性，但作为副产品，它也可以通过将数据划分为单独的分区来提高可用性。一个分区中的故障不一定阻止应用程序访问保存在其他分区中的数据，并且操作者可以维护或恢复一个或多个分区，而不应该不可访问整个数据。有关详细信息，请参阅数据分区指南。

示例

以下示例使用一组充当分片的SQL Server数据库。每个数据库保存应用程序使用的数据子集。应用程序通过使用自己的分片逻辑（这是扇出查询的示例）检索分布在分片上的数据。位于每个分片中的数据的详细信息由称为`GetShards`的方法返回。此方法返回`ShardInformation`对象的可枚举列表，其中`ShardInformation`类型包含每个分片的标识符以及应用程序应用于连接到分片的SQL Server连接字符串（连接字符串未在代码示例中显示）。

C#

```
private IEnumerable<ShardInformation> GetShards()
{
  // This retrieves the connection information from a shard store
  // (commonly a root database).
  return new[]
  {
    new ShardInformation
    {
      Id = 1,
      ConnectionString = ...
    },
    new ShardInformation
    {
      Id = 2,
      ConnectionString = ...
    }
  };
}
```

下面的代码显示了应用程序如何使用`ShardInformation`对象列表来执行查询，以并行方式从每个Shard中获取数据。没有显示出查询的细节，但在该示例中，如果分片包含客户的细节检索的数据包括可以保存诸如客户名称信息字符串。结果被聚合到`ConcurrentBag`集合中以供应用程序处理。

C#

```
// Retrieve the shards as a ShardInformation[] instance.
var shards = GetShards();

var results = new ConcurrentBag<string>();

// Execute the query against each shard in the shard list.
// This list would typically be retrieved from configuration
// or from a root/master shard store.
Parallel.ForEach(shards, shard =>
```

```
{
  // NOTE: Transient fault handling is not included,
  // but should be incorporated when used in a real world application.
  using (var con = new SqlConnection(shard.ConnectionString))
  {
    con.Open();
    var cmd = new SqlCommand("SELECT ... FROM ...", con);

    Trace.TraceInformation("Executing command against shard: {0}", shard.Id);

    var reader = cmd.ExecuteReader();
    // Read the results in to a thread-safe data structure.
    while (reader.Read())
    {
      results.Add(reader.GetString(0));
    }
  }
});

Trace.TraceInformation("Fanout query complete - Record Count: {0}",
                        results.Count);
```

相关模式与指南

在实现此模式时，也可能与以下模式和指南相关：

- 数据一致性入门。可能有必要保持分布在不同分片上的数据的一致性。数据一致性入门介绍了关于保持分布式数据一致性的问题，并描述了不同一致性模型的优点和权衡。
- 数据分区指南。分割数据存储可能会引入一系列其他问题。数据分区指南描述了与云中分区数据存储相关的这些问题，以提高可扩展性，减少争用并优化性能。
- 索引表模式。有时不可能通过设计分片键来完全支持查询。索引表模式使应用程序能够通过指定除了分片键以外的键从大型数据存储快速检索数据。
- 物化视图模式。为了保持查询操作的性能，创建聚合和汇总数据的实体化视图可能是很有用的，特别是如果此摘要数据是基于分布在分片上的信息。物化视图模式描述如何生成和填充这些视图。

更多信息

- 文章 *Shard Lessons* on the Adding Simplicity blog。
- 页面*Database Sharding*，在CodeFutures网站上。
- 文章*Scalability Strategies Primer: Database Sharding*，在Max Indelicato博客上。
- 文章*Building Scalable Databases: Pros and Cons of Various Database Sharding Schemes*，在Dare Obasanjo博客上。

第22章

静态内容托管模式

Static Content Hosting Pattern

静态内容托管模式是指将静态文件部署到一个基于云计算的存储服务，可以直接向用户传递这些文件的模式。这种模式可以用来减少潜在的昂贵的计算实例必要条件。

背景和问题

Web应用往往包含静态文件的一些元素，这些静态内容可能包含HTML静态页面和其他资源，比如图片和文档，可用于客户端，或者作为静态页面（如内联图片，样式表和客户端的JavaScript文件）的一部分，或者作为单独的下载（如PDF文档）。

虽然服务器可以通过调整高效的动态页面和输出缓存来优化页面请求，但它们仍然必须处理下载静态内容的请求。这些吸收处理周期可以常常更好的使用输出。

解决方案

在大多数云托管环境中，可能最小化要求计算实例（例如使用一个较小的实例或者很少的实例），在存储服务里查找一些应用的资源和静态页面。云计算托管存储的成本通常是远远低于计算实例的成本的。

当一部分应用程序托管在云服务时，主要的注意事项是被关联部署的应用程序以及不打算被匿名用户访问资源。

问题与思考

当决定如何去实现此模式时，需要考虑以下几点。

- 托管的存储服务必须公开一个可以访问下载静态资源的HTTP终结点的用户，一些存储服务还支持HTTPS，这意味着它可能需要使用SSL去请求存储服务的宿主资源。
- 对于高可用性，请考虑使用内容分发网络CND（在条件允许的情况下）在世界各地多个数据中心的存储容器中缓存这些内容。然而，使用内容分发网络将导致额外的费用。

- 在默认情况下，存储账户经常进行地理复制，为可能影响数据中心的事件提供弹性。这意味着IP地址可能会改变，但URL将保持不变。
- 当一些内容位于一个存储账户，而其他内容位于宿主计算实例时，部署应用程序和更新变得更加具有挑战性。它可能需要执行单独的部署，并对应用程序和内容进行版本化以便更加容易地管理它，尤其当静态文件包含脚本文件或者UI组件时。然而，如果只有静态资源被更新，它们可以只是上传到存储账户而无需重新部署应用程序包。
- 存储服务可能不支持使用自定义域名。在这种情况下就必须在链接中指定资源完整的URL，因为它们将在一个不同的域中动态生成内容包含这个链接。
- 这个存储容器必须配置为公共读取访问，但是至关重要的是确保它们未配置公共写入访问，以防止用户能够上传内容。考虑使用Valet Key或者令牌来控制不应该匿名访问的资源访问。更多信息请参阅Valet Key模式。

何时使用此模式

这种模式非常适合以下场景。

- 最小化包含一些静态资源的网站和应用程序的托管费用。
- 最小化仅由静态内容和资源组成的站点的托管费用。根据托管提供商存储系统的功能，它有可能在存储账户中托管全静态网站。
- 公开运行在其他托管环境或部署在本地服务器的应用程序的静态资源和内容。
- 通过内容传输网络（CDN）在多个地理区域定位内容，在世界各地多个数据中心缓存存储账户的内容。
- 监控成本和带宽的使用率。部分或者全部静态内容使用单独账户的成本更容易与托管和运维时的成本区分开。

这种模式不适合在以下场景使用：

- 这个应用程序需要在将静态内容发送给客户端前执行一些处理，例如，它可能需要在文档中添加一个时间戳。
- 静态内容非常小。从单独存储检索此内容的开销可能超过将其从计算资源中分离出来的成本效益。

有时候可以在云托管存储中存储一个仅包含静态内容的完整网站，如HTML页面、图片、样式表、客户端站点JavaScript文件和可下载的文档，例如PDF文件。

示例

位于Azure blob storage服务的静态内容可以通过Web浏览器直接访问。Azure存储提供一个基于HTTP的接口暴露给客户端。例如，位于一个Windows Auzre blob storage服务的内容使用以下URL地址进行访问：http://[storage-account-name].blob.core.windows.net/[container-name]/[file-name]

当上传应用程序内容时，需要创建一个或者多个blob容器来保存这些文件或文档。请注意，一个新的容器的默认权限是Private，只有将其改变为Public才能允许客户端访问这些内容。如果需要在匿名访问下保护这些内容，则可以执行Valet Key模式，这样用户需要提供一个有效的令牌才能下载这些资源。

这个页面“Blob Service”概念位于Azure站点，包含关于blob Storage的信息，可以通过以下链接来访问它并使用它。

http://msdn.microsoft.com/en-us/library/windowsazure/dd179376.aspx

每个页面中的超链接将指定资源的URL，客户端将直接从存储服务访问此资源，图22-1展示了这种方法。

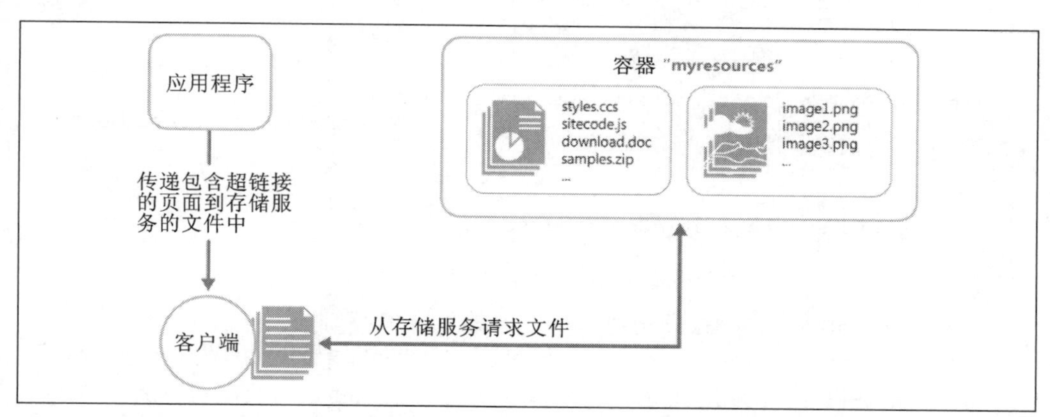

图 22-1　直接从存储服务传递应用程序的静态部分

传递到客户端页面中的链接必须指定blob容器和资源的完整URL,例如，在公共容器中，包含链接的图片的页面可能包含以下内容：

```
HTML
251675648251676672<img src="http://mystorageaccount.blob.core.windows.net/
myresources/image1.png" alt="My image" />
```

如果这个资源使用Valet Key 被保护，例如Azure 共享一个访问签名，则这个签名必须包含在链接的URL中。

指南中的实例可用于一个名为`StaticContentHosting`的解决方案，它演示如何使用外部存储来获取静态资源。StaticContentHosting.Cloud项目包含指定存储账户和容器的配置文件来存储静态内容。

```
XML
<Setting name="StaticContent.StorageConnectionString"
        value="UseDevelopmentStorage=true" />
<Setting name="StaticContent.Container" value="static-content" />
```

在StaticContentHosting.Web项目的Setting.cs文件中的配置类包含提取这些值并创建一个包含云存储账户URL的字符串。

C#

```
public class Settings
{
  public static string StaticContentStorageConnectionString {
    get
    {
    return RoleEnvironment.GetConfigurationSettingValue(
                        "StaticContent.StorageConnectionString");
    }
  }

  public static string StaticContentContainer
  {
    get
    {
      return RoleEnvironment.GetConfigurationSettingValue(
                                              "StaticContent.Container");
    }
  }

  public static string StaticContentBaseUrl
  {
    get
    {
      var account = CloudStorageAccount.Parse(
                              StaticContentStorageConnectionString);

      return string.Format("{0}/{1}", account.BlobEndpoint.ToString()
                  .TrimEnd('/'),StaticContentContainer.TrimStart('/'));
    }
  }
}
```

文件StaticContentUrlHtmlHelper.cs中的`StaticContentUrlHtmlHelper`类暴露一个名为`StaticContentUrl`的方法。该方法生成一个包含云存储账户的URL路径，传递给它的URL要以ASP.NET根路径字符（~）开头。

C#

```
public static class StaticContentUrlHtmlHelper
{
```

```
  public static string StaticContentUrl(this HtmlHelper helper,
                                         string contentPath)
  {
    if (contentPath.StartsWith("~"))
    {
      contentPath = contentPath.Substring(1);
    }

    contentPath = string.Format("{0}/{1}", Settings.StaticContentBaseUrl
                          .TrimEnd('/'), contentPath.TrimStart('/'));

    var url = new UrlHelper(helper.ViewContext.RequestContext);

    return url.Content(contentPath);
  }
}
```

在Views\Home文件夹中的Index.cshtml文件包含一个图片元素，使用`StaticContentUrl`方法为它的src属性创建一个URL。

```
HTML
<img src="@Html.StaticContentUrl("~/Images/orderedList1.png")" alt="Test
Image" />
```

相关模式与指南

当实现此模式时，以下模式也可能与之相关联：

- Valet Key 模式　如果目标资源不应该对匿名用户可用，则必须在存储静态内容的存储上实现安全性。Valet Key 模式描述如何使用令牌或者密钥限制客户直接访问一个特定的资源或服务，类似于一个云托管存储服务。

更多信息

- 本书中的所有链接均可在本书的在线书目获得：http: //aka.ms /cdpbibliography。
- 文章*An efficient way of deploying a static web site on Azure*，在Infosys博客上。
- 页面*Blob Service Concepts*，在Azure网站上。

这个模式有一个与此相关的示例程序。可以从Mircrosoft下载中心http: //aka.ms /cloud-design-patterns-sample的“Cloud Design Patterns – Sample Code”下载。

第 23 章

限流模式

Throttling Pattern

顾名思义，限流模式就是控制资源消费的模式。使用的资源可能是一个应用程序实例、一个租户或者一个服务。这个模式的目标就是让应用程序在服务需求陡增、给计算机资源造成极大的负载压力时，依然能够持续稳定地运行，并满足与客户达成的SLA需求协定。

背景和问题

由于活动用户数的变化及计算活动类型差异等诸多原因，云计算应用程序的负载也在实时变化。例如，很多的用户通常在办公时间比较活跃，又如用户指定系统在每个月底执行昂贵的计算任务，还有瞬间计算活动陡增的使用场景让人始料不及。如果对计算机资源的需要超过了可获得的计算机资源的最大限度，随之而来的就是低性能甚至计算失败。这个时候系统设计有必要考虑与客户协商达成的服务实现目标。一个策略就是使用自动扫描回收资源，在后续运行中择机将后备的可用资源分配给需要的用户。在优化运行成本方面，它能够持续满足客户需求。

解决方案

一个可行的扫描策略就是给应用程序设置上限软阈值，当程序运行达到阈值时就开始限流。系统需要能够监视应用程序对资源的使用状况，这样能在某一程序或功能对资源的使用达到系统设计时定义的阈值时，及时阻止一个或多个用户的计算请求，达到限流目的。关于资源使用状态监测的更多细节请参见“工具与监测向导”，系统可实现以下多种限流策略。

- 如果某一用户在某时间段里对系统API的单秒请求次数超过设定阈值，则开始拒绝其请求，这就要求系统能够监测每个租户或用户的资源消耗情况。关于资源监测的介绍，详见“服务监测向导”。
- 停止或限制非关键性服务，使关键性服务有充足的计算资源保持稳定、持续地运行。举个例子，一个视频流输出程序要达到限流的目的，可将其输出分辨率降至一个更低水平。
- 使用若干负载级别标准来定义不同的计算活动量、调整或限制计算活动量（该方法的介绍详见“基于队列的负载级别模式”这篇文章）。多租户环境下，系统要满足各个租户的不同SLA需求协定。该限流策略下会降低每个租户的性能。高价值的租户程序能够保持持续运行，其他租户用户的请求将被挂起，在积压任务有所缓和时才会再恢复执行。“优先级队列模式”可用来实现此方法。

- 延迟低优先级程序或租户的操作可以是挂起或取消，生成并返回一个异常信息：系统繁忙，稍后再尝试该操作。

图23-1是一幅计算机资源利用的时间走势图。三条线代表三个特性应用程序，每条走势线是集内存、CPU、带宽等资源消耗情况的综合消耗指标。

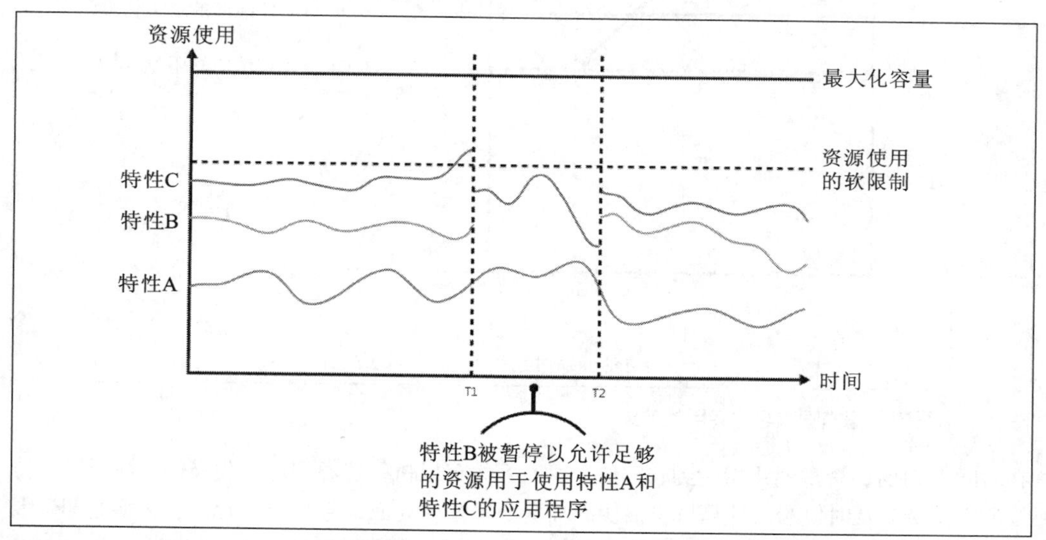

图 23-1　代表三个用户的应用程序随时间变化的综合资源消耗趋势

注意：图中三条趋势线A、B、C分别代表三个特性。就某一特性来说，趋势线下方的区域代表程序调用该功能时的计算机资源消耗量。例如，特性A的趋势线下方的区域代表着程序调用特性A时的资源消耗，特性A和特性B之间的区域代表着程序调用特性B时的资源消耗。综合每个功能的资源消耗趋势来看，整个图展示了系统资源的实时综合使用情况。

图23-1展示了延迟操作的效果。在时间点T1，总的资源使用量达到一个阈值（软上限）。这时计算机处于资源紧张的状态。而特性B相比特性A和特性C而言，重要性相对较低，它就被暂时停用了，停用前释放其所有计算资源。在时间点T1和T2之间，使用特性A和特性C的应用程序照常运行。特性A和特性C的资源使用量逐渐开始降低，到达时间点T2时，就可以重新运行特性B了。

可以组合使用资源扫描回收和限流以保持程序的响应性，同时确保符合客户的SLA需求协定。如果计算需求量确实居高不下时，限流可作为一个临时性的解决办法。这时系统所有功能都可以恢复回来。

图23-2展示了应用程序在不同时间使用资源的情况，并且说明了限流与自动伸缩功能相结合使用的情况。

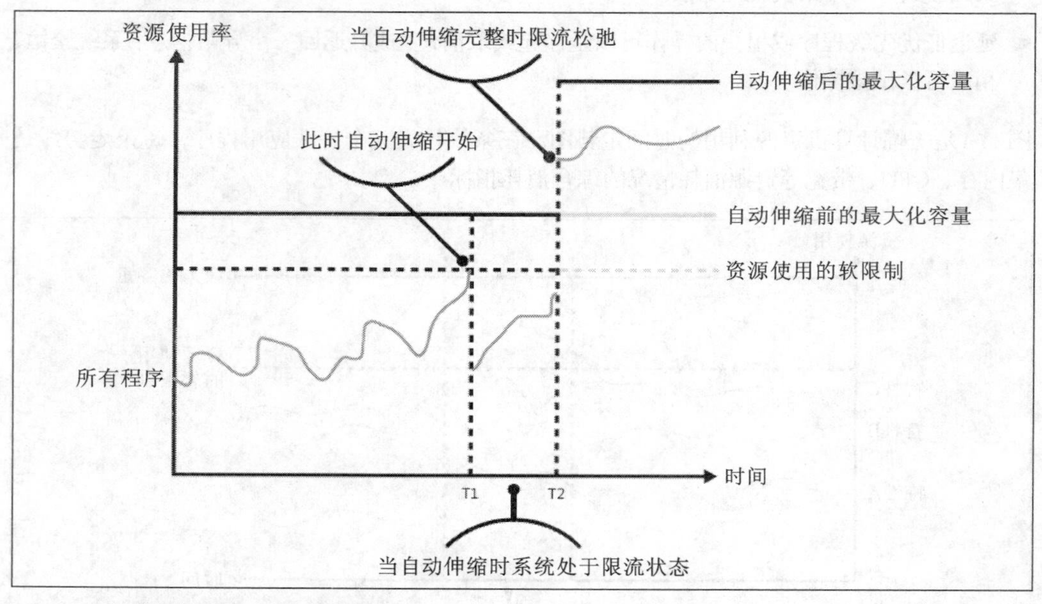

图 23-2　限流与扫描回收组合使用的效果

在时间点T1时，资源使用量达到软阈值。这时系统可以执行资源扫描回收操作。如果没有持续的空闲资源及时供给，计算机将很快面临资源紧张的局面，甚至最终宕机。必须立即做限流，当资源扫描回收已完成且有可用资源时，可逐步放缓限流。

问题与思考

要实现该模式，需要考虑以下几点：

- 限流措施及其使用策略是一个影响整个系统设计的级决定。在系统设计之初就应考虑限流机制，系统一旦成形，就很难再做大的改动。
- 限流操作必须能够迅速响应、高效处理。系统必须能够监测到计算活动的增长，并有相应措施。系统还必须能够在释放负载后快速恢复到原始状态。这就要求系统能够持续、快速地捕获和监视其性能数据。
- 如果服务需要暂时拒绝一个用户请求，它就应该返回一个特定的错误码，让客户端知道被限流了，客户端可择机再做尝试。

- 限流可作为系统资源扫描回收时的临时性解决方案。但在计算活动暴增但持续时间又不会太长的情况下，只做限流操作（而不做资源扫描回收操作）反而更有效，因为资源扫描回收操作本身也会增加相当可观的计算负载。
- 如果系统在执行资源扫描回收操作的同时进行限流，且资源需求增长非常快，则即使系统工作在限流状态下，也可能无法持续运行。为避免这样的情况，就要考虑更大的资源储备（如更大的内存、更大的带宽、更高性能的CPU等）和更好的资源回收策略。

何时使用此模式

适合使用该模式的情况如下：

- 为了确保符合客户的SAL需求协定。
- 为了阻止某个单一租户垄断大多数应用程序资源。
- 为了应对计算量不可预期地暴增。
- 在保持程序持续稳定运行的前提下，设定一个资源使用量的上限，达到优化系统运行成本的目的。

示例

图23-3展示了多租户系统下限流是如何实现的。图中每个租户组织的用户们访问一个基于云

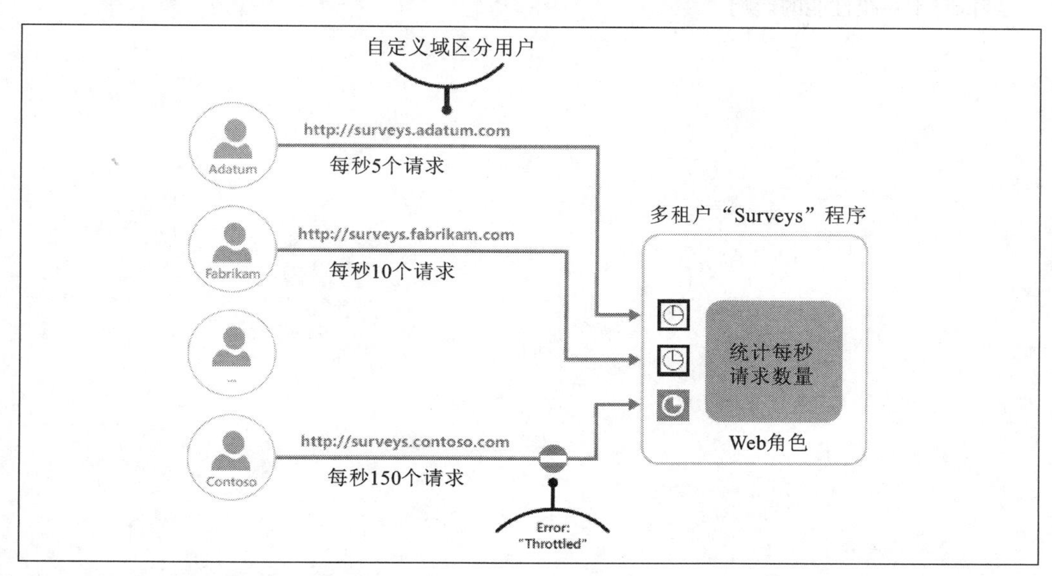

图 23-3　多租户应用程序中实现限流

的应用程序，他们在此填写和提交调查报告。这个应用程序包含了一个监测工具，用来监测用户提交请求的频率。

系统运行时，在响应性及可用性方面，为了不让其中一个租户下的用户影响同一应用程序下其他用户，必须对每个租户下的用户们每秒提交数做一个限制。由应用程序阻塞高出频率阈值的请求。

相关模式与指南

在实现此模式时，也可能与以下模式和指南相关：

- 远程监控指南。限流取决于服务调用的并发压力。本指南描述了如何通过生成并捕获自定义信息来实现远程监控功能。
- 服务调用统计指南。本指南介绍了如何统计服务的调用信息以便了解服务是如何被调用的。这些信息对于限流服务非常有价值。
- 自动伸缩指南。限流可以作为系统自动伸缩中的临时限制措施。自动伸缩指南包含了更多自动伸缩的策略信息。
- 基于队列的负载均衡模式。基于队列的负载均衡通常用来实现限流，在应用和服务之间使用队列作为缓冲区来缓冲服务的瞬时压力。
- 优先级队列模式。系统使用优先级队列模式作为限流策略的一部分来维持系统的高并发，降低对于系统性能的影响。

第 24 章

令牌秘钥模式

Valet Key Pattern

为了从应用程序代码里卸载数据传输操作，可以使用令牌或者秘钥来限制客户端对于特定资源或服务的访问。此模式在使用云托管存储系统或者队列的时候特别有用，并且可以最小化成本，最大化伸缩性和性能。

背景和问题

客户端程序和浏览器经常需要从数据库读/写文件数据流。通常，程序会处理数据的移动或者从存储区获取数据并且流传输到客户端，或者从客户端读取上传流并存储到数据库。但是此方法会消耗昂贵的资源，比如计算、内存和带宽。

数据存储区有能力直接处理上传和下载数据，而不需要程序移动数据，但是通常需要客户端能够安全地访问存储区。这是最小化数据传输成本和伸缩应用需求的有用技巧，并且可以最大化性能，这意味着应用程序不需要管理数据安全。一旦客户端连接到数据库，应用程序就不能作为门卫。它不能再控制过程并且无法阻止数据存储区后续的上传和下载。

在那些可能需要服务非信任客户端的现代分布式系统中，这个方法不切实际。相反，应用程序必须能够细粒度控制数据访问，仍然可以通过设置链接来减少服务器负载，并允许客户端去直接与数据库通信，执行必要的读/写操作。

解决方案

要解决数据存储库本身无法进行客户端验证和授权的控制访问问题，一个典型的解决方案就是限制对数据存储库的公开连接访问，并且提供给客户端一个可以验证的秘钥或者令牌。

秘钥或者令牌通常称为令牌秘钥。它提供了带有时间限制访问特定资源的安全策略，并且允许预定义的操作，比如读/写数据库或者消息队列，或者在浏览器里上传和下载。应用程序可以创建并颁发令牌给客户端设备和浏览器，允许客户端执行必要的操作而不需要应用直接处理数据传输。这会从应用程序和服务器删除处理开销，以及影响后续的性能和伸缩性。

在有效的时间内，客户端使用令牌访问数据库里特定的资源，并且受到特定的权限限制，如图24-1所示。在特定时间以后，秘钥无效，并且不允许对资源进行后续访问。

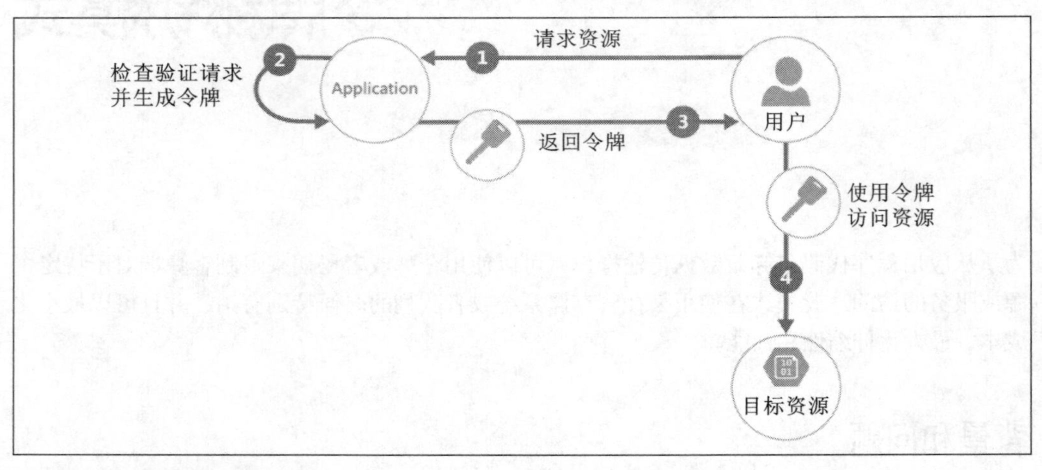

图 24-1　令牌秘钥模式

也可以配置带有其他依赖的秘钥，比如带有地址范围的数据。例如，依赖数据库的功能，秘钥可能指定了数据库中的完整的表，或者特定的行。在云存储系统中，秘钥也许指定一个容器，或者职业容器中的某个项目。

秘钥也可以被应用程序取消。这个功能在客户端传输操作完成后需要通知服务器时非常有用。服务器可以通过取消秘钥来阻止对后续存储库的访问。

使用此模式可以简化对于资源的访问管理，因为无需创建和验证用户，授权然后删除用户。也可以让约束地址、权限和验证周期变得简单——所有都是通过运行时生成秘钥实现的。重要的因素是验证有效期，特别是资源的地址，要尽量做到细粒度，这样客户端就只能用于特定的资源操作。

问题与思考

要实现此模式，就要思考下面几点：

- 管理验证状态和秘钥生命周期。令牌本身最关键的部分承载了安全票据信息，如果泄漏或泄密了令牌，恶意攻击者就可以有效地解锁目标资源，在令牌有效期间恶意攻击系统。通常可以取消或者禁用秘钥令牌，这依赖于服务端令牌颁发和取消的策略。在极端情况下，服务器签发的秘钥可以无效。可以通过对数据存储库指定短小的验证周期来最小化后续未授权操作发生的几率。但是，如果有效期太短，则客户端可能在秘钥过期后无法完成操作。如果需要多次访问受保护的资源，则允许授权用户在有效期过期时重新申请秘钥。

- 控制秘钥的访问级别。通常，只应该允许秘钥执行必需的操作。比如，如果客户端不需要上传数据，那么只读权限即可满足需求。对于文件上传，通常需要提供只写权限的秘钥，还有地址和有效期。最关键的是还要指定秘钥作用的资源或者资源集合。
- 如何控制用户行为。实现此模式意味着某种程度上丢失对于单个用户访问资源权限控制。可以使用的控制级别受制于策略的功能和可用的服务和数据库权限。例如，通常不太可能创建能够限制写入数据大小的秘钥，或者限制访问文件次数的秘钥。这可能导致大量意外的数据传输成本，甚至当被预期客户使用时，代码中的错误可能引起重复地上传和下载文件。限制文件上传或者下载的次数可能是必要的。如果可能，就强制客户端在操作完成时提醒应用程序。例如，某些数据存储激发事件，这样应用程序代码可以监控操作并控制用户行为。但是，对于多租户场景中为单个用户强制配额可能非常困难，因为来自一个租户的所有用户可能共用一个秘钥。
- 验证并选择性消毒所有上传数据。获得访问秘钥的恶意用户可能上传损坏系统的数据。还有，授权用户可能上传无效的数据，当处理这些数据时，可能导致系统错误。为了预防这些问题，要确保上传的数据是有效的，并且在使用之前检查恶意内容。
- 审计所有的操作。许多基于密钥的机制可以记录操作日志，比如上传、下载和失败。这些日志通常可以合并到一个审计流程。如果用户需要根据文件大小和数据容量收费，则也可以用来计费。使用日志可以探测密钥提供者发出的验证失败，或者意外删除访问策略导致的错误。
- 安全地分发秘钥。如果用户浏览Web页面，则可能嵌入密钥到URL中，或者使用到服务器重定向操作中，这样下载就会自动发送。通常使用HTTPS协议在安全通道中分发秘钥。
- 保护传输的敏感数据。敏感数据分发都是通过使用SSL或者TLS传输协议进行的，因此要求访问数据存储库的客户端强制遵守此协议。

实现此模式可能出现的其他问题如下：

- 如果客户端无法通知服务器操作完成，并且唯一的限制是秘钥的截止时间，应用程序就无法执行操作审计，比如统计上传和下载的次数、阻止多次上传或者下载。
- 可以生成秘钥的策略可能有限制。例如，某些机制可能只允许截止时间，有的可能不能指定足够粒度的读/写权限。
- 如果指定了令牌有效期的开始时间，就确保它稍微早于当前服务器时间，这样可以允许客户端时针稍微滞后同步时间。通常是服务器当前时间。
- 包含秘钥的URL会被记录到服务器日志文件里。虽然秘钥会在日志文件用于分析之前失效，但是请确保限制访问它们。如果日志数据传输到一个监控系统或者存储到另外一个地方，就使用实现特定的延迟时间来确保秘钥不被泄露，有效期截止后再传递。
- 如果客户端代码运行在Web浏览器里，浏览器可能必须支持跨站资源共享(CORS)，允许浏览器里执行的代码访问不同域的数据。一些旧的浏览器和一些数据存储库不支持CORS，并且在这些浏览器里运行的代码可能无法使用令牌来访问其他域里的数据，比如云存储账号。

何时使用此模式

此模式理想情况下适用于以下情况：

- 要最小化资源负载，最大化性能和伸缩性时。使用令牌时无需锁住资源，无需远程服务器调用，不会限制令牌秘钥颁发的数量，而且可以避免应用程序代码执行数据传输出现的单点错误。创建秘钥令牌通常是一个简单的加密操作：使用密码签名一个字符串。
- 要最小化运营成本时。启用对于存储库和消息队列的直接访问可以高效地节约资源和成本，减少网络交互，并且允许降低必需的计算资源。
- 当客户端常规上传和下载数据时，特别是大容量或者每个操作涉及大文件时。
- 当应用程序只有有限的计算资源时（可能出于托管限制或者成本考虑）。当有许多并发的数据上传或者下载时这个模式才有更多的优势，因为它减轻了应用程序处理数据传输的负担。
- 当数据存储到远程数据存储区或者不同的数据中心时。如果程序必须作为门卫角色，可能在应用和数据存储库之间、或者公开和私有的网络与客户端之间需要额外的数据传输带宽。

此模式可能不适合以下情形：

- 应用程序必须在数据存储前或者发送给客户端之前执行某些任务。例如，应用程序可能需要执行验资、记录日志访问成功或者执行数据转换。但是，某些数据存储库和客户端可以协商并执行简单的转换，比如压缩和解压（例如，浏览器可以处理GZip格式）。
- 现存的应用设计和实现非常困难且成本高昂。使用此模式通常需要采用不同的架构方法来分发和接收数据。
- 必须维护审计追踪或者控制数据传输的次数，令牌秘钥机制不能支持服务器管理这些操作的提醒。
- 必须限制数据的大小，特别是在上传操作时。唯一的解决方案就是必须在操作完成之后检查数据大小，或者在特定时间后检查上传文件或者定时执行检查。

示例

Azure在Azure存储库上支持共享访问签名SAS(Shared Access Signatures)机制，可以对blobs、

表和队列以及Service Bus队列和主题执行不同粒度的控制。SAS令牌可以配置为提供特别的权限，比如读、写、更新和删除特定的表。秘钥范围可以是表、队列、blob或者blob容器。有效性可以是特定的时间周期或者无时间限制。

Azure SAS也支持服务器存储访问策略，它可以与特定的资源关联，比如表和blob。与应用程序生成SAS令牌相比，这个特性提供了额外控制和灵活性，无论什么时候在可能的情况下应该尽量使用。服务器端存储的配置策略可以修改并且不需要颁发新令牌就可以反映出来，但是无法改变令牌里定义的设置，只能颁发新令牌。此方法使得在令牌过期之前可以取消有效的SAS令牌。

更多信息可以阅读Azure存储团队的博客*Introducing Table SAS (Shared Access Signature), Queue SAS and update to Blob SAS*和MSDN的文章*Shared Access Signatures, Part 1: Understanding the SAS Model*。

下面的例子代码演示了如何创建一个SAS，它的有效期是5分钟。GetSharedAccessReferenceForUpload方法返回一个SAS，此令牌可以用来上传文件到Azure Blob存储区。

C#

```
public class ValuesController : ApiController
{
  private readonly CloudStorageAccount account;
  private readonly string blobContainer;
  ...
  /// <summary>
  /// 返回一个秘钥允许调用者在特定的时间内上传文件到指定的位置
  /// </summary>
  private StorageEntitySas GetSharedAccessReferenceForUpload(string blobName)
  {
    var blobClient = this.account.CreateCloudBlobClient();
    var container = blobClient.GetContainerReference(this.blobContainer);
    var blob = container.GetBlockBlobReference(blobName);

    var policy = new SharedAccessBlobPolicy
    {
      Permissions = SharedAccessBlobPermissions.Write,

      // Specify a start time five minutes earlier to allow for client clock skew.
      SharedAccessStartTime = DateTime.UtcNow.AddMinutes(-5),

      // Specify a validity period of five minutes starting from now.
      SharedAccessExpiryTime = DateTime.UtcNow.AddMinutes(5)
    };

    //  创建签名
    var sas = blob.GetSharedAccessSignature(policy);

    return new StorageEntitySas
    {
      BlobUri = blob.Uri,
      Credentials = sas,
```

```
      Name = blobName
    };
  }

  public struct StorageEntitySas
  {
    public string Credentials;
    public Uri BlobUri;
    public string Name;
  }
}
```

包含这些代码的完成例子在例子解决方案ValetKey里。ValetKey.Web项目包含了一个网站，它包含了ValuesController控制器的类。例子的客户端使用这个Web网站去查询SAS秘钥，并且上传文件到blob存储区，这个客户端例子代码在ValetKey.Client项目里。

相关模式和指南

当实现此模式时，下面的模式和指南可能也是相关的内容：

- 门卫模式　此模式和秘钥令牌模式可以结合使用，在客户端和服务之间使用特定的宿主程序作为中介，以保护后台应用程序和存储区。门卫模式验证并消毒请求消息，并且在客户端和应用之间传输请求和数据。此模式提供了额外的安全层并且减少了系统的攻击面。
- 静态内容托管模式　此模式描述了如何部署静态资源到云端存储区，它可以直接分发这些资源给客户端以减少对于昂贵的计算资源的需求。当资源无法公开访问时，令牌秘钥模式可以用来保护这些资源。

更多信息

本书的所有链接都可以在图书的在线目录里访问、阅读：http://aka.ms/cdpbibliography.

- Azure存储库团队的文章*Introducing Table SAS (Shared Access Signature), Queue SAS and update to Blob SAS*。
- MSDN上的文章*Shared Access Signatures, Part 1: Understanding the SAS Model*。
- MSDN上的文章*Shared Access Signature Authentication with Service Bus*。

也可以从微软下载中心下载例子代码“Cloud Design Patterns – Sample Code” http://aka.ms/cloud-design-patterns-sample.

第 25 章

异步消息传输指南

Asynchronous Messaging Primer

消息传输是在诸如云计算的许多分布式环境中采用的关键技术。它能够使应用程序和服务之间进行通信协作，并可以用来构建可伸缩、可扩展的解决方案。消息传输支持异步操作，有助于实现服务消费和过程的解耦。

消息队列本质

云计算中的异步消息传输通常使用消息队列来实现。无论采用何种技术实现它们，大多数消息队列支持三种基本操作：

- 发送者可以发布消息队列。
- 接收者可以从队列中检索消息（该消息将从队列中移除）。
- 接收者可以查看队列中的下一个可用消息（该消息不从队列中移除）。

使用消息队列发送和接收消息

从概念上讲，可以将消息队列视为支持发送和接收操作的缓冲区。发送者以标准的格式构造消息并发布到队列中，接收者从队列中检索消息并处理，如图25-1所示。如果接收者尝试从空队列检索消息，则接收者可能被阻塞，直到新消息到达该队列。许多消息队列使接收者能够查询队列的当前长度，或者查看一个或多个消息是否可用，以避免队列为空时被阻塞。

队列的基础结构负责确保消息一旦成功发布就不会丢失。

图 25-1　使用消息队列发送和接收消息

注意：有些消息队列系统支持事务以确保队列操作的原子性，允许发送者定义队列上的消息的生命周期，向正在入队的消息附加专有属性并提供其他高级的消息传递功能。

消息队列是非常适合执行异步操作的。发送者可以将消息发布到队列，但不必等待消息被检索和处理。发送者和接收者甚至不必同时运行。

消息队列通常在许多发送者和接收者之间共享，如图25-2所示。许多发送者都可以将消息发布到同一队列，并且每个消息都可以由接收者检索和处理。

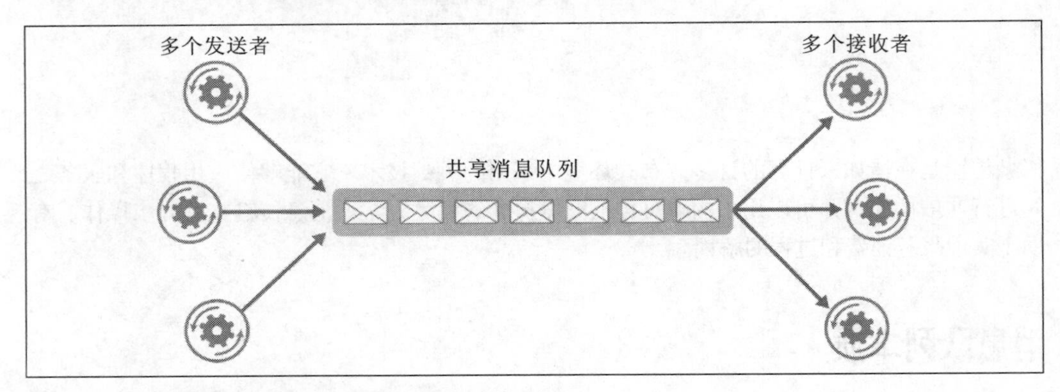

图 25-2　在多个发送者和接收者之间共享消息队列

注意：默认情况下，发送者之间会产生消息竞争，且两个发送人不能同时检索同一消息。

检索消息通常是一种破坏性操作。当检索到消息时，它将从队列中移除。消息队列也可以支持消息查看。这是一个非破坏性接收操作，它从队列中检索消息的副本，并将原消息保留在队列中。如果多个接收者从同一队列检索消息，而每个接收者只希望处理特定消息，那么这种机制是可用的。接收者可以检查已经查看的消息，并且决定是否检索消息（将其从队列中移除）或者将其留在队列中以供另一个接收者处理。

Microsoft Azure 中的消息队列

Microsoft Azure提供了几种技术，能够用来构建消息传输解决方案。这些包括Microsoft Azure存储队列、服务总线队列和主题订阅。在最高抽象层次上，这些技术都提供非常相似的功能。然而，它们通常用于不同的环境。

例如，Microsoft Azure存储队列通常在作为同一Microsoft Azure云服务的部分运行角色之间进行通信。服务总线队列更适合在大规模集成解决方案中使用，使完全不同的应用程序和服务可以连接和通信。服务总线主题和订阅扩展了消息队列的功能，使一个系统能够向多个接收者广播消息。

注意：在MSDN上的文章《Microsoft Azure队列和Microsoft Azure服务总线队列——比较和对比》包括Microsoft Azure提供的不同类型队列的详细信息。

基本消息队列模式

分布式应用程序通常使用消息队列来实现以下一种或多种基本消息交换模式。

- 单工消息通信模式：这是发送者和接收者之间通信的最基本模式。在这种模式中，发送者只是简单地向队列发送消息，并期望接收者将会于某个时刻检索它、处理它。
- 请求/响应模式：在这种模式中，发送者将消息发送到队列并期望来自接收者的响应，如图25-3所示。当必须确认消息已被接收并处理时，就可以使用此模式来实现可靠的系统。如果在合理的时间间隔内没有得到响应，则发送者可以再次发送消息，或者被当成超时或失败的情况处理。该模式通常可以让接收者通过由专用消息队列形成的互相隔离的通信通道发送响应消息（该队列的信息可以包含在发送者向接收者发送的消息中），然后发送者侦听对该队列的响应。这种模式通常需要某种形式的相关性以使得发送者能够确定哪个响应消息对应于发送到接收者的哪个请求。

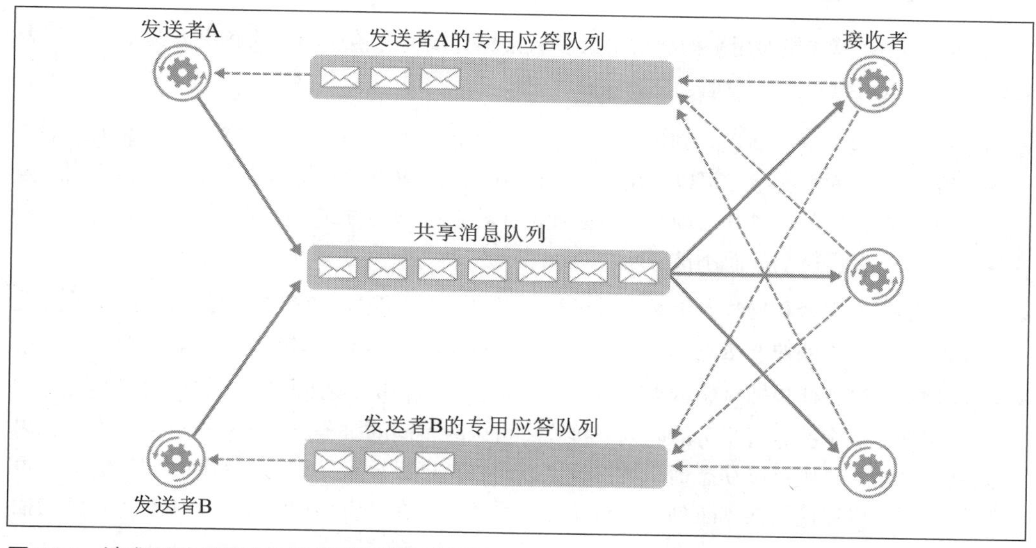

图 25-3　请求/响应模式中每个发送者都有专用的响应队列

注意：发送到Microsoft Azure服务总线队列的消息包含了 ReplyTo属性，该属性可以由发送者填写并回复发送到指定队列。

- 广播消息模式：在这种模式中，发送者将消息发布到队列中，并且多个接收者可以读取该消息的副本（在这种情况下，接收者不竞争消息）。该机制可以用于通知接收者应该知道已经发生的事件，并且可以用来实现发布/订阅模型。这种模式依赖消息队列能够将相同的消息传播到多个接收者中。Microsoft Azure服务总线的主题和订阅模式提供了广播消息传递机制，如图25-4所示。主题作用类似于队列，发送者可以以属性的形式发布包含元数据的消息。每个接收者可以创建一个主题的订阅，并指定一个过滤器来检查消息属性的值。

被发送到具有与过滤器匹配的属性值的主题的任何消息都会自动转发到该订阅。接收者以类似于队列的方式从订阅检索消息。

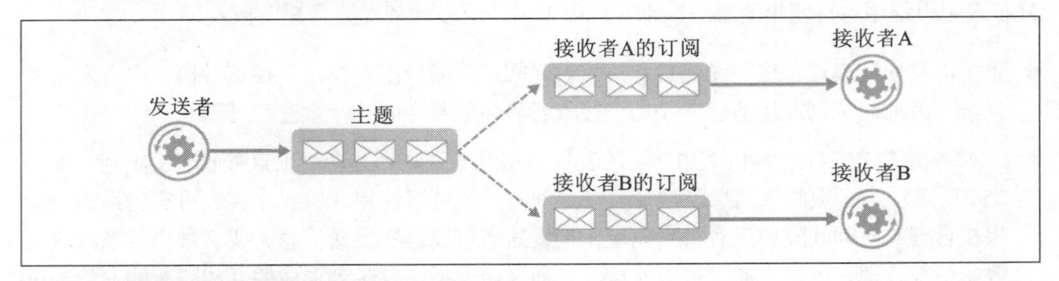

图 25-4 通过使用主题和订阅来实现广播消息

异步消息传递的场景

基本的消息队列模式能够用来构建解决大多数常见异步消息传递场景的解决方案。以下列表包含了一些示例。

- 工作负载解耦。使用消息队列可以将生成工作的逻辑与执行工作的逻辑分离。例如，web应用的用户界面中的组件可以从用户输入的响应中生成消息并将这些消息发送到队列。接收者可以检索这些消息并处理和执行必要的工作。以这种方式，在消息被异步处理时用户界面可以一直保持响应而不被阻塞。
- 时间解耦。发送者和接收者不必同时运行。当接收者不能处理它时，发送者可以将消息发送到队列，并且即使发送者不可用，接收者也可以从队列中读取消息。
- 负载均衡。可以使用消息队列来跨服务器分布式处理和提高吞吐量。发送者可以将大量请求发送到由多个接收者服务的队列。接收者可以在不同的服务器上运行以分散负载。如果队列长度增长，则可以动态地添加接收者以向外扩展系统，并且当队列耗尽时，它们又可以被移除。可以使用根据队列长度自动伸缩系统。这在《自动伸缩指南》中有更详细的描述。
- 负载分级。涉及一种发送者的突发场景。就是大量的发送者可能会突然产生大量消息，导致系统承受不了启用大量接收者处理该任务的工作。相反，消息队列可以充当缓冲器，这样接收者就可以以自己的步伐逐渐消耗掉队列中的任务且不会增加系统的压力。这个基于队列的负载均衡模式提供了更多信息。还可以使用此方法来实现服务调节，并防止应用耗尽程序可用资源。
- 跨平台集成。消息队列可以有益于实现需要通过多语言、多技术构建的在多平台运行的集成组件的解决方案。发送者和接收者的解耦特性可以用来消除它们之间实现的依赖性。需要发送者和接收者对消息及其内容的通用格式达成一致。

- 异步工作流。应用程序可能将复杂的业务流程实现为工作流。工作流中的各个步骤可以由发送者和接收者通过使用发送到队列或从队列读取的消息来协调实现。如果精心设计每个步骤，可以解耦各步骤之间的依赖性。在这种情况下，消息可以由多个接收者并行处理。
- 延迟处理。可以使用消息队列延迟将消息推迟到非高峰时间段，或者可以根据特定计划来处理。发送者将消息发送到队列，而接收者将在指定的时间启动并处理队列中的消息。当队列已经耗尽或者用于处理消息的时间段已经过去时，接收者就会被关闭，任何未处理的消息将在下次接收者启动时处理。
- 可靠消息。即使发送者和接收者之间的通信失败，使用消息队列可以保证消息不丢失。发送者可以将消息发布到队列，并且当重新建立通信时，接收者可以从队列中检索这些消息。除非发送者与队列失去连接，否则消息的发送过程不会被阻塞。

> 注意：发送者或接收者如何处理与队列的连接丢失是应用程序设计应该考虑的。在大多情况下，这种故障是暂时的，并且应用程序可以按照重试模式简单地重复一下将消息发布到队列的操作。如果故障持续更长时间，就可以采取熔断器模式，以避免持续的重复操作阻塞发送者。

- 弹性消息处理。可以使用消息队列向系统中的接收者添加弹性。在一些消息队列实现中，接收者可以查看并锁定队列中的下一个可用消息。此操作会检索原始消息留在队列中的消息副本，也会锁定消息副本，以防止同一消息被另一个接收者读取。如果接收者发生故障，锁定将超时并释放。然后另一个接收者可以处理该消息。注意，如果接收者执行的消息处理会更新系统状态，则该处理应该是幂等的，以防止对状态的多次更改。

> 注意：此方案要求消息队列可以锁定消息。Microsoft Azure服务总线提供了一种查看—锁定模式，可用于锁定队列中的消息而不删除它。如果接收者在完成消息处理之前超时，则该锁也可以被更新。Microsoft Azure存储队列还可以提供查看消息而不将其取出队列的功能，但是应用程序必需在修改消息前锁定消息。详细信息请阅读MSDN上主题文章《如何使用存储队列服务》中的章节“如何修改消息内容”。

- 非阻塞接收者。在许多消息队列的实现中，默认情况下，接收者在尝试检索消息而队列中又无可用消息时会发生阻塞。但是如果实现消息查看，则接收者就可以轮询消息队列，直到队列中只有一个可用消息时再检索。

实现异步消息传递的注意事项

从概念上讲，通过使用消息队列实现异步消息传递是一个简单的想法，但是基于该模型的解决方案可能需要解决许多问题。以下列表总结了可能需要考虑的一些问题。

- 消息有序性。消息的顺序可能无法保证。有些消息排队技术指定以发布消息的顺序接收消息，但是在其他情况下，消息的有顺序可能取决于其他的各种因素。而一些解决方案又可能需要以特定的顺序处理消息。优先级队列模式提供了一种用于确保特定的消息会先于其他消息传递的机制。

- 消息分组。当多个接收者从一个队列检索消息时，通常不能保证由那个接收者处理某种特殊消息。在理想情况下，消息应该是彼此独立的。然而，有时也难以消除它们之间的依赖性，并且要将消息分组，以便它们都被相同的接受者处理。

注意：Microsoft Azure服务总线队列和订阅支持消息分组。允许发送者将相关消息放置在由消息的SessionID属性指定的会话中。接收者可以锁定同一会话的一部分消息，以防止它们被不同的接收者处理。该信息包括存储在队列中的会话状态信息、包含会话的订阅消息、关于会话的记录信息以及已经处理了哪些消息的记录信息。如果处理会话的接收者出故障，则锁定会被释放，另一个接收者可以接收该会话。新接收者可以使用会话状态中的信息来确定如何继续处理。

- 幂等性。一些消息排队系统保证至少递送一次消息，但是可能多次接收和处理相同的消息。如果接收者在完成大部分处理并且消息返回到队列（如本主题前一部分的弹性消息处理场景中所述）后发生故障，则可能发生这种情况。最理想的情况是接收者中的消息处理逻辑应该是幂等的，使得如果执行重复的工作，也不会改变系统的状态。然而，实现幂等性可能非常困难，并且它需要非常精心地设计消息处理代码。有关幂等性的更多信息，请参阅Jonathon Oliver博客上的文章《幂等模式》。
- 消息重复。同样的信息可能超过一次被发送。例如，当发送者在发送消息之后完成其正在执行的任何其他工作之前出现故障时，另一个发送者可以在其位置启动和运行，并且这个新的发送者可以重发该消息。一些消息队列系统基于消息的ID实现了对重复信息的检测和清除（也被称为去重复）。消息队列提供这种至多发送一次消息的能力。

注意：Microsoft Azure服务总线队列提供了内置的去重复功能。每个消息可以被分配唯一的ID，并且消息队列可以记录已经发送的消息ID列表（消息ID的保存周期是可配置的）。如果发送到队列的消息与列表中的ID重复，则消息就会被队列丢弃。有关Azure队列中实现去重复功能的详细信息请参阅网站 CloudCasts.net上的《配置重复消息检测》一文。

- 毒药消息。毒药消息是无法处理的消息，通常是因为消息格式错误或包含意外的信息。处理消息的接收者可能因此抛出异常而失败，导致消息回到队列以供另一个接收者处理（参见上面的弹性消息处理场景）。新接收者执行与第一个相同的逻辑，也可能引发异常，并使消息再次回到队列。这个循环可能永远继续下去。毒药消息也可能会阻塞队列中其他有效信息的处理。因此，必须能够检测和丢弃它们。

注意：Microsoft Azure存储队列和服务总线队列提供检测毒药消息的支持。如果接收到相同消息的次数超过队列MaxDeliveryCount属性定义的指定阈值，则可以从队列中删除该消息，并将其放置在应用程序定义的死信队列中。

- 消息过期。消息可以有使用期限，如果在此时间段内未被处理，则可被认为是无意义的，应该被丢弃。接收者可以在执行与消息相关联的业务逻辑之前检查该信息是否过期。

注意：Microsoft Azure存储队列和服务总线队列能够发送具有存活时间属性的消息。如果该时间段在接收到消息之前过期，则该消息将静默地从队列中删除并置于死信队列中。请注意，对于Microsoft Azure存储队列，消息的最大生存时间为7天。发送到Microsoft Azure Service Bus队列和主题的消息的生存时间没有限制。

- 消息调度。消息可以被临时禁用，且不会在特定日期和时间之前被处理。在此之前，该消息应该对接收者不可用。

注意：Widows Azure存储队列和服务总线队列使发送者能够指定消息的可用时间。在该时间之前，该消息会保持对接收者不可见，之后它变得可访问并且接收者可以检索它。如果消息在此时间之前过期，则不会被发送。

相关模式和指南

在实现异步消息传递时，也可能与以下模式和指南相关。

- 自动缩放指导。当接收者的队列长度超过预定义的阈值时，可以启动或停止接收者实例。该方法有助于保持实现了异步消息传递系统的性能。《自动缩放指南》提供了更多有关此方法的优点和权衡的信息。
- 熔断器模式。如果发送者或接收者持续不能连接到队列，则可能有必要防止它们重复地尝试执行可能失败的操作，直到找到失败的原因。熔断器模式描述了如何处理这种情况。
- 竞争消费模式。多个消费者可能需要通过竞争从队列读取消息。竞争消费模式解释了如何同时处理多个消息以优化吞吐量、提高可扩展性和可用性，以及平衡工作负载。
- 优先级队列模式。此模式描述了如何让具有较高优先级的发送者发布的消息比较低优先级的消息更快地被消费者接收和处理。
- 基于队列的负载均衡模式。此模式使用队列作为发送者和接收者之间的缓冲区，以最小化对发送者和接收者间歇性重负载的可用性和响应性的影响。
- 重试模式。发送者或接收者可能无法连接到队列，但此失败的原因可能是暂时的，并且很快可以重连。重试模式描述如何处理此情况，如何为应用程序添加弹性以处理这种情况。
- 调度代理监督模式。消息传递通常用做工作流实现的一部分。调度代理监督模式说明了如何使用消息传递来协调一组分布式服务和其他远程资源上的一组操作，并使系统能够恢复并重试失败的操作。

更多信息

- Jonathan Oliver的blog文章《幂等模式》。
- MSDN上的文章《微软Azure队列和微软的Azure服务总线队列——比较和对比》。
- MSDN上的文章《微软Azure上最大限度地提高基于队列的消息传递方案可扩展性和成本效益的最佳实践》。
- MSDN上的文章《如何使用队列存储服务》。
- cloudcasts.net上的文章《配置重复信息检测》。

第 26 章

自动伸缩指南

Autoscaling Guidance

进行连续的性能监控和系统伸缩以适应不断变化的工作负载，满足流量目标、优化运营成本，可能是一个劳动密集型的过程。手动地执行这些任务几乎是不可行的，这便是自动伸缩发挥作用的地方。

什么是自动伸缩

自动伸缩是动态地分配应用程序所需资源以匹配性能需求，同时满足服务等级协议（Service Level Agreements，SLAs）的过程。随着工作量的增长，应用程序可能需要额外的资源来保证及时地执行其任务。

自动伸缩通常是一种自动化过程，它有助于通过减少依靠操作人员不断地监视系统性能然后决定增加或减少资源的工作方式来降低管理开销。

自动伸缩也应该是一个弹性过程。随着系统负载的增加，可以提供更多的资源，但是当需求减少时，资源可以被释放以达到成本最小化，同时仍然保持足够的性能且满足SLAs。

注意：自动伸缩适用于应用程序使用的所有资源，而不仅仅是计算资源。例如，如果系统使用消息队列来发送、接收信息，则它可以在扩展时创建额外的队列。

伸缩的类型

伸缩通常有两种形式——垂直伸缩和水平伸缩。

- 垂直伸缩（通常称为垂直扩展）需要你使用不同的硬件重新部署解决方案。在云环境中，硬件平台通常是虚拟化环境，垂直伸缩包括为该环境提供更强大的资源并将系统移动到这些新资源上。垂直扩展通常是一个破坏性的过程，在系统重新部署时需要让系统暂停使用。在配置新硬件和上线期间原始系统可以继续保持运行，但是在从旧环境转换到新环境的过程中可能会有一些中断。因此使用垂直伸缩策略的自动伸缩并不常用。
- 水平伸缩（通常称为横向扩展）需要在额外的资源上部署系统。在配置这些资源时，系统可以继续运行而不中断。当配置过程完成时，构成系统的元素副本可以部署在这些附加的资源上且可用。如果需求下降，在使用这些资源的元素完全关闭之后，可以回收这些额外的资源。许多基于云的系统（包括Microsoft Azure）支持这种自动伸缩形式。

实施自动伸缩的场景

实施自动伸缩策略通常涉及以下内容。

- 应用程序级别的工具：用来捕捉关键性能和伸缩因素，例如反应时间、队列长度、CPU使用率、内存使用情况。
- 监控组件：可以观察这些性能和伸缩因素。
- 决策逻辑：可以根据预定义的系统阈值来评估所监视的缩放因子，决定是否缩放。时间在这些评估中起着关键作用。决策逻辑应该避免太频繁地使用伸缩决策，因为这可能导致系统不稳定。可以依据操作者留下的最终决定半自动实施伸缩决策。
- 执行组件：负责执行与伸缩系统相关的任务。这些组件通常使用工具、脚本来执行配置释放资源和重新配置系统的任务。
- 测试和验证自动伸缩策略：确保它能按预期执行。

传统方式中，云的许多自动伸缩解决方案依赖于编写和配置脚本。这些脚本收集适当的性能数据、分析该数据，然后根据需要添加或删除资源。现在，越来越多的基于云的系统提供内置工具来帮助减少实现自动伸缩所需的时间和精力。然而，重要的是基于应用的特定需求实现自动伸缩策略，而不是由任何特定工具集提供的专门功能完成。脚本仍然是一项基本技能，良好的自动伸缩解决方案是将基于工具集提供专门功能的方式与自定义脚本方式相结合。

注意：如果正在使用Azure，则可以通过Windows PowerShell访问Azure 管理接口，将开启/关闭与实例、配置服务等相关的任务脚本化。

实施自动伸缩的注意事项

自动伸缩不是一个即时的解决方案。简单地给系统增加资源或运行更多的进程实例不能保证系统性能的提升。当设计自动伸缩策略时请考虑以下几点：

- 系统必须设计为可水平伸缩的。不要假设实例之间关联紧密;不要设计那种代码总是运行在特定进程实例中的解决方案。在水平扩展云服务或Web站点时，不要假设同一来源的一系列请求始终被路由到同一实例。出于同样的原因，将服务设计为无状态的，以避免来自应用程序的一系列请求总是被路由到同一服务实例。在设计从队列读取消息再进行处理的服务时，不要假设哪个服务实例来处理特定的消息，因为随着队列的增长，自动伸缩可能会启动服务的其他实例。竞争消费者模式介绍了如何处理这种情况。

- 如果解决方案要实现一个长时间运行的任务，就把该任务设计成支持向外伸缩和向内伸缩。不注意的话，当系统收缩时，任务可能阻止进程实例关闭或者在进程被强行终止时丢失数据。理想情况是重构长时间运行的任务，将该处理过程拆解成更小的、独立的模块。管道过滤器模式提供了怎样实现这种操作的示例。或者通过实现检查点机制以定期的时间间隔记录任务的状态信息，并将此状态保存在可由运行任务的进程实例访问的持久存储介质中。这样，如果进程被关闭，则正在执行的工作可以通过使用另一个实例从最后一个检查点恢复。
- 如果解决方案包含多个项目（例如Web角色，工作者角色和其他资源），就可能需要将所有的项目作为一个整体进行伸缩。重要的是理解构成解决方案的这些项目之间的关系，识别应该一起伸缩的分组(作为伸缩单元)，以达到要求的性能指标。例如，如果要处理10 000个活跃用户，就需要增加两个Web角色的实例、三个特定工作者角色的实例和一个附加的服务总线队列，那么这三者是一个伸缩单元。拥有这些常识需要花费时间、需要仔细分析、观测数据。
- 为了防止系统尝试过度扩展（避免运行成千上万个实例所造成的成本），可以考虑限制自动伸缩的程度。如果当前所需资源过载，就可以考虑巧妙地减少系统提供的功能。请记住，对于处理突然变化的工作负载，自动伸缩可能不是最合适的机制。配置启动服务的新实例、向系统添加资源都需要时间，在这些附加资源可用之后峰值可能已经过去。在这种情况下，更好的方案可能是限制服务。有关更多信息，请参阅限制模式。
- 应该为系统配置自动伸缩监视功能，记录每个自动伸缩事件的详细信息（触发它的原因，添加或删除的资源，以及伸缩发生的时间）。可以通过分析该信息来度量自动伸缩策略的有效性，并在必要时调整它。如果系统达到了为自动伸缩定义的上限，也应该考虑警告操作者。操作者可以检查系统，如果情势需要，可以手动启动附加资源。值得注意的是，在这些情况下，工作负载减轻之后操作者还可以负责手动移除这些资源。

Azure 解决方案中的自动伸缩

Azure为用户的解决方案配置自动伸缩（策略）提供了如下几个选项：

- Azure自动伸缩。此功能支持最常用的伸缩解决方案，用户可以在Azure网站管理界面配置解决方案。
- 微软企业库自动伸缩应用程序块。此实用程序工具包能够使用户根据自定义规则和性能数据扩展解决方案。这种方法更灵活，但更复杂，需要用户编写代码来收集用户解决方案中特定的性能数据。
- Azure监控服务管理类库。此类库提供了对Azure监控服务操作的访问，包括用于为Azure

服务提供检索、配置参数、自动报警、自动扩展规则的统一的API。

使用 Azure 自动伸缩

Azure 自动伸缩能够使用户通过选项为解决方案配置向外扩展、向内扩展。使用此功能，用户可以自动添加和删除Azure云服务Web实例、工作者角色实例、Azure网站应用程序和Azure虚拟机。在Azure中配置自动伸缩有以下两种方式。

- 把最近一小时的平均CPU利用率或解决方案中正在处理的消息队列里积压的项目作为指标，根据这些指标配置自动伸缩。用户配置Azure自动伸缩使用的参数，监视系统的性能，然后根据需要调整系统缩放的方式。但是，请记住，自动伸缩不是一个瞬时过程——它需要时间对诸如平均CPU利用率超过（或低于）指定阈值做出反应。避免设置精细、平衡的阈值，否则系统可能会非常频繁地尝试启动和停止实例；Azure强制执行五分钟内只允许发生一次伸缩操作的规则。如果用户发现系统仍然反应过度，也可以延长这个时间周期。
- 配置基于时间的自动伸缩，以确保额外的实例在使用中都符合预期的峰值，并在峰值时间过去后缩回（峰值之前的状态）。此策略使用户能够确保有足够的实例已经在运行，而不必等待系统对负载做出反应。

用户还应该考虑将与计算实例相关的其他资源扩展为同一伸缩性单元的一部分。例如，用户可以在系统缩放时调整SQL数据库、添加存储账户。但是，在编写本文时，用户必须手动执行这些操作或者使用Microsoft企业库自动伸缩应用程序块（完成这些操作）。

注意：有关使用Azure网站管理界面配置自动伸缩的更多信息，请参阅MSDN上的“如何扩展应用程序”。

使用微软企业库自动伸缩应用程序块实现自定义自动伸缩

微软企业库自动伸缩应用程序块为伸缩性提供了一条高度定制的实现途径，使用户能够根据性能计数器或其他自定义指标做出扩展决策。

用户可以指定用于确定伸缩应用程序块如何对指标数据（队列长度、内存使用率等信息）做出反应的规则。这些规则可以是复杂的，并且可以引用综合指标。例如，如果消息队列的长度以一定速度增长，并且工作者角色（实例）的可用内存小于10%，则可以指定自动伸缩应用程序块启动额外的工作者角色实例。

与Azure自动伸缩一样，自动伸缩应用程序块也支持基于时间的伸缩，用户可以限制可能发生的自动伸缩程度，以帮助防止过高的成本。

注意：MSDN上自动伸缩应用程序块页面提供了有关配置自动伸缩、定义规则和收集性能数据的详细信息。

使用 Azure 监控服务类库实现自定义自动伸缩

Azure监控服务类库（在编写本文时处于预览阶段）可用于监控和自动伸缩Azure部署。除了定义自动扩展规则之外，此类库还提供用于监控和警报的功能。可以从NuGet库下载库。

相关模式和指南

在实施自动伸缩时，以下模式和指南也可能跟你的方案相关：

- 限流模式。此模式描述了当需求的增加对资源造成极大负荷时，应用程序如何继续运行并满足服务级别协议。限制模式可以与自动伸缩配合使用，以防止系统在扩展时崩溃。
- 竞争消费者模式。此模式描述了如何实现一个可以处理来自任何应用程序实例消息的服务实例池。自动伸缩可用于启动和停止服务实例以匹配预期的工作负载。此方法使系统能够同时处理多条消息以优化吞吐量，提高可扩展性和可用性，平衡工作负载。
- 仪器和遥测指南。仪器和遥测对于收集可以驱动自动伸缩过程的信息至关重要。

更多信息

- MSDN上文章《如何伸缩应用》。
- MSDN上《微软企业库自动伸缩程序库》文档和关键场景。

第 27 章

缓存指南

Caching Guidance

缓存是一种常用技术，其目的是通过将频繁访问的数据暂时复制到位于应用程序的高速存储区来提高系统的性能和可扩展性。当一个应用程序实例重复读取相同的数据，尤其是当原始数据存储的速度相对于缓存的速度要慢时，高争用状态或者网络延迟都会造成原始数据访问的速度缓慢。

云应用程序中的缓存

常用的云应用程序缓存主要有两种类型。

- 内存缓存。数据被缓存在本地计算机运行的应用程序实例中。
- 共享缓存。缓存可以被不同计算机运行的多个应用程序实例访问。

内存缓存

内存存储是最基础的缓存类型，它是基于单个进程的地址空间存储并由该进程运行的代码直接访问。这种类型的缓存可以非常快速地被访问，并提供了减少存储静态数据的有效策略（此种缓存的存储空间主要受限于计算机上宿主进程的可用内存存储空间）。如果使用此缓存模型同时运行多个应用程序实例，则每个应用程序实例会使用独立的缓存来存储自己的数据副本。

缓存是原始数据在过去某一时刻的数据快照。如果原始数据不是静态的，那么不同应用程序实例很可能在各自的缓存中保存着数据的不同版本。因此，多个应用程序实例执行相同的查询也可能返回不同的结果，如图27-1所示。

共享缓存

使用共享缓存有助于减轻对于使用内存缓存时可能会出现多个应用程序实例中缓存的数据不一致问题的担心。共享缓存通过使用一个独立的缓存来确保不同应用程序实例可以看到相同的数据视图。共享缓存通常由独立的服务托管，如图27-2所示。

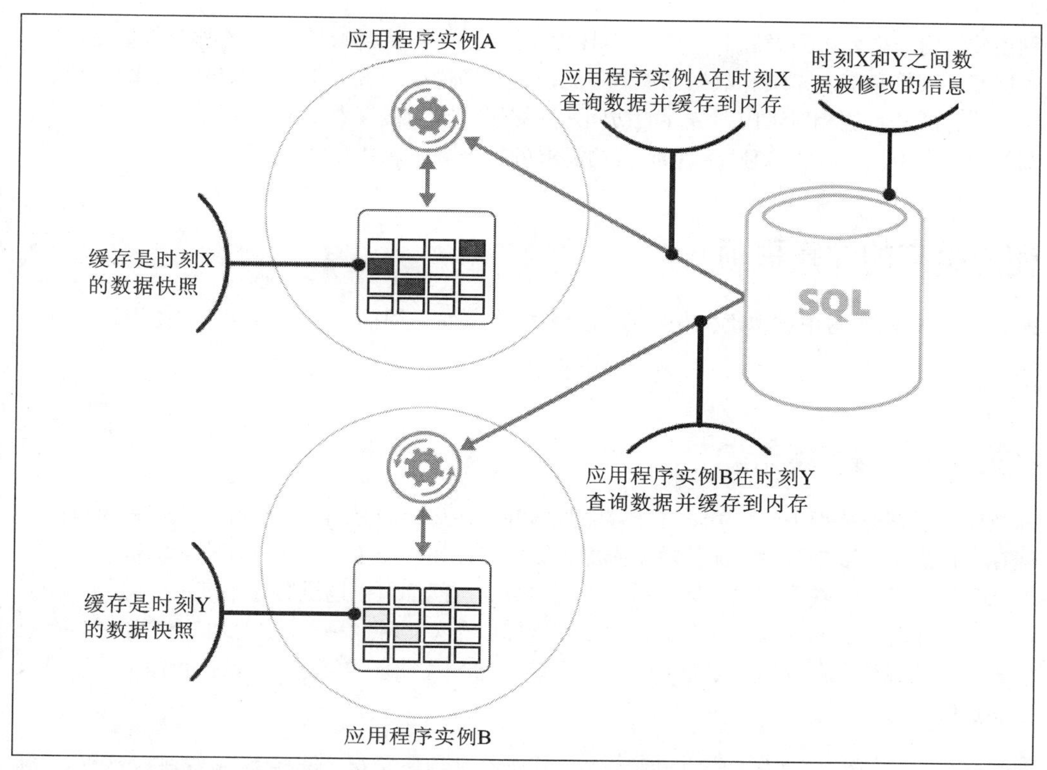

图 27-1　内存缓存在不同应用程序实例中的应用

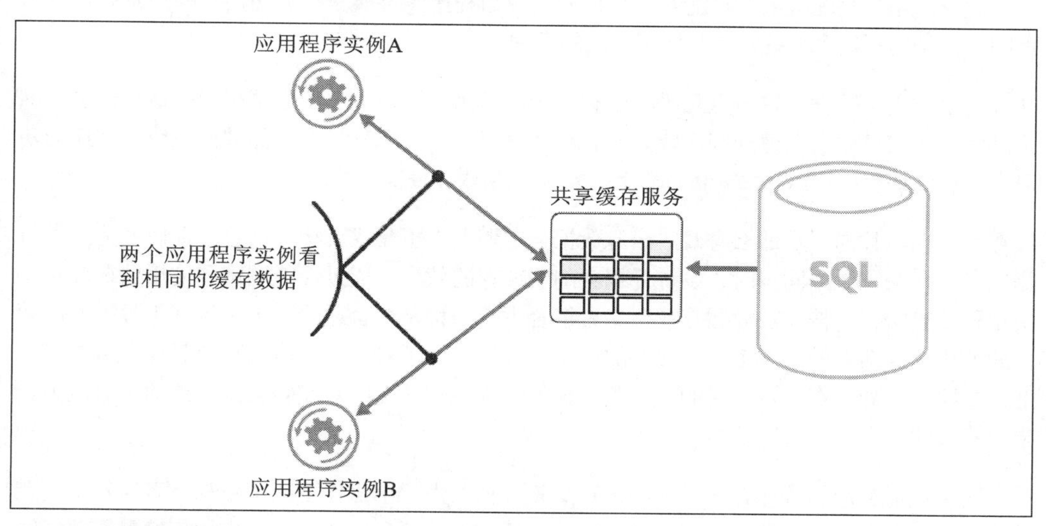

图 27-2　使用共享缓存

使用共享缓存的一个重要好处是它可以提供可伸缩性。许多共享缓存服务基于服务集群实现，利用软件将数据分布到集群中，进行透明化管理。应用程序实例只需向缓存服务器发送请求，底层基础架构负责定位缓存数据在集群中的位置。通过添加服务器可轻易地扩展缓存规模。共享缓存的缺点是相对于内存缓存的访问速度缓慢，因为缓存数据不再存储在每个应用程序实例的内存中，并且实施独立缓存服务的需求可能会增加解决方案的复杂性。

使用缓存的注意事项

缓存适合数据读/写中读取比例相对较高的数据，下面详细描述了缓存设计与使用的注意事项。

数据类型和缓存填充策略

有效使用缓存的关键是确定最适合缓存的数据并且在适合的时间进行缓存。应用程序首次在缓存中检索所需数据时就可能将数据添加到缓存中，如此一来，应用程序在获取数据时只需要从数据存储区中获取一次，然后后续的相同数据访问都可以通过缓存来满足。另外，在启动应用程序时可能要提前对缓存进行部分或全部填充（一种播种方法）。但是，如果缓存规模较大，就不建议在应用程序启动时进行缓存填充，因为这样会对原始数据存储突然造成很高的负载压力。

通常使用模式分析有助于我们决定部分填充或者全部填充缓存，选择哪些数据进行缓存。例如，缓存静态用户配置数据可能对规律性使用应用程序（可能是每天使用）的用户是很有帮助的，但是它不适合那些每周只使用一次的用户。

缓存通常作用于数据，这一点几乎不会有变化。示例包括在电子商务系统中的参考信息，如产品的定价信息或者创建开销比较大的静态共享资源。一部分或者全部数据在应用程序启动时会加载到缓存中以减小对资源的依赖，提高应用程序性能。

缓存对于动态数据不是那么有效。当源数据会定期发生更改或者缓存信息会很快变为过期数据或者缓存与源数据同步时，系统开销会削弱缓存的效果。通过性能测试和使用情况分析来决定预填充缓存、按需加载缓存或者二者组合中哪一种是最合适的。决定应基于数据的波动性和使用模式两者的综合考虑。缓存的利用率和性能分析对应用程序的高负载和高可扩展性非常重要。例如，在高可扩展的情况下，播种缓存在高并发时对减轻数据存储的负载压力是很有意义的。

缓存还可以避免应用程序在运行期间进行重复计算。当一个操作更改了数据或者执行了复杂的计算时，可以将操作结果保存在缓存中。之后如果需要相同的计算，应用程序只需要去缓存中获取计算结果。

应用程序可以修改缓存中的数据，但是也应该考虑到缓存数据是一种随时可能消失的临时数据。有价值的数据不能只存储在缓存中，还要确保数据持久化到了原始数据存储区。这样，当缓存某一时刻不可用时，可以尽量减小丢失数据的可能性。

使用通读缓存和通写缓存

一些商业缓存解决方案采用通读缓存和通写缓存，而应用程序一直通过使用缓存来读/写数据。当应用程序读取数据时，底层的缓存服务需要确认数据是否在缓存中。如果不在，则缓存服务会从原始数据存储区查找数据并在返回给应用程序前将其添加到缓存中。之后请求读取的数据会直接从缓存返回。

通读缓存可以有效地缓存请求的数据。应用程序不需要的数据不会被缓存。当应用程序修改数据时，会将修改数据写入到缓存中，缓存服务会将相同修改透明地作用于原始数据存储区。

通写缓存通常将更改同步写入到数据存储区，同时更新缓存。一些缓存解决方案实施后写入策略，推迟写入数据存储区的时间直到相关数据从缓存中移除。这种策略能够减少写入操作的数量，但是会增加数据存储区与缓存数据不一致的风险。

对于不提供通读缓存和通写缓存的系统，应用程序应自己负责维护缓存数据。最直接的实施通读缓存的方式就是使用缓存预留模式。可以使用这种策略在应用程序代码中实现抽象层以模拟通读缓存和通写缓存。

在某些情况下，缓存数据在经历高度波动时不立刻将数据的更改持久化到原始数据存储区是非常有利的。例如，应用程序修改了缓存中的数据，如果应用程序希望在避免更新原始数据的情况下非常快地再次修改缓存数据，直到系统变为空闲状态才会将数据保存到原始数据存储区。使用这种方式，应用程序可以避免执行大量既缓慢又开销昂贵的写入数据存储的操作，并且数据存储不会遭遇很高的争用。但是，在缓存丢失时，如果应用程序不能安全地重建自身的状态或者系统要求数据的每次更改都要有完整的审核记录，就不建议使用这种策略。

管理缓存数据的过期时间

在大多数情况下，缓存中的数据是原始数据存储区中数据的副本，数据被缓存后原始数据很可能发生了更改，使得缓存数据变成过期数据。许多缓存系统允许设置缓存数据过期时间并缩短那些可能已经过期数据的有效期。

当数据到达过期时间时会从缓存中移除，应用程序必须去原始数据存储区获取数据（应用程序可以将最新获取的数据放回缓存中）。当你配置缓存时，可以使用默认的过期策略。在许多缓存服务中，可以使用编程的方式为某个独立对象设置有效期。这种设置将覆盖掉其他任何缓存过期策略，但是只能为指定对象设置。

应当谨慎考虑缓存及对象的过期时间。如果设置的缓存过期时间太短，对象会很快过期，这将会减弱缓存的作用。如果设置的缓存过期时间太长，会增加缓存数据变为过期数据的风险。

如果数据允许常驻缓存，那么缓存也会出现被填满的可能。这种情况下，任何向缓存添加数据的请求都可能引起缓存内一些数据被强制移除。这个过程称为数据移除。缓存服务通常基于最近最少使用算法来移除数据，但通常可以重写这种策略以防止数据被移除。然而，如果采用这种方法，就可能会有内存溢出的风险，应用程序尝试向缓存添加数据时将失败并引发异常。

一些缓存实现可能提供了额外的数据移除策略。这些策略通常包括最近最常使用策略（预期数据不会被再次使用）和先进先出策略（最久数据被最先移除）。

管理缓存并发

缓存的设计旨在让多个应用程序实例共享数据，每个应用程序实例都可以读取和修改缓存数据。因此，任何共享数据存储出现的并发情况也同样适用于缓存。在应用程序需要修改缓存数据的情况下，可能需要确保当前应用程序实例的更新不会被另一个应用程序实例盲目地覆盖掉。基于数据性质和可能冲突，可以采用以下两种方式来应对并发情况。

- 乐观锁。应用程序在获取数据更新之前会检查数据是否发生了更改。如果未发生更改，应用程序会更新数据，否则，应用程序会决定是否更新数据（取决于应用程序特定的业务逻辑）。这种方式适合数据很少或不会发生更新的情况。
- 悲观锁。应用程序在获取数据时会给数据加锁以防止期间其他应用程序更改数据。这个过程虽然可确保不会发生冲突，但是会阻塞其他应用程序实例处理相同的数据。悲观并发会影响解决方案的伸缩性，且只应该应用于短时间操作。这种方式适合资源可能发生使用冲突的情况，尤其是应用程序更新缓存中的多个项目时必须确保数据的一致性。

实现高可用性和安全性

一些缓存服务提供高可用性选项，当某个缓存节点不可用时应实现自动故障转移。此外，无论使用什么缓存，都应该考虑如何保护缓存数据不被未授权的请求访问。

决定是否使用缓存、缓存哪些数据、预估缓存规模以及规划缓存拓扑策略是一项既复杂又专业的工作。MSDN上的Azure缓存服务容量规划主题对此提供了一些详细的指南和相关工具，可以用来确定一种使用Azure缓存数据的高性价比策略。

相关模式和指南

下列模式可能对你在应用程序中实现缓存有重要帮助。

- 缓存预留模式。这种模式介绍了如何根据需求将数据从数据存储区加载到缓存中。这种模式也有助于保持缓存和原始数据存储区的数据一致性。

更多信息

本书中所有的访问链接可以在以下目录中找到：http://aka.ms/cdpbibliography。

- MSDN上的Memory Cache Class页面。
- MSDN上的Azure Cache页面。
- MSDN上的ASP.NET 4 Cache Providers for Azure Cache页面。
- MSDN上的Capacity Planning for Azure Cache Service页面。

第 28 章

计算分区指南

Compute Partitioning Guidance

我们把程序部署到云上后，有助于服务和组件以某种方式进行合理分配，从而保证其扩展性、安全性、高可用性以及高性能。

Azure 计算选项概述

Azure为托管于云中的应用程序提供了三种不同的解决方案。Azure是一种简洁的网站托管技术，旨在帮助用户快速构建网站或将现有网站迁移到云端。Azure云服务是一种全面的托管技术，旨在实现更复杂的Web应用程序，并保证其高可用性及高扩展性。Azure虚拟机允许用户在云中部署虚拟Web服务器和其他服务。

托管解决方案之间的主要区别在于以下几点：控制级别、应用程序部署方式、伸缩性的选择以及持久化的应用。关于选择托管技术的详细指南请参阅MSDN上的https://azure.microsoft.com/en-us/services/app-service/web/（应用程序）、https://azure.microsoft.com/en-us/services/virtual-machines/（云服务）、https://azure.microsoft.com/en-us/services/virtual-machines/（虚拟机）以及patterns & practices小组的“应用程序云迁移” https://msdn.microsoft.com/en-us/library/ff728592.aspx中第一章的Evaluating Cloud Hosting Opportunities一节。

每种技术都为托管服务器提供一个规格范围，如CPU核心数、内存大小和带宽使用限制。相关选择请参考MSDN:Real World: Considerations When Choosing a Web Role Instance Size: How small should I go? （https://msdn.microsoft.com/library/azure/hh824677.aspx）。

计算界限设计指南

以下章节描述了应用程序计算边界的设计步骤以及在每个阶段所需要考虑的要点。

逻辑分解应用程序

在Azure中部署的应用程序可以分解为多个组件。例如，用户可能选择将复杂程序分解为一个个单独的逻辑计算实体以保证网站UI、API、管理系统、后台处理、缓存等的实现。

当考虑分解应用程序时，主要设计目标是定义每个独立程序之间的边界。许多应用程序具有与生俱来的边界。例如，UI通常与后台处理进程分离，从而保证进程的性能及UI的响应速度。程序中所包含的不同的、独立的UI部分，比如公共和限制区域等，都将成为程序分解的选择项。即便是一个简单的网站UI也可以分解成多个组件，例如，从页面的访问量入手。如果应用程序使用公开的API服务，那么这些服务可能以单独组件或角色的形式来实现，以便独立地管理网站UI的规模。作为拆解过程的一部分，组件或角色的隔离是十分有益的。

用户还应该考虑应用程序中每个独立部分的工作负载。工作负载分解是指根据规模、安全和管理要求等不同功能要求将一个应用程序分解成若干个模块。这可以帮助用户定义应用程序的分解界限。

图28-1所示为一个应用程序分解为包含一系列不同类型的组件，继而根据每个组件的需求再分解为多个独立的计算宿主实体。

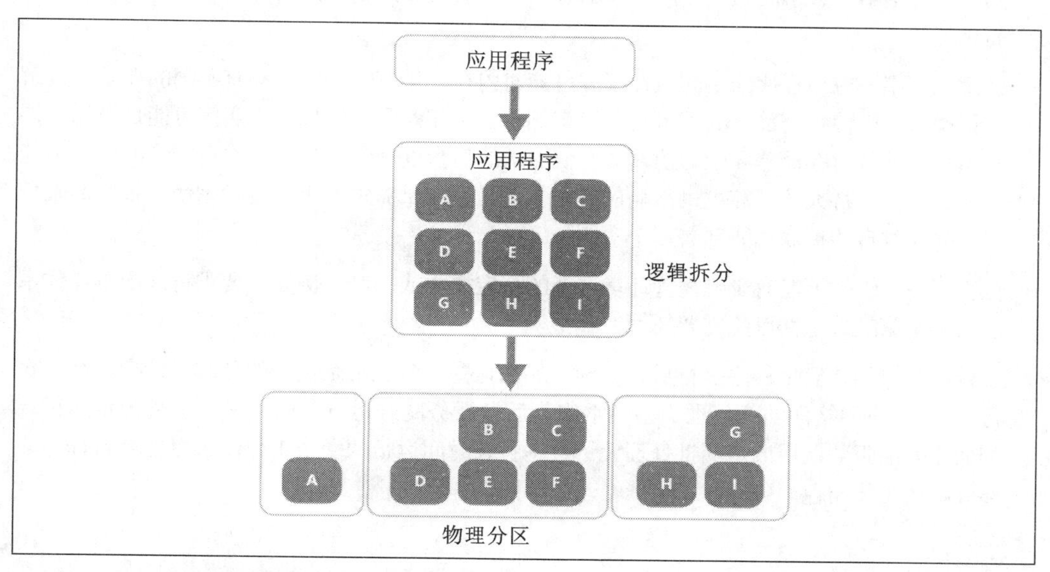

图 28-1　将应用程序分解为多个独立的计算宿主实体

在图28-1中，应用程序的组件分为三个区域。每个区域中组件的实际类型在扩展性、可用性和安全性方面都有相似的要求。相同类型的组件可以一起托管。在需求不同的情况下，托管在不同计算机中的实体允许根据该实体的参数进行微调以匹配要求。

每个组件的物理部署也取决于用户选择的托管技术。例如，当使用Azure虚拟机时，用户可以通过将组件安装在单独的虚拟机上来将其分隔。使用Azure云服务时，可以使用Web和工作角色来分隔组件。

识别需求

为了识别分组和计划物理部署，用户需要根据下列要求来确定每个逻辑组件的非功能需求。

- 性能和扩展性。通常而言，希望一个应用程序拥有高性能和高并发，主要考虑的因素是为其部署所需的计算实例、组件和服务。为了达到此目的，应用程序可以利用多个实例。分解应用程序可允许用户更有效地控制部署的每个实例数量，以确保应用程序可以满足峰值需求。可以在应用程序空闲时根据业务需求进行扩展，也可以使用Azure的自动扩展功能进行扩展。更多相关信息请见“自动扩展指南”一节。
- 可用性。商业和贸易应用程序通常需要满足严格的服务水平协议（SLAs）和其他组织的要求，例如可用性、响应性和最少停机时间。分解具有不同要求的计算实例、组件和服务可以提高可用性，因此用户可以托管那些额外的或是对可用性要求较低的重要实例。
- 部署和更新。应用程序在部署到托管环境后，需要在添加新功能或修复错误时进行更新。然而，每个组件有不同的更新内容和部署周期。对有相同更新周期的组件进行分组有助于简化管理。
- 资源利用率。应用程序的不同组件部分可能对内存、带宽、CPU等都有不同的要求。分解应用程序可以使每个部分的需求与主机实例的大小相匹配。例如，小实例可能足以用于偶尔运行的并且对存储器和CPU功率具有低需求的后台处理任务，而其他更密集的任务可能需要大的甚至特大的计算主机来响应需求。但是，如果需求不明，就考虑使用较小的服务器，并通过自动扩展功能部署多个实例。
- 托管环境。组件可能有影响托管环境选择的特定需求或限制。例如，要求特殊配置操作系统的某个第三方组件可能需要托管在虚拟机中。
- 后台任务。如果应用程序执行后台处理，那么这些任务通常是优秀的分解候选项。那些执行大量I/O或网络活动的处理类型通常作为后台任务良好运行，同时它们也会异步运行。例如，外部服务调用或定期批处理大量数据且长时间运行的一个工作流可以像后台任务一样分解成工作角色。

组件分离计算实例

关于应用程序的组件如何分配到单个或多个计算主机的决策取决于各逻辑组件的要求。具有类似要求的组件可以分配到同一个区域中，同时，整个应用程序的要求也必须考虑在内。在将组件分配给计算资源时，请注意以下要点。

- 管理和维护。管理、监控和维护应用程序（以及需要的服务、组件和任务）的成本和工作量在一定程度上取决于所部署的不同项目的范围。应用程序分解将增加管理、监控和维护开销。但这不是线性相关的，因为用户能通过扩展现有工具和系统来涵盖这些额外的部署成本。

- 运行时成本。用户会为部署到云环境的每个托管计算实例支付相应费用，因此分解应用程序可能会增加运行时成本。然而，实现自动扩展可以将需求变更或负载增加所带来的运行时成本最小化，同时保持可用性。有关详细信息请参阅“自动扩展指南”。
- 依赖关系。一些组件可能具有相互依赖性以防止它们被分离，并且，通过将组件托管在同一计算实例中可以简化组件之间的进程通信需求也是十分有利的，能够降低延迟或降低部署复杂性。
- 进程通信。任务可能需要与其他计算实例中的组件通信，可能通过使用共享内存、专用HTTP或TCP端点、异步消息传递、命名管道、数据存储或全局缓存。在这种情况下，需要考虑它将如何影响设计。一些特别活跃或者彼此高度依赖的组件可以被托管在同一实例中以减少通信开销。有关使用队列实现组件部分之间通信的相关信息，请参阅“异步消息传递指南”、“基于队列的负载调配模式”和“优先级队列模式”。

相关模式与指南

以下模式和指南与合并或分解应用程序和服务实例的场景有关。

- 自动扩展指南。自动扩展可用于自动维护解决方案的可用性，取代为了满足容量和优化成本的“劳动密集型过程”，例如持续监视性能、在分区的应用程序中扩展独立的组件和服务。
- 消费者竞争模式。分区应用程序中的组件可能需要从同一资源中检索消息并同时处理，以便优化数据吞吐量，提高可扩展性和可用性，平衡工作负载。消费者竞争模式展示了如何实现这一点。
- 计算资源整合模式。在某些情况下，将多个任务或操作合并到单个计算单元中以增加计算资源利用率，并且降低在相关云主机应用中执行计算处理过程的成本和管理开销。在计算资源整合模式中对此有详细介绍。
- 看守者模式。该模式可以通过使用专用主机实例（客户端和应用程序之间的代理）对请求进行验证和清理，并在它们之间传递请求和数据，从而为分区应用程序添加额外的保护。
- 领导选举模式。通过一项任务对其他任务执行协调，分区应用中的组件可以执行一系列任务实例操作。领导选举模式显示了如何选择一个任务作为领导者，并且可以承担管理其他事例的责任。

更多信息

本书的所有链接都可以在图书在线目录里访问阅读：http://aka.ma/cdpbibliography。

- The pages web sites, Cloud Services, and Virtual Machines (VMs) on MSDN。
- The article Real World: Considerations When Choosing a Web Role Instance Size: How small should I go? on MSDN。
- For information about designing applications for scalability see the following sections of the patterns & practices guide Developing Multi-tenant Applications for the Cloud on MSDN。
- The section "Making the Application Scalable" in Chapter 2, Hosting a Multi-Tenant Application on Azure。
- The section "Partitioning a Azure Application" in Chapter 4, Partitioning Multi-Tenant Applications。
- The section "Scaling Azure Applications with Worker Roles" in Chapter 5, Maximizing Availability, Scalability, and Elasticity。

第 29 章

数据一致性指南

Data Consistency Primer

云应用经常使用一些跨越多数据源的数据。这种情况下，对数据一致性的管理与维护是系统管理的重中之重。用户常常要为获取程序可用性而在数据一致性上做出些许妥协。意味着在设计解决方案时要将数据最终达成一致的理念考虑进去，允许数据在应用中并非完全一致。

管理数据一致性

每个Web应用或服务等应用程序都会用到数据。使用数据来辅助商业决策，因此数据的即时、准确就非常重要。数据一致性意指程序的所有实例始终具有相同的一组数据值（注：一般来说，能访问同一数据的操作都是同一个系统内的应用程序行为，因此是多实例）。这种方法有时称为强一致性数据。

在关系型数据库里，一致性通常由事务模型来实现，其方式就是通过对数据施加锁来阻止并发实例在同一时间对同一数据的更改。在强一致性系统中，锁也会阻塞并发查询，但许多关系型数据库不会这么苛刻，而是（在并发下）提供了对并发发生时的数据访问（此时写操作读值后还未更新回去），查询请求（即读操作）获取的是该数据在（另一个写操作）更新前的数据值。许多将数据存储于非关系型数据库、扁平化文件或其他结构的应用程序，它们都遵循相似的策略，称为乐观锁。程序实例在修改锁数据时，更新完成后释放锁。

时下一个普通云应用中，所使用的数据很可能分布于不同站点的不同数据存储中，有些甚至在地理上跨越很大范围。这样的实际场景有很多：将负载分散于多台计算机上以提高可扩展性，将数据部署在用户或相应服务就近的位置上以提高程序响应速度，跨站点备份数据以提高程序可用性。

在分布式数据存储中管理数据一致性可能是一个巨大的挑战。过往的解决办法，比如将操作队列化（或称序列化,即将操作队列化按序执行，或称串行化）或者锁阻塞并发等，它们只在程序实例共用单数据存储的情况下发挥很好的作用，且程序设计上已经确保了锁施加于数据的时间非常短暂。但如果数据分散或备份在不同的数据存储上，对数据访问施加锁或序列化会造成非常昂贵的系统开销，它会影响到系统的吞吐量及响应时间，还有可扩展性。因此，现代分布式应用对于更改数据时并不施加锁，而是采用更加宽松的一致性实现，称为最终一致性。

注意：关于跨地域数据分布、数据本地部署、备份及同步数据的更多信息，详见“数据分区向导”“数据复制及同步向导”。

下面将更多介绍关于强一致性和最终一致性以及诸如云应用等分布式应用场景下，围绕不同数据一致性实现手段所涉及的问题。

强一致性

强一致性模型中，所有操作都是原子的，如一个涉及多个数据项操作的事务，它只能在所有更新完成后或（计算遭遇失败时）所有操作全部撤销后才能结束。在事务的开始和结束期间，其他并发事务可能无法访问到被前者事务正在更改的数据，处于阻塞状态。如果正在拷贝数据（即写操作开始时先读值的动作）中，则强一致性模型的事务可能需要等到所有新值的拷贝（所谓新值的拷贝，即是原始数据在内存中的副本被更新但还未存回数据库的状态）被更新回数据存储后才能结束。

强一致性模型的目标是最大化减少应用程序展示不合理数据的情况。该模式的实现，对最终解决方案的可用性、性能、可扩展性有着全面的影响。如果存储中的事务操作涉及跨多个地理范围的数据存储，如存在网络延时，那必定会对该事务性能有着显著影响，且同时会阻塞并发的数据访问。事务执行期间，如果网络延时影响到了事务中涉及的一个或多个数据存储，此时，实现强一致性管理的应用程序的数据更新操作在网络恢复正常（且数据存储连接恢复）后才能得以执行，否则将一直处于阻塞等待状态。

另外，在诸如云这样的分布式场景下，强一致性模型要真正实现起来是不能容忍这种情况（资源不可达时引发的阻塞等待，同时阻塞并发）发生的。例如，事务中的一个资源组件不可达时，执行回滚并且释放所持资源，但在实际场景中并不太可行。这种情况需要通过其他方式解决，如人工处理。

注意：许多云应用的数据存储并不支持跨多数据源的强一致性实现。例如，微软Azure云存储就不支持跨多个数据源的事务。

云应用中，只有在非常必要时才去实现强一致性。例如，应用程序更新同一数据源的多个数据项时。此时它的优点将多于缺点，因为施加在数据上的锁只会持续很短时间。但如果这些所需更新的数据项是跨网络分散存储的，则放弃强一致性实现可能更合适。在一个强一致性实现，且同时又需要更新远程数据源的系统实现中，将更新操作施加于强一致性事务作用范围之外的副本更为适合。该副本一旦被更新，数据在某种程度上的暂时不一致几乎无可避免，但在更新的副本被存回原数据源后，数据最终仍保持了一致。更多信息详见“Data Replication and Synchronization Guidance”。

对于分布场景下数据更新的强一制性实现，可以考虑一种在NoSQL数据库中经常使用的方法，就是读/写操作和版本控制。这种方法可以避免对数据施加锁，代价是增加了读/写操作的复杂性。更多信息详见“增强一致性”和“Data Access for Highly-Scalable Solutions: Using SQL, NoSQL, and Polyglot Persistence”的“Data Storage for Modern High-Performance Business Applications”。

注意：一个应用程序中并不是所有的数据都要以同一种方式来实现一致性。一个应用程序对跨数据源数据的一致性处理可以采取多种策略。对给定数据集具体采用哪种策略和一致性模型，要根据具体应用的业务需求来定夺。

最终一致性

最终一致性方案在数据一致性应用方面更加实用。许多情况下，只要事务能在某个时间点将所有任务完成，或在失败时能全部回滚而不丢失更新，这样其实就没必要在乎是否具有强一致性了。最终一致性模型中，跨多数据源的数据更新操作可以由各数据源自行控制并完成。

最终一致性理念发展的由来之一，便是分布式的数据存储总是受制于CAP定理。这个定理指示的是，一个分布式系统在某一时间点，只能实现CAP（一致性、可用性、分区容忍性）当中的两个。在实践中，这意味着你能而且只能实现下述任一方案之一：

- 提供一致的数据（指分布式存储的数据）视图，对于可能发生的不一致，只能对数据施加锁（或者将数据访问序列化），但阻塞了数据的并发访问，这是不小的代价。阻塞一旦发生，耗时就不确定了，尤其是存在高延时的系统中，或者网络故障时所导致的一个或多个分区连接丢失的情况下。这种情况就是实现了CP（一致性和分区容忍性），而放弃了A（可用性）。
- 提供无阻塞的数据访问，但要冒着同一数据在各站点不相一致的风险。传统关系型数据库管理系统专注于强一致性，然而像基于云的这类解决方案，使用多区域数据存储的场景很普遍，且其设计之初就要确保高可用性，因此这类解决方案的实施大多采用最终一致性理念。

注意：最终一致性方案并不是分布式系统的标配。由于一些系统实现必须具备可扩展性，同时对可用性又有极高要求，因此一致性思路的首选通常就是最终一致性，而摈弃了通常使用的强一致性策略。

如果一个程序实例读取数据的同时还存在另一个对该数据的更新操作（指读和写的并发），一个数据更新操作进行的同时发生一个并发应用程序实例对该数据的读操作，则程序实例很可能会读到更新操作落地前的操作，于是出现了暂时的不一致。当然，根据系统需求，开发人员可以设计出检测和应对此类不一致的程序机制。如有必要，可再在该机制内进一步解决该不一致的问题。

缓存使用中，最终一致性模型也会影响数据一致性。如果远程数据源的数据被更新了，那么所有其他程序实例的缓存副本很可能也就全部过期。配置缓存过期策略、不让数据过于陈旧、实现技术诸如“Cache Aside pattern”，就可以减少不一致情况的发生。然而这些方式都不可能彻底消除缓存数据中的不一致。缓存利用本身就是系统性能优化机制之一，那么该系统能否具备处理这种不一致的能力就很重要了。

值得注意的是，应用程序实际上可能不需要数据始终一致。例如，一个典型的购物型电商Web应用中，用户可以浏览和购买商品，呈现给用户的商品库存信息好像在查询时就是确定的。如果同时有另一用户购买了该商品，相应的库存量会降低，但该库存变动就不一定需要立即反应给第一个浏览用户。如果该用户购买时恰巧库存降低至零了，系统可以告之库存已空，或将其置为后备订单并告之用户送达时间可能延长。

最终一致性实现的注意事项

最终一致性模型通常是云应用中分布式数据管理的优先选择，但使用时有诸多要考虑的问题。这里将这些问题用一个最简化的示例来描述，如图29-1所示。它展示了一个简单电商应用采取最终一致性模型时具备的优点。

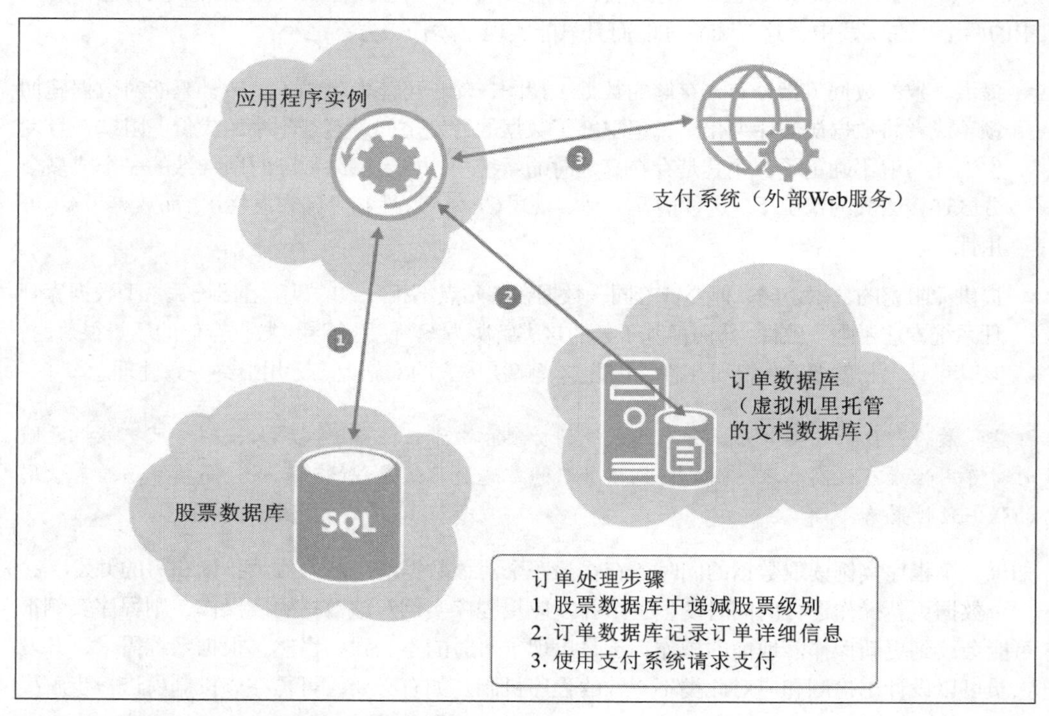

图 29-1　一个跨三个不同数据源的分布式事务

当某用户下单后，程序实例将进行以下一系列操作，涉及跨越不同地理范围的不同数据源：

- 更新被购商品的库存信息。
- 记录订单细节。
- 核实订单信息。

注意：某些情况下，一个数据源可能是一个外部的服务，如图29-1所示中提到的支付系统。

尽管这些操作构成了一个具备逻辑性的事务操作，但该场景下实现强一致性根本不切实际。反之，将订单处理流程实现为最终达成一致的若干步骤，而其中每个步骤本质上都是自主操作，这才是一个更具扩展性的方案。在执行分解的子步骤时，系统整体上处于不一致状态。例如，在库存信息更新之后记录订单明细之前的时间段内，系统暂时丢失了库存信息（即不一致发生了）。然而当所有步骤完成后，系统又回到了一致的状态，且所有库存项和对应账目均可核实。

尽管示例中呈现的最终一致性的实现较为简单，只涉及宏观概念，但开发人员必须确保系统做到最终一致。换言之，应用程序要么确保全部订单流程操作完成，要么在任一子步骤失败时能够采取相应措施。在系统中具体如何解决，不免要考虑到应用程序细节及业务需求。

分布式数据存储下最终一致性的系统实现，可以参见一个示例，在MSDN文档“Data Access for Highly-Scalable Solutions: Using SQL, NoSQL, and Polyglot Persistence”的第8章“Building a Polyglot Solution”中，本文后续也将提供一些建议。

重试失败的步骤

分布式环境下，有各种临时性错误（如常见的网络故障）可以导致一个操作最终无法完成。如果这样的错误发生了，应用程序可以认为该错误是暂时的，稍后重试该操作即可。对于频率不高的临时性异常，如数据库或虚拟机故障等，应对措施都比较相似——等待系统恢复再重试失败的操作。该方法可能导致同一操作被执行两次，很可能会造成不止一次的更新操作。杜绝重复操作发生的解决方案很难实现，但应用程序应该使后续重复操作无害化。

策略之一便是将操作中的每个步骤设计为幂等的。这就意味着一次成功操作后，对该操作的后续重复操作的结果跟首次执行后的结果是一样的。构成这样一个业务操作的一系列步骤设计，很自然地要依赖于具体系统的业务逻辑，而且实现方式受业务数据结构的影响也很大。定义幂等步骤需要深刻地了解系统涉及的业务领域。

某些操作天然就是幂等的。例如，把一个指定数据项赋值为指定的数据值（如“ZipCode=11111”），这种操作无论执行多少次，结果还是一样。然而天然幂等的场景并不多。在一个集成多个服务的系统中，就如前面电商应用示例里呈现的支付系统，实现某种形式的人工幂等就是可行的。通常做法是让发往服务的消息中携带一个唯一标识符。服务接收后保存该消息的标识符，并且服务在接收到的消息中只处理那些本地存储中不存在相同标识符的消息（即只处理携带全新标识符的消息），这种做法称为去重复（去除重复消息）。该策略成功实施的提前就是所在服务能够成功保存消息的唯一标识符。该策略实现可参考“幂等接收器模式”。

注意：更多关于幂等的信息，在Jonathan Oliver的博客文章“幂等范式”中有详细介绍。

数据分区和使用幂等操作

最终一致性实现失败的另一个常见原因就是多个程序实例在同一时间竞争性地更改同一数据。那就应当尽量通过系统设计来最小化此类情况发生的几率。应该尝试对系统做分区，以确保应用程序的并发实例做相同操作时互不冲突。

可以摈弃CRUD的概念，采用基于（执行业务操作的）幂等命令的方式来构建系统。更多信息，详见“Command and Query Responsibility Segregation Pattern”。该模式中的命令通常用遵循事件源方式来实现。事件源通过驱动一个事件队列来对数据依次施加操作，每个事件都被记录在只允许追加模式的某种存储结构中。

注意：关于使用CQRS和事件源来实现最终一致性的详细信息，详见MSDN上的技术文档“Reference 4: A CQRS and ES Deep Dive”。

实现补偿逻辑

操作实施一直到结束前，程序逻辑可能认为一个操作不能或不应允许执行，这种场景有很多（比如许多具体业务相关的原因）。在这些情况下，需要实现补偿逻辑来撤销之前操作产生的结果，这在“Compensating Transaction Pattern”中有所描述。

在前述图29-1所示的电商示例中，当应用执行订单流程中的每个步骤时它能记录这些步骤，必要时用来撤销相应操作。如果订单处理失败，应用程序可以为每个完成的步骤应用“撤销”操作，将系统恢复到一致状态。撤销一个操作并不像按原操作原路返回那样简单，因此这种技术实现可能比较复杂，且不得不实施撤销操作的业务场景也是非常多。例如，撤销一个记录订单明细的操作并不比直接删除来得直接。出于审计目的，保留其原始信息就很必要，只简单将其订单状态标记为“已取消”即可。

注意：补偿事务难以实现，且开销昂贵。只有在非常必要时才使用它。

相关模式与指南

当在云应用程序中管理一致性时，与下面的模式和指南也是相关的。

- 补偿事务模式。此模式介绍了如何在一个或者多个操作失败时取消一系列步骤执行的工作，这些步骤一起定义了一致性操作。
- 命令和查询职责分离模式。此模式介绍了如何分离读/写数据的操作。它可以为相同的数据使用不同的模型，并且确保这些模型中的信息最终一致。
- 事件溯源模式。此模式经常与命令和查询职责分离模式一起使用。它可以简化复杂领域的任务；改善性能、伸缩性和响应性；提供事务性数据的一致性；维护完整的审计跟踪和补偿操作历史数据。
- 数据分区指南。在需要高伸缩性应用中，数据被分割管理、独立访问。它可以用来确保分区数据的一致性。
- 数据复制与同步指南。它可以用来最大化可用性和性能，确保一致性，并最小化数据在不同位置之间的传输成本。
- 缓存指南。不同应用中的缓存数据可能会变得与最初数据不一致。这个指南描述了缓存可能支持的过期策略，可以减少缓存数据的不一致性。
- 缓存驻留模式。此模式介绍了如何根据程序需求来获取数据并保存到缓存中。它可以大幅降低对于重复性数据访问的开销。

更多信息

- The guide *Data Access for Highly-Scalable Solutions: Using SQL, NoSQL and Polyglot Persistence* on MSDN。
- The *Idempotent Receiver* pattern by Gregor Hohpe and Bobby Woolf on the Enterprise Integration Patterns website。
- The article *Idempotency Patterns* on Jonathan Oliver's blog。
- *Reference 4: A CQRS and ES Deep Dive* on MSDN。
- The article *Eventually Consistent* on the ACM website。
- *CAP Theorem* on Wikipedia。

第 30 章

数据分区指南

Data Partitioning Guidance

在许多大型数据分区解决方案中，数据划分为可以被分别进行管理和访问的独立分区。

谨慎选择数据分区方案以达到收益最大化的同时尽量减少不利影响。合理的分区方案可以提高可扩展性、减少争用，同时优化性能。

为什么需要数据分区

大多数的云应用程序和服务存储将检索数据作为其系统业务的一部分。应用程序所使用的数据存储的设计直接影响系统的性能、吞吐量以及可扩展性等方面，通常应用于大规模系统的一种技术是将数据划分为单独的分区。

注意：本文中所用的术语（分区）是指以物理方式将数据分割成独立的数据进行存储的过程。这与SQL Server数据库中的表分区不同，两者属于不同的概念。

数据分区可以给系统带来很多好处。

- 提高可扩展性。扩展一个单一的数据库系统最终会受到物理硬件的限制。而将数据库系统进行数据分区，让每个分区托管在独立的服务器上，可以使数据库系统在理论上能够进行无限扩展。
- 提高性能。如果以适当的方式将数据库进行分区，使数据在访问数据库时能够以较小的数据单位分别访问对应分区上的数据，针对不同分区的操作可以同时进行，同时每个分区可以靠近使用它的应用程序以最小化网络延迟，从而提高系统的效率。
- 提高可用性。跨多个服务器隔离数据可避免单点故障，如果服务器发生故障或正在进行维护，则只有该分区中的数据不可用，而其他分区上的操作可以继续进行。通过增加分区的数量来减少无法使用的数据百分比，从而减轻单个服务器故障对系统的影响。复制每个分区数据可以进一步减小单个分区故障影响操作的可能性。它还可以隔离必须持续高度可用的重要数据和具有较低可用性要求的低价值数据（如日志文件）。
- 提高安全性。根据数据的性质进行分区，可以将机密数据和非机密数据划分到不同的分区，从而隔离到不同的服务器或数据存储，然后可以针对机密数据进行加密。

- 提供操作灵活性。使用数据分区可以从多方面优化操作、最大程度提高管理效率，同时降低成本。例如，可以根据数据的重要性在每个分区中定义不同的策略，管理、监视、备份和还原及其他操作。
- 使用模式匹配的数据存储。根据数据存储需要的成本和内置功能将每个分区部署在不同类型的数据存储上。例如，大型二进制数据可以存储在二进制数据存储区，而结构化程度更高的数据可以保存在文档数据库中。有关详细信息请参阅 Microsoft 网站上模式与实践指南 Data access for highly-scalable solutions: Using SQL, NoSQL, and polyglot persistence（高度可缩放解决方案的数据访问：使用 SQL、NoSQL 和 Polyglot 持续性）中的 Building a polyglot solution（构建 Polyglot 解决方案）。

可以使用不同的方式对数据进行分区：水平分区、垂直分区和功能分区。选择的策略取决于数据分区的原因、应用程序的需求和使用该数据的服务。

> 注意：本指南中所描述的分区方案采用独立于底层数据存储技术的方式。它们可应用于多种类型的数据存储，包括关系数据库和NoSQL数据库。

分区策略

数据分区的三个典型策略如下。

- 水平分区（通常称为分表）。每个分区本身都是一个独立的数据存储区，但所有分区都有相同的架构。每个分区称为分片同时保存一个特定的数据集，例如电子商务应用中一组特定客户的订单。
- 垂直分区。每个分区保存数据存储中字段的子集。这些字段根据其使用情况进行划分。例如，将频繁访问的字段放在一个分区，将不经常访问的字段放在另一个分区。
- 功能分区。数据根据系统各个模块使用数据的方式进行聚合。例如，实现发票业务功能和管理产品库存等独立商务功能的电子商务系统可以将发票数据存储在一个分区，将产品库存数据存储在另一个分区。

请务必注意，此处所述的三种策略可以组合使用。它们不是互斥的，建议在设计分区方案时都进行考虑。例如，可以先将数据进行水平分区，然后使用垂直分区进一步细分每个分区中的数据。同样，功能分区中的数据可以进行水平分区，也可以进行垂直分区。

但是，每种策略的不同要求可能导致相互冲突的问题发生。因此，在设计符合系统中整体数据处理性能与目标的分区方案时，必须加以评估和权衡。以下部分会更详细讨论每种策略。

水平分区（分片）

图30-1所示为水平分区的概览。在此示例中，产品库存数据已根据产品主键分割成分片。每个分片保存以分区键（产品主键）排序的连续范围数据。

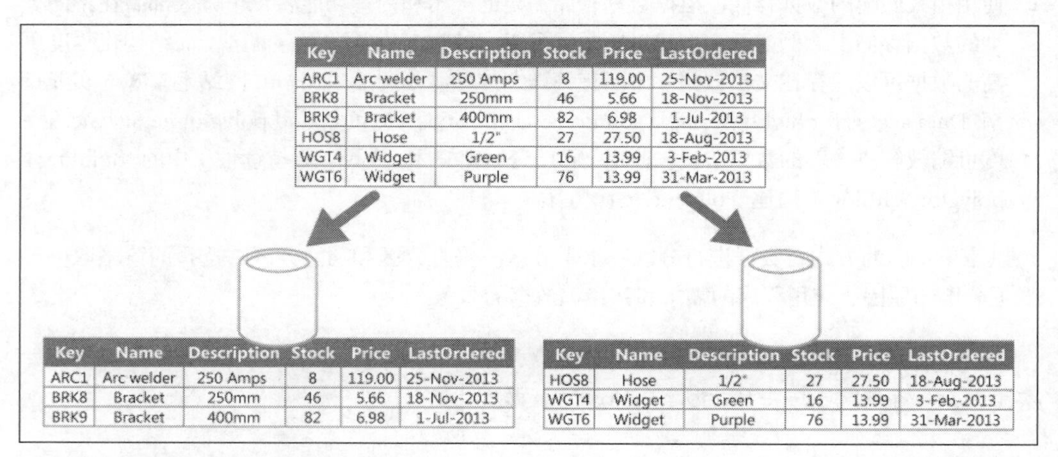

Key	Name	Description	Stock	Price	LastOrdered
ARC1	Arc welder	250 Amps	8	119.00	25-Nov-2013
BRK8	Bracket	250mm	46	5.66	18-Nov-2013
BRK9	Bracket	400mm	82	6.98	1-Jul-2013
HOS8	Hose	1/2"	27	27.50	18-Aug-2013
WGT4	Widget	Green	16	13.99	3-Feb-2013
WGT6	Widget	Purple	76	13.99	31-Mar-2013

Key	Name	Description	Stock	Price	LastOrdered
ARC1	Arc welder	250 Amps	8	119.00	25-Nov-2013
BRK8	Bracket	250mm	46	5.66	18-Nov-2013
BRK9	Bracket	400mm	82	6.98	1-Jul-2013

Key	Name	Description	Stock	Price	LastOrdered
HOS8	Hose	1/2"	27	27.50	18-Aug-2013
WGT4	Widget	Green	16	13.99	3-Feb-2013
WGT6	Widget	Purple	76	13.99	31-Mar-2013

图 30-1　基于分区键将数据水平分区（分片）

分区可以让用户将负载分布到多台服务器，减少争用，改善性能。通过添加更多分区服务器的方式来扩展系统规模。选择此分区策略的关键是分区键的选择，因为在系统运行之后，分区键难以修改。因此，需要确保在分区之后能够尽可能在分区服务器之间平均分配数据。请注意，不同分区并不一定是将数据平均分配。重要的考虑因素是平衡请求数量。有些分区可能非常大，但是只有少量的数据操作；有些分区可能较小，但是数据操作更加频繁。同时也需要确保每一个分区的大小不超过用于托管该分区的数据存储上限。

如果采用该分区方案，应避免产生热点（或热分区），否则可能会影响性能和可用性。例如，使用一个散列而不是以客户名称的首字母来标识客户，可以防止常见和较不常见首字母所造成的数据分布不平衡。这种典型的技巧，可帮助开发人员将数据更平均地跨分区分布。选择分区键的关键是尽量避免在数据分区之后出现将大的数据分区拆分成多个较小的分区，或者将多个小的分区合并成一个大的分区，或者是需要修改数据分区中数据的架构。因为这些操作非常耗时，同时在执行期间会导致一个或者多个数据分区服务器脱机。

如果数据分区采用的是复制策略（即多个数据分区数据保持一致），那么部分数据分区在进行拆分、合并或者进行重新配置动作时对其他分区执行数据操作将导致数据分区数据不一致的情况。

注意：关于如何设计实现水平分区的数据存储及其实践技巧的注意事项和详细信息，请参阅“分区模式”。

垂直分区（分片）

垂直分区最常用的应用场景是降低应用程序中访问最频繁的数据项的大小。图30-2所示为垂直分区的示例。在此示例中，数据项的不同属性保存在不同的分区中，一个分区保存了经常访问的数据，包括产品的名称、描述和价格等信息；另外一个分区保存了库存量和上次订购的时间。

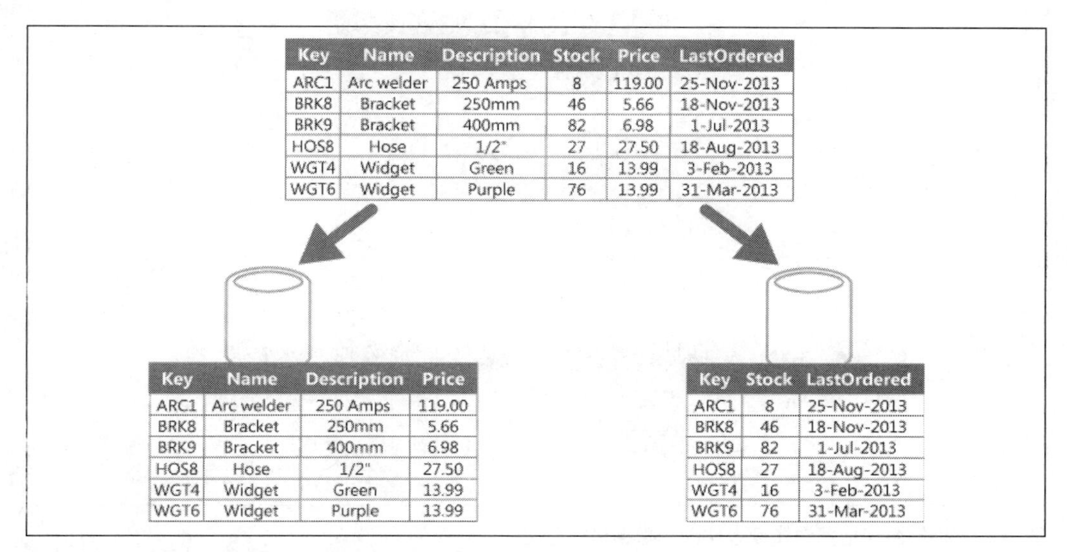

Key	Name	Description	Stock	Price	LastOrdered
ARC1	Arc welder	250 Amps	8	119.00	25-Nov-2013
BRK8	Bracket	250mm	46	5.66	18-Nov-2013
BRK9	Bracket	400mm	82	6.98	1-Jul-2013
HOS8	Hose	1/2"	27	27.50	18-Aug-2013
WGT4	Widget	Green	16	13.99	3-Feb-2013
WGT6	Widget	Purple	76	13.99	31-Mar-2013

Key	Name	Description	Price
ARC1	Arc welder	250 Amps	119.00
BRK8	Bracket	250mm	5.66
BRK9	Bracket	400mm	6.98
HOS8	Hose	1/2"	27.50
WGT4	Widget	Green	13.99
WGT6	Widget	Purple	13.99

Key	Stock	LastOrdered
ARC1	8	25-Nov-2013
BRK8	46	18-Nov-2013
BRK9	82	1-Jul-2013
HOS8	27	18-Aug-2013
WGT4	16	3-Feb-2013
WGT6	76	31-Mar-2013

图 30-2 根据数据模型将数据进行垂直分区

在此示例中，应用程序在向客户展示产品详情时，只显示产品名称、描述和价格，而库存以及上一次采购产品的日期保存在另外一个独立的分区中。这种分区方案的优势在于将更新频率较低的数据（产品名称、描述和价格）和更新频率较高的数据（库位和上次订购日期）分离。这样可以将更新频率较低而访问频率较高的数据保存在缓存中，从而达到提高应用程序性能的目的。这种分区方案的另外一个典型案例就是最大限度地提高敏感数据的安全性。例如，可以将信用卡卡号和密码分别存储在不同的分区中。采用垂直分区方式还可以减少数据所需的并发访问数量。

注意：垂直分区在数据存储区内的实体级别上运行，将包含多个字段的实体分解成多个实体。

功能分区

对于应用程序中为每个单独的业务逻辑或者服务标识界限上下文的系统（即系统总有很多关联性业务逻辑以及服务），进行功能分区能够提高隔离和数据访问性能。功能分区最常用的场景是将读数据和写数据操作进行分离（读、写分离）。图30-3所示为功能分区的概览，其中的库存数据已与客户数据进行隔离。

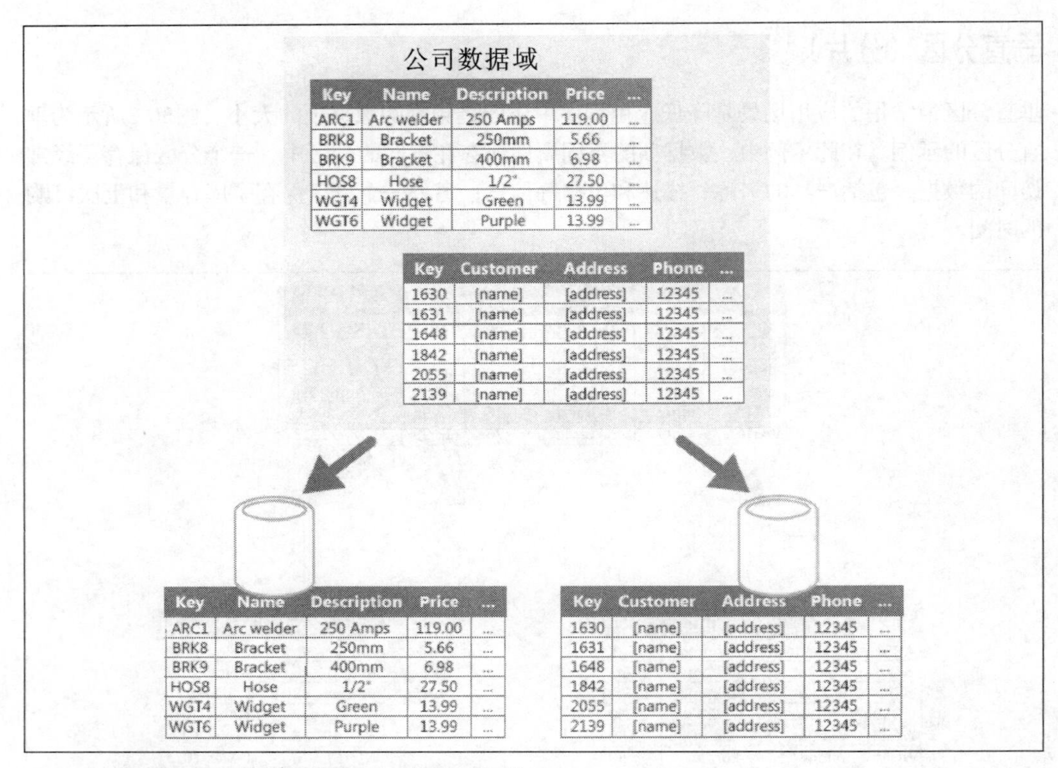

Key	Name	Description	Price	...
ARC1	Arc welder	250 Amps	119.00	...
BRK8	Bracket	250mm	5.66	...
BRK9	Bracket	400mm	6.98	...
HOS8	Hose	1/2"	27.50	...
WGT4	Widget	Green	13.99	...
WGT6	Widget	Purple	13.99	...

Key	Customer	Address	Phone	...
1630	[name]	[address]	12345	...
1631	[name]	[address]	12345	...
1648	[name]	[address]	12345	...
1842	[name]	[address]	12345	...
2055	[name]	[address]	12345	...
2139	[name]	[address]	12345	...

Key	Name	Description	Price	...
ARC1	Arc welder	250 Amps	119.00	...
BRK8	Bracket	250mm	5.66	...
BRK9	Bracket	400mm	6.98	...
HOS8	Hose	1/2"	27.50	...
WGT4	Widget	Green	13.99	...
WGT6	Widget	Purple	13.99	...

Key	Customer	Address	Phone	...
1630	[name]	[address]	12345	...
1631	[name]	[address]	12345	...
1648	[name]	[address]	12345	...
1842	[name]	[address]	12345	...
2055	[name]	[address]	12345	...
2139	[name]	[address]	12345	...

图 30-3　根据系统业务逻辑或者功能对数据进行分区

采用此分区策略可减少跨系统中不同部件之间的数据访问争用。

设计可扩展性的数据分区

在设计数据分区时需要考虑每个分区的大小及其工作负载，在达到负载均衡效果的同时最大限度地提高数据分区的可扩展性。但是每个数据分区不能超过其存储的可扩展限制。

在对可扩展性数据设计分区时，请执行以下步骤。

(1) 分析和理解应用程序数据访问的模式。例如，每个查询返回的结果集大小、访问的频率、网络延迟，以及服务器端计算处理能力。在许多情况下，一些主要实体会占用大部分的系统资源。

(2) 通过需求分析，评估数据在未来一定时间内的数据规模，如数据大小及工作负载；通过对数据进行分区达到系统可扩展性的目标。在水平分区策略中，分区键的选择对数据分区性能起决定性作用。有关详细信息，请参阅“分区模式”。

(3) 确保每个分区的节点资源足以满足分区策略在数据量大小和业务量方面可扩展性的要求。例如，每个托管的数据分区节点在存储空间、处理能力以及它所提供的网络带宽都有硬件上的限制。如果托管分区的节点数据存储和业务处理能力超过这些限制，那么就必须优化对应的分区策略或者对该数据分区进行拆分。例如，一个可扩展性的方案就是将日志记录数据与核心应用程序功能进行分离，避免节点数据存储超过上限。如果数据存储的总数超过节点限制，就可能需要使用独立的存储节点。

(4) 对正在使用的系统进行监控，以验证数据是否按照预期进行分布、分区是否可以处理相应的负载、数据分区是否达到预期效果。如果无法达到预期结果，则需要针对系统部分不合适的地方进行重新设计，尽可能平衡各个分区的负载以达到性能和扩展性的需求。

在使用云环境分配资源时会涉及基础设施的限制，开发者应确保选择的云环境预留足够的空间、带宽和处理能力以满足各方面在预期范围内的增长。例如，如果使用Azure 表存储，那么对单表进行频繁的操作会调用更多的资源来处理请求（单一分区在给定时间段内可处理的请求数量是有限制的。请参阅Microsoft网站上的Azure storage scalability and performance targets的“Azure存储空间可缩放性和性能目标”页以了解详细信息）。

在此情况下，可能需要对该数据进行重新分区以分散负载。如果这些表的总大小或吞吐量超过存储账户的容量，可能需要创建其他存储账户并跨账户分散表。如果存储账户的数目超过订阅可用的账户上限，就需要使用多个订阅。

设计分区以提升查询性能

使用较小的数据集和执行并行查询请求通常可以提高查询性能。每个分区应该只包含整个数据集的一小部分，这样可以有效地提高查询性能。但是，分区并不能替代数据库的合理设计和配置。例如，如果使用关系型数据库，则可以选择是否配置必要的索引来提高性能。

为提高查询性能而进行分区设计时，可以参考如下步骤。

(1) 检查应用程序性能：执行速度缓慢的查询、必须快速执行的关键查询。

(2) 将导致性能变慢的数据进行分区。限制每个分区的大小，使查询响应时间在合理范围内。合理设置分区键，使应用程序更容易找到分区，从而避免查询时需要扫描每个分区。

考虑分区的位置对查询性能的影响。如果可能，请尽量将数据保存在地理位置靠近访问数据的应用程序和用户分区中。

(3) 如果实体有吞吐量和查询性能的要求，则使用基于该实体使用功能分区。如果这样还是无法满足要求，就同时应用水平分区。在大多数场景下，单个分区策略就已满足需求，但在某些场景下，结合多种策略会更有效率。

(4) 考虑使用跨分区的并行操作来提高性能。

分区可用性设计

将数据进行分区以确保整个数据集不会因为单一节点的故障而影响全部业务，通过独立管理每个分区的数据来提升应用程序的可用性。在设计和实现分区时，可以考虑如下影响可用性的因素。

(1) 如果某个分区发生故障，可以在不影响应用实例的情况下直接访问其他的分区。

(2) 不同地域的数据通过配置定时任务，在非高峰时期对数据进行同步工作，同时需要避免每个分区的数据过大，确保数据同步工作在规定时间内完成。

数据分区如何对敏感数据进行操作，部分数据包含敏感信息，比如交易记录和银行信息，其他数据可能是不太重要的操作信息，比如日志文件等，在确定数据的类型之后，考虑以下方案。

(1) 使用合适的备份方案将关键数据存储在高可用的分区中。

(2) 对于不同重要程度的数据集合建立不同的监控和管理机制，将相同重要级别的数据放到同一个分区，这样可以以更为合适的频率来对分区的数据进行备份操作。举个例子，那些存放了银行交易记录的分区的备份频率显然应该高于那些存放了日志数据的分区的备份频率。

是否需要跨分区复制关键数据？跨数据复制数据策略可以提高可用性和性能，当然，也会引起数据一致性的问题。同步不同分区中的数据是需要一定时间的，在同步的这段时间内就会出现数据不一致现象。

问题与思考

在设计数据分区时会有以下几点考虑。

- 尽可能将常用的数据库操作数据放到一个分区当中，以尽可能地减少跨分区的数据访问操作。跨分区的查询数据操作会比只访问单个分区的要消耗更多的时间。在跨分区查询不可避免的场景下，为了最小化跨分区的查询时间，只能通过在应用程序内使用并行查询请求，同时通过聚合返回查询结果来优化查询时间。然而，该方法在部分场景下是不可用的，比如不同分区查询结果存在相互依赖的情况（需要先从一个分区获取数据作为下一个分区的查询条件）。
- 如果查询不经常变更的数据，比如邮政编码表或者产品列表等，可以考虑所有的分区使用完全复制的分区策略来减少寻找不同分区的时间。

- 尽可能减少跨越垂直和功能分区的参照完整性。因为在这些方案中，应用程序需要消耗更多的资源跨分区进行数据操作，这会比在用一个分区操作数据慢得多。因为应用程序通常需要根据键和外键跨分区进行数据操作。相反，可以考虑通过复制分区数据或者反规范数据，同时在应用程序中执行并行查询数据分区方式来减少跨分区数据操作所需的时间。
- 分区方案需要考虑对分区之间数据一致性的影响，开发者应该评估是否需要实时保持数据一致性。相反，在云程序中的一种常见方法是实现数据最终一致性。即每个分区中的数据分别更新，应用程序负责确保所有数据分区数据更新成功。一致性的更多信息，请参见Data Consistency Primer。
- 查询如何定位数据所在的分区。如果查询必须通过扫描所有分区来定位所需的数据，那么即使数据使用垂直和功能分区策略，同时使用并行查询功能，也将显著影响性能。当使用水平分区设计系统时，定位数据是很困难的，因为每个分区的数据结果都是一样的。经典的解决方案是新建索引，通过索引来查询数据。
- 使用水平分区策略时，需要定期调整数据分区数据大小，同时平衡数据访问、减少某个分区的过度访问、最大限度地提高查询性能以及减少物理存储的局限性影响。当然，这是一项较为复杂的任务，通常需要使用自定义工具或方法来实现。
- 为每一个分区创建一个副本。如果单个数据分区出现故障，则可以直接将数据操作指向该分区对应的副本。
- 如果分区策略达到物理限制，则可能需要将可扩展性扩展到不同级别。例如，如果分区位于数据库级别，则可能意味着在多个数据库中定位或复制分区。如果分区已经在数据库级别，物理限制将意味着需要在多个托管账户中定位和复制分区。
- 避免在多个分区中访问数据的事务。单个分区中，某些数据存储会保证数据进行修改操作的事务一致性和完整性。如果需要跨多个分区事务性支持，就要将其作为应用程序逻辑的一部分，因为大多数分区系统不支持跨分区事务。

需要对所有数据存储进行监测和管理，需要从加载数据、备份和恢复数据、整理数据等方面进行监测和管理，以确保系统能够正确有效地运行。

影响运营管理的主要因素有以下几个：

- 执行一个周期性的任务来检查数据完整性，或者是尝试修复问题、发出警报。
- 如何在数据被分区时执行适当的管理和操作任务，如备份和还原、归档数据、监视系统以及其他管理任务。例如，在备份和还原操作中保持逻辑一致性在实现上就是一个挑战。
- 如何将数据加载到多个分区或者将新的数据添加到不同分区中，一些应用程序和工具可能不支持数据分区功能，如果需要将数据进行分区，则需要使用新的应用程序和工具。
- 如何将数据定期归档或者删除（也许每月），以防止分区数据的过度增长。有可能还需要转换数据以匹配不同的归档模式。

相关模式与指南

在应用程序和数据存储中实现数据分区时，可以参考如下方案。

- 分片模式。分片模式可以通过新分布的存储节点来实现数据存储的扩展性。此模式描述如何将数据存储分割为水平分区。
- 数据一致性指南。管理和维护跨分区数据的一致性是一个非常重要的问题，特别是在高并发和高可用性情况下可能出现问题。开发者经常需要使用最终一致性模型而非使用强一致性。数据一致性指南讨论了两种模型各自的优点和局限性。
- 数据复制和同步指南。数据可以跨分区在不同的位置复制，同时对副本进行周期性地同步，以确保所有分区的数据一致。该指南总结了分布在多个位置的复制数据的相关问题，并描述了解决这些问题的解决方案。
- 索引表模式。该模式描述如何创建索引，以便在分区数据存储中快速检索数据。
- 物化视图模式。此模式描述如何生成预填充视图，以便汇总数据以支持快速查询操作。如果需要聚合或者统计的数据分布在不同的分区中，则可以考虑使用该模式。

更多信息

- The section Building a Polyglot Solution in the patterns & practices guide Data Access for Highly-Scalable Solutions: Using SQL, NoSQL, and Polyglot Persistence on MSDN。
- The page Real World: Designing a Scalable Partitioning Strategy for Microsoft Azure Table Storage on MSDN。

第 31 章

数据复制与同步指南

Data Replication and Synchronization Guidance

将应用程序部署在多个数据中心，比如部署在云端和本地时，就必须考虑如何复制和同步应用程序每个实例使用的数据，以最大限度地提高可用性与性能，确保一致性，并尽量缩减位置之间的数据传输成本。

为什么要数据复制及同步

云托管的应用程序和服务通常部署在多个数据中心内。采用此方案可以降低全球用户的网络延迟，以及某个部署或某个数据中心由于任何原因变得完全不可用时提供故障转移能力。为了获得最佳性能，应用程序使用的数据应位于应用程序部署位置附近，因此可能需要在每个数据中心复制此数据。如果更改数据，这些修改必须应用于数据的每个副本。这个过程称为同步。

或者，可以选择构建混合应用程序或服务解决方案，从自己组织托管的内部部署数据存储中存储和检索数据。例如，可以在本地组织主数据存储库，然后仅将必要的数据复制到云中进行数据存储。这可以帮助保护所有应用程序中不需要的敏感数据。在本地进行数据更新，如在维护电子商务零售商的目录或供应商和客户的账户细节时，这也是有用的方法。

使用数据复制的任何分布式系统的关键决策都涉及存储副本的位置以及如何同步这些副本。

复制和同步数据

有几种拓扑可用于实现数据复制。两种最常见的方法如下。

- 主-主复制。图31-1所示中每个副本的数据是动态的，可以更新。此拓扑需要采用双向同步机制来保持副本是最新的，并要解决可能发生的任何冲突。在云应用程序中，为了确保响应时间最短并降低网络延迟的影响，通常周期性地发生同步。对副本所做的更改应按计划进行批量处理并与其他副本同步。虽然这种方法减少了关于同步的开销，但在数据同步之前可能会带来一些数据不一致的问题。

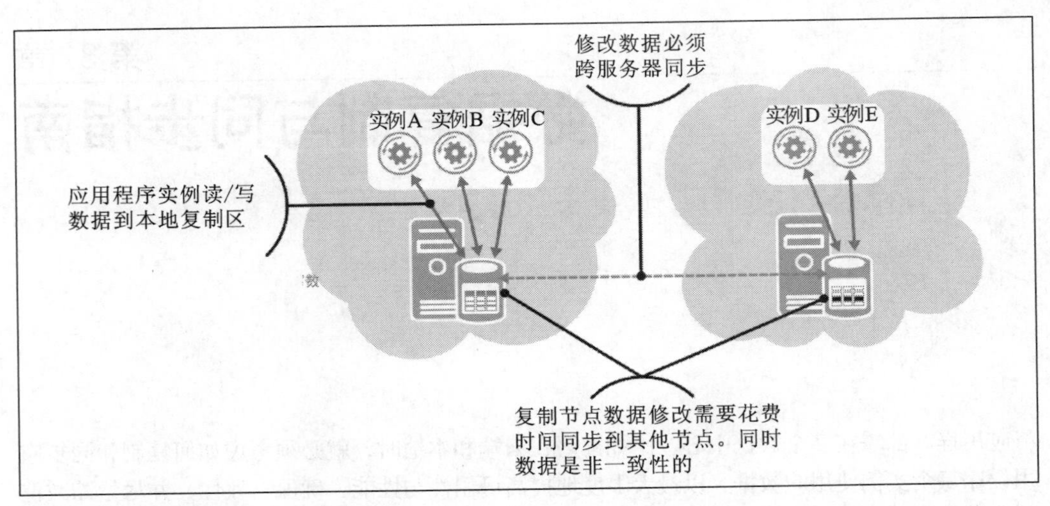

图 31-1　主-主复制

- 主-从复制。图31-2所示中仅一个副本中的数据是动态的（主），其余的副本是只读的。此拓扑的同步要求比主-主复制拓扑的同步要求简单，因为不太可能发生冲突。但还是会有数据一致性的问题。

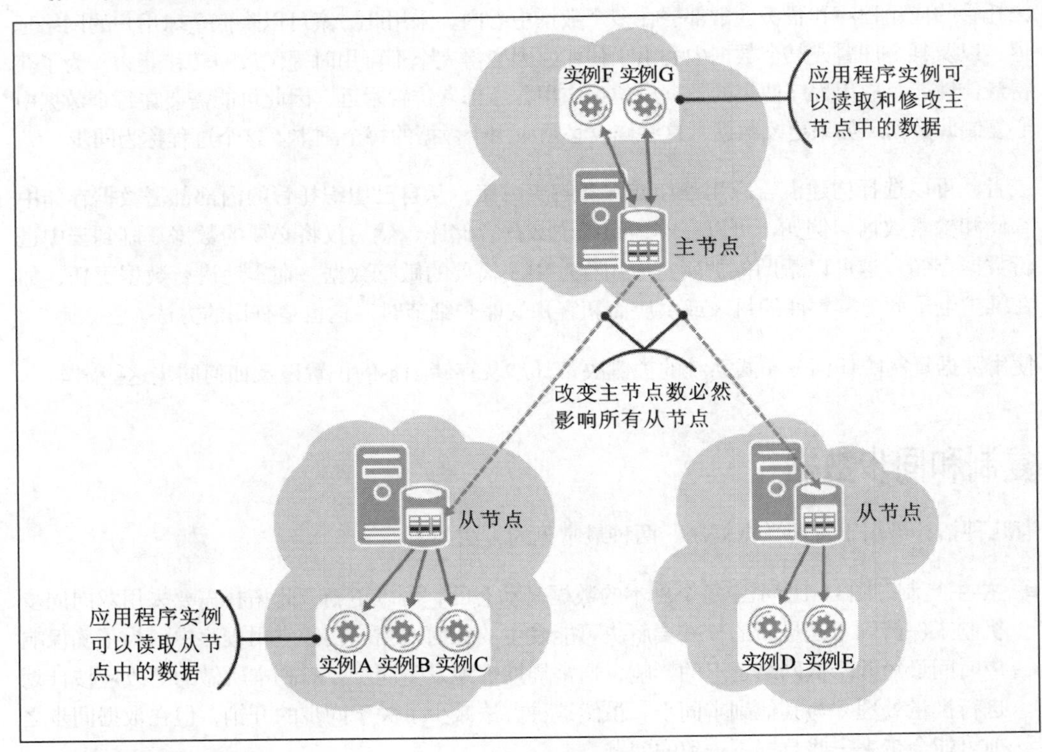

图 31-2　主-从复制

复制数据的好处

复制数据的好处如下。

1. 提高性能和扩展性

- 使用具有只读副本的主-从复制来提高查询的性能。找到访问它们的应用程序附近的副本，并使用简单的单向同步将更新从主数据库推送给它们。
- 使用主-主复制来提高写操作的可扩展性。应用程序可以更快地写入数据的本地副本，但是还有其他复杂性，因为需要与其他数据存储区进行双向同步（以及解决可能的冲突）。

在每个副本中包含相对静态的引用数据，并且是针对该副本执行查询所需的，以避免将网络交叉到另一个数据中心。例如，可以在每个副本中查询包含邮政编码的表（针对客户地址）或产品目录信息（针对电子商务应用）。

2. 提高可靠性

部署靠近应用程序的副本以及使用它们的应用程序内部的网络边界，以避免因在Internet上访问数据而导致延迟。通常，Internet的延迟和相应较高的连接故障的可能性是可靠性差的主要因素。如果副本对于应用程序是只读的，则可以在恢复连接时通过从主数据库推送更改来更新副本。如果本地数据是可更新的，则需要更复杂的双向同步来更新保存该数据的所有数据存储。

3. 提高安全性

在混合应用程序中，只将非敏感数据部署到云，并将其余部分保留在本地。此途径也可能是监管要求，在服务水平协议（SLA）中指定，或作为业务需求。复制和同步只能在非敏感数据上进行。

4. 提高可用性

- 在全局范围方案中，应用程序运行的每个国家或地区的数据中心使用主-主复制。应用程序的每个部署可以使用位于与该部署相同的数据中心的数据，以便性能最大化并最小化任何数据传输成本。对数据进行分区可以使同步要求最小化。
- 使用从主数据库到副本的复制以提供故障转移和备份功能。通过保持数据的附加副本是最新的，根据时间表或在对数据进行任何改变时的请求，可以切换应用以在原始数据失败的情况下使用备份数据。

精简同步要求

尽量减少或避免双向同步复杂性的方法如下。

- 尽可能使用主-从复制拓扑。这种拓扑只需从主到下属单向同步。可以使用消息传递服务将更新从云托管应用程序发送到主数据库，也可以通过更安全的方式在Internet上暴露主数据库。
- 根据所保存数据的复制要求将数据分为几个存储区或分区。包含在任何位置修改的数据分区可以使用主-主复制拓扑进行复制，而只在单个位置更新且在其他任何位置都是静态的数据可以使用主-从拓扑进行复制。
- 对数据进行分区，以便更新，以及由更新产生的冲突风险只能发生在最低数量的地方。例如，将不同零售商店的数据存储在不同的数据库中，以便同步仅在零售位置和主数据库之间进行，而不能跨所有数据库。有关更多信息请参阅数据分区指南。
- 数据版本化，以便不必要的数据覆盖。相反，当更改数据时，新版本将沿着现有版本合并到数据仓储中。许多命令和查询职责分离(CQRS)实现使用这种方法，通常称为事件源。保留历史信息，并累积在特定时间点的变化。
- 使用基于仲裁的方法，只有在大多数数据存储投票提交更新时才应用冲突更新。基于仲裁的机制不容易实现，但可以提供一种可行的解决方案。冲突数据项的最终值应当基于共识而不是基于更常用的冲突解决技术，例如"最后更新胜利"或"主数据库胜利"。有关详细信息请参阅TechNet上的Quorum。

数据复制和同步的注意事项

即使可以简化数据同步要求，也仍然必须考虑如何实现同步机制。

确定需要哪种类型的同步

- 主-主复制涉及复杂的双向同步过程，因为相同的数据可能在多个位置更新。这可能会导致冲突，同步必须能够解决或处理这种情况。它可能适合一个数据存储具有优先级并且在其他数据存储中覆盖一个更改的冲突，其他方法是实现一种机制，可以定时自动解决冲突，或者只记录更改并通知管理员解决冲突。
- 主-从复制更简单，因为所有的更改只发生在主数据库并复制到所有从数据库。
- 使用自定义或者程序化同步可以解决冲突的复杂规则，在同步期间或者主-主和主-从方法不适用时需要交换数据。通过对标明的数据更新的事件作出反应，并将此更新应用于每个数据存储，管理可能发生的任何更新冲突来同步更改。

决定同步的频率

大多数同步框架和服务按照固定的时间表执行同步操作。如果同步之间的时间间隔太长，则会增加更新冲突的风险，并且每个副本中的数据可能会失效。如果周期太短，可能会导致严重的网络负载，增加数据传输成本，并且在多个数据更新的情况下，会面临新的同步启动时前一个同步未完成的风险。使用数据同步的后台任务可以在副本发生更改时传播。

决定使用哪个数据存储

保存相关数据的主、副本，以及当数据的副本数超过两个时更新的同步顺序。还要考虑如何处理主数据库不可用的情况。这种情况下，可能需要将一个副本提升为主数据库。有关更多信息请参阅领导选举模式。

决定每个数据库中要同步的数据

副本可以仅包含所述数据的子集。这可能是隐藏敏感或非必需数据的列的子集，是数据被分区的行的子集，因此只有适当的行被复制，或者它可以是这两种方法的组合。

提防在实施主-主复制拓扑系统中创建同步循环

如果一个数据存储更新的同步操作，并且此更新提示尝试将更新应用于原始数据存储的另一个同步，则可能会出现同步循环。当有多于两个数据存储时，同步循环也可能发生，其中同步更新从一个数据存储移动到另一个，然后返回到原始数据存储。

考虑使用缓存是否有助于防止瞬时或短暂的连接问题。

- 确保同步过程使用的传输机制保护数据在网络上传输时的数据。通常这意味着使用加密连接、SSL或TLS。在极端情况下，你可能需要对数据本身进行加密，但这可能需要实施自定义同步解决方案。
- 考虑如何处理复制期间产生的故障。如果无法访问第一个副本，或者甚至将请求重新路由到应用程序的另一个部署，则可能要将数据请求重新路由到另一个副本。
- 确保使用数据副本的应用程序可以处理可能出现的副本与主数据不一致的情况。例如，如果网站接收对标记为可用货物的订单，但是随后的更新显示没有库存可用，则应用程序必须管理这一点，或者通过向客户发送电子邮件和/或通过将订单回滚。
- 考虑所选方法和时间的成本。例如，通过复制来更新数据存储的全部或部分可能花费更长的时间，并且涉及比更新单个实体更多的带宽。有关同步数据模式的详细信息，请参阅p＆p指南中的附录A（复制，分发和同步数据）。在Azure中创建云的混合应用程序。

MSDN上的数据移动模式包含用于复制和同步数据的通用模式定义。

实现同步

确定如何实现数据同步在很大程度上取决于数据的性质和数据存储的类型。

使用现成的同步服务或框架

在Azure托管和混合应用程序中，可以选择使用以下框架。

- Azure SQL数据同步服务。此服务可用于同步本地和云托管的SQL Server实例和Azure SQL数据库实例。虽然有一些小的限制，但它是一个强大的服务，提供选择数据子集和指定同步时间间隔的选项。如果需要，它也可以进行单向复制。有关使用SQL Data Sync的详细信息请参阅MSDN上的SQL数据同步，以及p&p指南中的“在云中部署应用程序订单和数据”。请注意，编写本指南时，SQL Data Sync服务是预览版本，不提供SLA。
- Microsoft同步框架。这是一种更灵活的机制，使用户能够实施自定义同步计划并捕获事件，以便在发生更新冲突时执行指定的操作。它提供了一种解决方案，支持对任何数据类型、任何数据存储、任何传输协议和任何网络拓扑的应用程序、服务和设备的协作和脱机访问。有关详细信息，请参阅MSDN上的Microsoft Sync Framework开发中心。

使用数据存储本身内置的同步技术

- Azure存储地理复制。默认情况下，Azure数据会自动复制到三个数据中心（除非将其关闭），以防止在一个数据中心出现故障。此服务可以提供数据的只读副本。
- SQL Server数据库复制。使用SQL Server复制服务的内置功能，可以在本地安装的SQL Server和Azure虚拟机的SQL Server部署之间以及在Azure虚拟机的多个SQL Server部署之间实现同步。

实现自定义同步机制

使用消息传递技术在部署的应用程序之间传递更新，并在每个应用程序中包含代码，以将这些更新智能地应用到本地数据存储并处理任何更新冲突。构建自定义机制时，请注意以下事项。

- 已构建的同步服务可能具有最小的同步时间间隔，而自定义实现可以提供近即时同步。
- 已构建的同步服务可能不允许用户指定数据存储同步的顺序。自定义实现可允许用户以特定的顺序执行多个数据存储的更新，或对现成的框架和服务中不支持的数据执行复杂的转换或其他操作。

- 在设计自定义实现时，应考虑两个独立的方面：如何在单独位置之间传输更新，以及如何将更新应用于数据存储。通常需要在每个位置创建运行的应用程序或组件，其中更新将应用于本地数据存储。此应用程序或组件将接受它用于更新本地数据存储的指令，然后将更新传递到包含数据副本的其他数据存储。在应用程序或组件中，可以实现逻辑来管理冲突的更新。但是，通过在数据存储之间立即传输更新，而不是像大多数现成的同步服务一样在固定的时间表上传输更新，这样可以最大限度地减少发生冲突的可能性。

相关模式与指南

在不同位置分发和同步数据时，以下模式和指南也可能与你的方案相关。

- 高速缓存指南。本指南介绍了如何使用缓存来提高在云中运行的分布式应用程序的性能和可扩展性。
- 数据一致性入门。这个概要总结了关于分布式数据一致性的问题，并为处理这些问题提供了指导。
- 数据分区指南。本指南介绍了如何在云中划分数据以提高可扩展性、减少争用并优化性能。

更多信息

本书中的所有链接均可从本书的在线参考书目获得: http://aka.ms/cdpbibliography。

- The guide Data Access for Highly-Scalable Solutions: Using SQL, NoSQL, and Polyglot Persistence on MSDN。
- Appendix A - Replicating, Distributing, and Synchronizing Data from the guide Building Hybrid Applications in the Cloud on Azure on MSDN。
- The topic Data Movement Patterns on MSDN。
- The topic SQL Data Sync on MSDN。
- Deploying the Orders Application and Data in the Cloud from the guide Building Hybrid Applications in the Cloud on Azure。
- The Microsoft Sync Framework Developer Center on MSDN。

第 32 章

远程监控指南

Instrumentation and Telemetry Guidance

大部分应用程序包含生成自定义检测和调试信息的诊断功能，尤其在发生错误时。这常称为仪表，通常通过向应用程序添加事件和错误处理代码来实现。进程通过遥控收集远端信息，这称为遥测。

为什么远程监控很重要

内置的基础架构和系统诊断机制可以提供有用的操作和错误的日志信息，大部分应用程序包含额外的远程监控、自定义的监控和调试信息。这种监控通常会生成日志条目，Windows事件日志、单独的跟踪日志文件、自定义日志文件或者关系数据库的数据存储条目。这些日志提供了程序的监控和调试信息。

然而，在复杂的应用程序中，特别是应用程序需要扩展到极高容量时，收集的大量数据可以压倒简单监控系统和技术。例如，由数百个Web和工作者、数据库碎片、额外服务生成的大量信息（其中大部分可能具有相对低的统计意义、不相关或延迟发送），这几乎是不可能以有意义的方式处理的。相反，我们可以使用远程监控方案收集和突出业务事件，并降低管理成本，同时在满足服务水平协议（SLA）、指导未来资源规划决策方面对应用程序行为提供有益的方案。

此主题不讨论用于检测应用程序代码编写的详细信息。大多数情况下，用于云托管应用程序中检测和系统处理与事件处理的原则、做法及其他程序中的度量标准和关键性能指标（KPIs）相同。

监控

监控允许捕获有关应用程序操作的重要信息。这些信息一般如下。

- 该事件的详细信息，作为正常程序运行的一部分，与一些有用的信息一起展现。例如，在商务网站中用来存放订单号和订单的价格。这些通常用于收集有关应用程序使用方式数据的信息事件。

- 发生的运行时事件信息和有关事件的有用信息，如使用的位置或者数据存储以及访问数据存储的响应时间。这些也是可以为应用程序的正常运行提供深入剖析。该事件不包含任何敏感的数据，例如证书或者可能使攻击者获得的任何危害系统的日志数据。
- 在运行时出现的特定数据错误信息，比如用户ID和与更新订单操作失败关联的其他值。通常这些是警告或者错误事件，以及由一个或者多个系统生成的错误消息。
- 来自性能计数器的数据，用来衡量与应用程序操作相关的特定值。这些可能是内置的系统计数器，例如测量处理器负载和网络使用的计数器，也可以是测量订单数量的自定义性能计数器，或特定组件的平均响应时间。

监控的通用实现是根据收集的需求来改变详情等级能力，通常通过编程应用程序的配置来实现。正常情况下，一些事件的数据信息不一定是必需的，因此可以节约存储成本并且收集必要的交易信息。当应用程序出现问题时，更新应用程序配置以便诊断和监控系统收集的信息事件数据，比如一些错误和警告，以帮助我们隔离和修复错误。如果问题是间歇性出现的，则应用程序可能需要在此扩展报告模式下运行一段时间。

应用程序监控设计的基本方法可以通过在项目的起步阶段为隔离和错误修复考虑以下需求。

快速检测性能问题和错误

性能计数器和事件处理程序常常可以在用户最终受到影响之前指出由于组件、服务故障、重载和其他问题导致的应用程序的特定区域中的问题。这需要一个常量或者调度机制来监视关键值并触发相应的提醒。监控的详细信息允许我们深入了解执行和跟踪故障。

分类问题以了解本质

运行在共享多用户环境（如Azure）中的托管应用程序，如连接到数据库的某些问题可能是暂时的，其会自行解决。其他问题可能是系统性的，如编码错误或配置设置不正确，需要通过外部干预来解决问题。

从事件中恢复并将应用程序恢复到初始操作

使用收集到的信息（可能是在打开其他日志设置后）修复问题并使应用程序返回到完整服务。这一点尤其重要，如果它是商业价值应用程序（如电子商务网站），就必须满足SLAs以避免经济纠纷，提高客户满意度。

诊断问题的根本原因并防止重复出现

对根本原因进行分析，以确定根本原因和基本性质并进行更改，防止再次出现这种问题的可能性。随着时间的推移，监控数据的收集会帮助我们确定导致事故的模式和趋势，如特定组件的超载和应用程序接收的无效数据。

为了执行这些步骤，我们需要从应用程序和基础架构的所有级别收集信息。例如，应该考虑收集基础架构数据，如CPU负载、I/O负载和内存使用率；与程序有关的数据，如数据库的响应时间、异常和自定义性能计数器；以及关于业务活动和KPI的数据，如每小时每种类型的业务事务数量和应用使用的每个服务的响应时间。

有关Azure应用程序中的监控、仪表和遥测相关主题的综合指南，请参阅TechNet Wiki上的"云服务基础知识"。"遥测-应用程序监控"提供了有关设计和实现监控所需的信息。

可以使用框架和第三方产品在应用程序中实现监控。例如，Microsoft patterns & practices团队的企业库包含了相应的应用程序块，它可以帮助我们简化和标准化 Azure应用程序中的异常处理和日志记录工作。更多信息请参考MSDN上的*Enterprise Library 6*。

语义日志记录

大多数日志记录机制，包括微软事件日志，存储包含字符串值描述信息的日志条目。随着Windows事件跟踪(ETW)的出现，可以将结构化的有效载荷内容存储在事件条目中。这个有效载荷由捕获事件的侦听器或接收器生成，可以包括类型化信息，使自动化系统更容易发现有关事件的有用信息。这种记录方法通常称为结构化日志记录、类型记录或语义记录。

例如，一个事件表示生成订单就生成一个日志条目，日志包含integer整数值，表示商品数量；总数是一个十进制类型数；客户标识符是长整数类型值；交货城市是一个字符串值。订单监控系统可以读取有效载荷，并轻松提取订单的单个值。使用传统的日志记录机制时，监控应用程序需要解析消息字符串以提取这些值。如果消息字符串的格式不完全符合预期，则会增加发生错误的几率。

更多关于ETW的信息请参考*Event Tracing*和*Windows Event Log*。

ETW是所有当前版本Windows操作系统的一个功能，当作为诊断配置的一部分收集事件日志数据时，可以在Azure应用程序中使用。

可以通过使用.NET框架中的`EventSource`类直接创建ETW的事件条目，但这并不是一项简单的工作。 相反，考虑使用专门的日志框架，它提供了简单和一致的接口，以最大限度地减少错误并简化应用程序所需的代码。大多数日志记录框架可以将事件数据写入不同类型的日志记录目标（如磁盘文件）以及Windows事件日志中。

Microsoft patterns & practices团队开发了语义记录应用程序块框架的例子，使得全方位记录日志工作更加容易。可以通过在System.Diagnostics.Tracing命名空间中继承和扩展`EventSource`类来创建自定义事件源。当将事件写入自定义事件源时，语义日志应用程序块会检测到此事件，并允许将事件写入其他日志目标，如磁盘文件、数据库、电子邮件等。

可以在Azure应用程序中使用以.NET编写并在Azure网站、云服务和虚拟机中运行的语义日志应用程序块。但是，日志目的地的选择取决于所选择的托管方法。

如果要在Windows事件日志之外进行事件日志，请考虑写入Azure存储或Azure SQL数据库。

更多信息请参考博客文章*Embracing Semantic Logging*。

遥测

遥测技术最基本的形式是由监控和系统日志收集的进程信息。通常情况下，它使用支持大规模扩展和应用服务的广泛分布的异步机制实现。在大型和复杂的应用程序中，通常在数据管道中捕获信息，使其更容易以分析形式存储，并能够以不同的级别呈现信息。此信息用于检测趋势，深入了解使用率和性能，以及检测和隔离故障。

Azure 没有内置直接提供遥测和报告系统类型的这种系统，但公开的所有Azure服务的功能组合允许创建从简单监测到综合控制板的遥测机制。通常遥测机制的复杂性取决于应用程序的大小。这基于几个因素，如角色或虚拟机实例的数量、使用的辅助服务数量、跨不同数据中心的应用程序分布以及其他相关因素。

常见的方法是将来自监控和遥测功能的所有数据收集到中央存储库，如靠近应用程序的数据库。这最小化了写入时间。尽管使用基于队列和侦听器的异步技术可以最小化对应用程序性能的影响，用此方式收集监控信息仍然是一个不错的做法。基于队列的负载均衡和优先级队列模式在这里很有帮助。

可以使用数据存储中的所有数据组合来实时显示、更新活动和错误，生成报告和图表，可以使用数据库查询，甚至使用大数据解决方案（如HDInsight）进行分析。

远程监控的注意事项

设计远程监控系统时应考虑以下几点。

- 确定需要从内置监测系统的功能和工具（如日志和性能计数器）收集信息的结合，以及需要什么额外的工具来全面测量应用程序的性能，监视可用性和隔离故障。这里要指出收集永远用不到的信息是没有意义的。然而，错误地收集可能有用的东西，特别是对于调试目的，可能会使维护和故障排除更加困难。还要确保日志配置可以在运行时修改，并且不需要重新启动应用程序。运行时重配置模式在此方案中很有用。

- 使用遥测数据不仅要监测性能并获得问题的早期预警，而且还要隔离出现的问题，检测故障的性质，进行根本原因分析和计量。遥测应该在开发过程中应用于测试和分段版本的应用程序，以测量和验证性能，并确保远程系统正常工作。考虑向开发团队和管理员提供数据，如实时、摘要和趋势视图，以便更快地解决问题，并在必要时改进代码。
- 为远程监控数据实现两个（或多个）单独的通道，其中一个用于重要的操作信息，如应用程序、服务或组件的故障。重要的是，该通道比只记录日常操作数据的通道接收更高级别的监视和警告。优先级队列模式在此方案中很有用。随时间微调报警机制，以确保假警告和噪音最小化。
- 确保从处理的异常中收集所有的信息，不仅仅是当前的异常消息。许多异常包含内部异常，这可以提供其他有用的信息。
- 将所有调用记录到外部服务，包括有关上下文、目标、方法、时间信息（如延迟）和结果（如成功或失败以及重试次数）信息。如果需要支持SLA违规报告，无论是应用程序的用户还是对托管服务提供商提供服务失败挑战质疑，这些信息都可能会有帮助。
- 记录详细突发故障和故障转移信息以便于检测正在发生或者潜在发生的问题。例如，记录重试操作发生的次数、断路器的状态变化，或应用程序故障转移到不同的实例或配置。
- 将仔细分类的数据写入数据存储区时可以简化分析和实时监控的工作，并且有利于调试和隔离故障。例如，在监视工具中有用的数据可能来自应用程序业务功能检测产生的，或来自测量某些基础架构资源（如CPU和内存使用率）的性能计数器。按日期甚至按小时分区远程监控的数据，以便聚合器和数据库整理任务时不会作用于正在写入的活动表。
- 用于收集和存储数据的机制本身必须是可扩展的，以便与应用程序生成的项目数量相匹配，并将其服务扩展到越来越多的实例中。理想情况下，应该使用单独的存储账户来监视和记录数据，以减小此数据的存储事务对应用程序存储性能的影响，并且为了安全起见（例如，使得监视系统的管理员和用户不能访问应用数据），将日志数据与应用数据隔离。确保遥测系统本身受到监视，以便不会发现故障。
- 如果应用程序位于不同的数据中心，必须决定是否收集每个数据中心中的数据，并将结果合并到监视系统（例如内部部署的远程遥控）中；或者是否将数据存储集中在一个数据中心上。在数据中心之间传递数据将产生额外成本，尽管可以通过仅下载一个数据集来节省成本。
- 在可能的情况下，通过使用异步代码或队列将事件写入数据存储，最小化应用程序的负载，并在服务实例之间移动遥测数据。避免通过日志通道使用chatty方法传达监控信息，这可能会淹没诊断系统，或者使用单独的通道用于chunky（大容量、高延迟、粒度数据）和chatty（低容量、低延迟、高值数据）监控。减少监控数据量的选择之一是收集和存储正常经营范围以外的事件数据。

- 为防止数据丢失，请包含重试可能发生瞬时错误连接的代码。设计重试逻辑是明智的，以便检测到重复的故障，并且在尝试预设次数之后放弃该过程，并记录重试次数以帮助检测固有或开发问题。当管道中有很多排队的重试尝试时，使用可变重试间隔可以最大限度地减少重试逻辑可能对刚从瞬时错误恢复的目标系统增加负担的机会。请参考重试模式的更多信息。
- 如果托管环境不提供此功能（在Azure中，可以在诊断机制中配置自动收集），则可能需要实施定期收集一些数据项（如性能计数器值）的调度程序。考虑数据收集应该发生的频率以及收集对应用程序性能的影响。将Azure表服务中的数据（如性能计数器、事件日志和跟踪事件）写入60秒宽的时间分区中。尝试写入太多数据，如过多的点源或占用的时间间隔太窄，可能会淹没表分区。还要确保错误峰值不会触发大量插入到表存储的尝试，因为这可能会触发节流事件。
- 删除不相关的旧的或过时的遥测数据。这可以是计划任务，或在版本更改时手动启动。

相关模式与指南

下面的模式和指南可能与应用程序的远程监控应用场景有关。

- 健康终结点监控模式。通常需要通过监控应用和服务来补充远程监控，以确保它们可用并且正确执行。健康终结点监控模式描述了如何通过向可配置的一组端点提交请求来执行此操作，以及针对一组可配置规则来评估所述结果。
- 服务计量指南。监控可用于为计量使用的应用程序和服务提供的信息。服务计量指南探讨如何计量应用程序或服务的使用，以规划未来的需求；了解如何使用它们；计划用户、组织部门或客户的收费模式。
- 基于队列的负载均衡模式。遥控监测系统应设计成对被监视的应用和服务施加最小的负荷。使用遥控监测数据可以帮助实现这一点。基于队列的负载均衡模式解释了队列如何作为任务和服务之间的缓冲区，以最小化需求峰值对任务和服务的可用性和响应性的影响被调用。
- 优先级队列模式。监控系统通常需要通过多个信道传输数据，以确保重要信息能够快速传输。优先级队列模式显示如何优先处理发送到服务的请求，使得具有较高优先级的请求比较低优先级的请求更快地被接受和处理。
- 重试模式。远程监控系统必须对瞬时故障具有弹性，并能够正常恢复。重试模式解释如何处理临时故障，或当连接到服务或网络资源时通过透明的重试操作，期望故障是瞬时的。
- 运行时重新配置模式。监控通常这样设计：它生成的细节级别可以在运行时进行调整以协助调试并分析故障原因。运行时重新配置模式探讨如何重新配置监视机制的组件，而无需重新部署或重新启动应用程序。

更多信息

本书中的所有链接均可从本书的在线参考书目中获得，网址如下：

- http://aka.ms/cdpbibliography
- The article *Cloud Service Fundamentals* on the TechNet Wiki
- The article *Telemetry – Application Instrumentation* on the TechNet Wiki
- The *Enterprise Library 6* information on MSDN
- The article *Azure: Telemetry Basics and Troubleshooting* on the TechNet Wiki
- The article *Event Tracing* on MSDN
- The article *Windows Event Log* on MSDN
- The article *Embracing Semantic Logging* on Grigori Melnik's blog

第 33 章

多数据中心部署指南

Multiple Datacenter Deployment Guidance

将一个应用程序部署到多个数据中心是有很多好处的，例如，增加应用程序的可用性，并且通过将应用程序分布到多个地理位置进行部署可以为用户提供更好的体验。当然，这里会存在需要克服的挑战，例如，数据同步和监管的限制。

为什么部署到多个数据中心

各类组织通常先将其应用程序部署到一个单独的数据中心。这个数据中心可能是本地机房私有的，也可能是在一个远程环境中，如传统的虚拟主机提供商或者云提供商。除了更容易扩展、扩大可访问区域以及发挥成本-效益的优势，云主机通常还通过提供不同的服务级别来保证应用程序的可用性和吞吐量，这有助于将应用程序变得更加健壮、可用。然而，单独部署的应用程序仍旧存在因故障而引发不可用的风险。

将一个应用程序部署到多个数据中心甚至多个虚拟主机提供商中，能够降低应用程序由于无法控制的问题而导致的应用程序不可用的可能性（如一个数据中心发生一个故障，或者国家间或者地域间的全局网络连接性问题）。对于至关重要的应用程序，例如电子商务网站，即便短暂的停用或者可用性的降低都会造成巨大的收益影响。将应用程序部署到多个数据中心是用户可能会考虑的一种解决方案。

因此，可能会因为一个或者多个理由选择将应用程序部署到多个数据中心，包括：

- 随时间推移而扩容。无论本地或是云中，应用程序通常会先进行单独部署，然后随着时间的推移、需求的增加而增长。这个增长可能是通过扩大部署规模提供的。先在一个子区域或者可用设施上部署，再在多个子区域或者可用设施上部署，最后在整体多区域部署。有时候，部分应用程序可能被本地部署和云部署分离，遵循混合部署的方式，先迁移到云中，然后扩展到多个区域中。
- 为全球用户的访问提供最小延迟。可以在存在多数用户的区域维护数据中心，这些数据中心可以部署多个版本的应用程序，然后将用户的访问路由到提供最佳性能和最小延迟的那个数据中心。
- 维持性能和可用性。将应用程序部署到多个数据中心，或许是多个虚拟主机提供商中，是一种很实用的用来降低应用程序不可用类型风险的技术手段。通常的场景是：

①为保证伸缩性而提供更多实例。将应用程序部署到多个数据中心，并且每个数据中心根据其需求决定实例的数量，这可以提高应用程序的伸缩性和可用性。因为当一个实例所在的数据中心性能下降或者一个实例整体故障时，这里有额外的可用实例供用户重新访问。

注意：将应用程序部署到多个区域所提供的保护不会对人为所致的设计缺陷或代码错误起作用。

②为灾难恢复提供便利。如果基础部署发生故障，或因各种原因而变得不可用，则在修复基础部署故障期间，可以启用额外的分布在不同数据中心的离线部署，并且将请求切换到这个数据中心的部署。在基础部署被恢复使用时，备用部署可以放置在本地私有数据中心里，甚至被设计为只提供最低限度的服务。理想状态下，从备用部署恢复并重新运行基础部署到生产环境的过程应该执行尽量少的任务，通过完全的自动化减少启动时间，并且必须定期对其进行测试。

③提供热交换设施备用功能。可以维护额外的一个运行应用程序的部署（或多个额外部署），如果一个基础的应用程序失败或者基础部署所处的数据中心发生意外情况，就可以立即将请求切换到备用部署。为了最小化成本，可以缩减额外部署的应用程序规模，也许只有极少数的实例，并且在需要时，额外部署可以通过脚本或自动缩放来扩大规模。这种方式有时称为"热备系统"。

将请求路由到多个应用程序部署

将应用程序部署到多个数据中心，并且选用大多数用户所在区域的数据中心，这种方式提供的优势体现在性能以及用户体验上，但是它却没有提供一种完整的解决方案。例如，用户正在访问一个托管在美国的应用程序时，如果托管在美国的应用程序发生故障，用户的请求并不会自动重定向到其他部署。

为了解决这个问题，可能会决定使用轮询的方式分发请求，或者使用通用的、自定义的或者第三方的机制去发现应用程序故障并将请求重定向。

轮询路由是一种传统的将请求分发到多个部署的应用程序或站点的方式，每个请求依照发布清单中条目的顺序周而复始地进行路由。这可以通过使用DNS服务中一个域名对应多个记录的方式实现，每个IP对应一个发布的应用程序。DNS服务会反复读取IP地址记录的清单，根据用户的DNS查询请求自动分配不同的IP地址。

然而，大多数情况下，轮询路由并不是一种理想的解决方案，因为它会继续将请求分发到发生故障部署的IP地址，这样，一些用户将发现应用程序不可用。应该考虑一种能够替代轮询路由的解决方案，将所有的请求只路由到那些可用的部署上，比如，下面所描述的解决方案。

①手动重置故障应用程序路由。

②自动重置故障应用程序路由。

③使用微软Azure流量管理器重置路由。

手动重置故障应用程序路由

当使用多个部署用作灾难恢复或热更换服务的解决方案时，可以选择最简单的手动方式将用户的请求路由到适当的应用程序。可以为应用程序修改DNS记录，或者使用重定向页面。然而，这两种方法都存在一些问题。

- 必须能够快速发现故障（通过应用程序监控系统指出）并进行手动转换。这可能包括启动另一个数据中心的备用部署，并验证假设没有热更换部署正在运行的情况下，该操作是正确的。如果故障发生的时间不在工作时间，当没有人在现场时，则在修复过程中可能会存在更长的延迟。
- 如果通过修改DNS记录的方式对请求进行重新路由，在全局DNS服务获取记录的修改并开始路由到备用部署之前，这可能需要几个小时甚至一到两天的时间。可以通过为DNS记录指定较短的有效周期来在一定程度上对这种情况进行减缓，尽管一些全局DNS缓存可能会对其忽略并应用它们自己的有效周期。此外，大多数客户端设备比如Web浏览器会缓存DNS的查询结果一段时间（通常为30分钟），以减少DNS查询的次数，所以，在部署故障期间，用户还是会被路由到它们。
- 如果使用一个重定向页面或一种机制将请求重新路由到备用部署，那么这会成为一个单点故障。当用户不能使用重定向机制时，将无法访问到备用的应用程序。例如，当使用一个单独站点的页面重定向到必要的应用程序部署时，一旦这个站点因某些原因不可用，这个页面也就不起作用了。
- 必须准备好手动将路由修改回故障修复后的应用部署。当使用DNS路由时，DNS可能需要花费一些时间用来同步，因此应用程序不可用的周期会延长。

自动重置故障应用程序路由

当一个应用程序部署变得不可用时，为了避免延迟，可以选择一种自动化的机制用来监控每个部署，并将请求操作路由到最合适的地方。应用程序的所有请求最初就使用自动化的路由机制，接下来这种机制会将请求重定向到适合的部署。

设计或配置这种机制的方式取决于为何要使用多数据中心部署：

- 在一种灾难恢复的场景中，自动化机制必须能够启动备用部署并且对其操作进行验证，然后将用户的请求路由到备用部署上，用来替代基础部署。

- 在热更换的场景中，自动化机制只需要验证备用部署是否正在工作，然后将用户路由到备用部署上。
- 在全球可访问的场景中，自动化机制能够检测请求并将请求路由到适当的部署。来自Web浏览器和许多其他客户端设备的请求包含一种语言编码，这种编码可以明显地表明用户的国家或者区域，所以，自动化机制可以将请求路由到距离用户最近的数据中心。查看W3C站点中的接受语言用户区域化设置可获取更多关于浏览器语言编码的信息（https://www.w3.org/International/questions/qa-accept-lang-locales）。

自定义实现的一个优势在于可以完全自由灵活地设计检查可用性的调查。例如，可以对应用程序执行一系列的测试以确保它在正确运行。

注意：更多监测应用程序的方法可以参考健康终结点监控模式（https://msdn.microsoft.com/en-us/library/dn589789.aspx）。

当然，如果要设计一种自定义自动路由方案，那么需要注意一些问题。

- 要承担单点故障所造成的风险。使用不同数据中心部署多个实例的机制并且使用DNS轮询对请求进行分发，虽然可以一定程度上降低单点故障所造成的风险，但是，管理这些多部署意味着需要思考如何才能对它们使用的路由表进行配置复制以及变更沟通。
- 应该在重新路由机制中添加一个延迟，以防止应用程序部署间因间歇性网络抖动引起的瞬时连接故障。好的实践方式是，等待监测到的应用程序失败次数超过一次时，才开始为其他应用程序部署初始化变更。
- 如果正在使用一个可供选择的部署作为一个灾难恢复的解决方案，则这个部署可能没有正在运行，因此，将请求切换到应用程序之前，这种机制需启动应用程序并验证它正在正确执行。
- 需要考虑如何将请求路由回已修复好的故障应用程序。通常情况下，有必要将监测可用性和更新路由合并为一种机制。

其他可供选择的方案是将问题交由提供全局IP路由解决方案的商业组织处理。这些服务通常包括可用性的监测，基于用户位置的优化以及其他特色功能。它们通常被设计为高伸缩性、高可用性的分布式服务，并且相比于尝试实现自己的解决方案，它们通常能够作为更好的选择。一些提供这些服务的提供商有Akamai、SoftLayer以及微软 Azure 流量管理器（将会在下文描述）。

使用 Azure 流量管理器重置路由

Azure流量管理器是一个构建到Azure的智能DNS服务，它将应用程序故障检测以及动态DNS

路由结合在一起。当然，因为它作为一个DNS服务并且拥有一个较短有效期的DNS记录，所以它不会受自定义解决方案中固有延迟的影响。

流量管理器维护着一个列表，列表中记录着每个Azure全球数据中心网络路径的典型响应时间。通过指定应用程序部署位置对服务进行配置，这样，当流量管理器ping每个终结点时，它们都会在10秒内做出响应。同样可以选择一种策略，用来定义流量管理器如何表现。

轮询策略将请求按顺序路由到每个数据中心所部署的应用程序。它可监测故障的应用程序部署，并且不会向其路由请求，以此来保持可用性。但能否为用户提供最佳的响应时间取决于网络的延迟。这种策略的主要优势在于，它能够将请求分配给所有正在工作的应用程序部署。

故障转移策略允许为应用程序清单配置优先级，并且流量管理器会将请求路由到应用程序清单所检测到能够响应请求的第一个应用程序。如果那个应用程序发生故障，流量管理器就会将请求路由到清单中的下一个应用程序，并且以此类推。同样，能否为用户提供最佳的响应时间取决于网络的延迟，但是，如果应用程序能够正常响应，即使要将所有请求都路由到单一的应用程序部署，它同样能很好地工作。这通常用在热更换的场景，只有当基础应用程序部署不可用时才会访问备用应用程序。

然而，为了更好地结合可用性及性能，需要适当地使用性能策略。这种策略会将用户发出的请求路由到数据中心里能够提供最低网络延迟的应用程序部署中（这可能不只是纯粹的地理计算）。它同样会监测失败的应用程序并且阻止将请求路由到它们，而不只是选择下一个距离最近的正在工作的应用程序部署。

当一个故障部署重新上线时，流量管理器会自动发现它并将其包含到路由表中。

注意：更多关于通过微软Azure流量管理器为云应用程序访问降低延迟的信息（https://msdn.microsoft.com/en-us/library/hh868048.aspx#sec13）可以查看P&P指南中的“在微软Azure云中构建混合应用程序”（https://msdn.microsoft.com/en-us/library/hh871440.aspx）和“Azure站点中的流量管理器”（https://azure.microsoft.com/en-us/services/traffic-manager/）。

多数据中心部署的思考

如果打算部署应用程序到多个数据中心，则必须意识到这可能会带来一些额外的问题。例如，你需要考虑如下问题。

数据中心的位置和域名

考虑如何为宿主的应用程序和它使用的服务指定位置，以及如何将其与选用的域名建立联系。

- 云托管提供商通常允许为每个部署指定一个区域。此外，尽管这些术语的实际意义不同，也可以选择一个子区域或一套可用的设施。通常，一套可用的设施允许指定应用程序部署与服务以低延迟方式结合到一起，但数据中心通过物理分离能够增加可用性并预防发生问题时对其产生的影响。为了资源的有效分配，提供商通常不允许指定实际的数据中心，在这种情况下，使用一套可用的设施或者一个子区域是唯一用来指定应用程序部署位置的途径。
- 每个区域或地域的应用程序部署必须拥有一个独有的域名。一种常用的方法是使用国家指定的顶级域名（TLD），它的命名如 .co、.us 或者 .au。当然，在世界范围内，这需要在域名注册中心注册很多TLD。基于一个单独的主域名来命名子域名，如us.myapp.com、emea.my.com、asia.myapp.com，并将其指定到适当的应用程序部署上，可能是更加低成本高效益的。对于多租户应用程序，如果必要，就可以为其扩展一个租户标识，如adatum.us.myapp.com、adatum.emea.my.com。

监管或 SLA 限制

必须考虑服务可用性的义务以及任何可能适用的法律限制。这些限制大致如下。

- 当地组织或国际组织限制着应用程序部署的位置和应用程序使用的数据或者这些数据的传输。例如，在一些国家或地区，将数据传输到指定区域外是违法的，即使只是为了对数据进行加工。在一些国家或者区域，某些类型的数据的存储位置也受法律严格管制，或者在SLA中指定。
- 可用性需求可能定义在SLA中或服务文档的担保中。恢复点目标(RPO——在故障期间可能会丢失一部分数据)或者恢复时间目标（RTO——故障发生后恢复过程所使用的时间）可能会有强制性的需求。依赖所使用的路由技术，它可能花费几分钟甚至几个小时。发现一个服务失败的路由逻辑，并重试一段时间后确定这不是一个瞬时故障，才会建立一个新的路由用于改变用户的访问目标（例如，DNS变更需要花费一定时间进行传播）。在客户端同意对这些目标进行恢复之前，需要考虑这些因素。

数据同步

不同的应用程序部署可能会使用不同的本地数据存储，并且用户可能会被路由到数据不可用的数据中心，示例如下。

- 对于独立的数据库或者数据存储，在数据没有完成同步之前，每个数据中心的数据可能不会完全一致。在灾难恢复场景中，如果备用应用程序没有正在运行，则在它启用之前，导入或者同步所有数据是很有必要的。如果在数据同步之前应用程序不能执行，则必须考虑什么时候同意RTO。如果一些数据可能还没有复制，或者已经丢失，则必须考虑什么时候同意RTO。请查看数据复制和同步指南（https://msdn.microsoft.com/en-us/library/dn589787.aspx）获取更多有关部署应用程序中数据同步的信息。

- 单独的缓存服务，例如每个服务器上的本地缓存和每个数据中心中的分布式缓存服务。如果应用程序希望获取的数据在这里不再可用，则应用程序必须能够刷新缓存。更多信息可以查看缓存预留模式(https://msdn.microsoft.com/en-us/library/dn589799.aspx)。

数据与服务的可用性

一些数据和服务可能在所有数据中心都不可用，这取决于如何设计并配置应用程序。在一些情况下，可能将应用程序设计为通过自动化或者配置来对它的行为或者功能进行降级。缺乏可用性的示例如下。

- 如果将数据分离到不同的位置，那么这可以最小化数据传输的成本，并减小数据更新时发生冲突的机会，但用户所路由的应用程序使用其他数据中心的数据时，数据可能不可用。
- 使用一些用户依赖的服务时需要指定一个该服务的绝对路径、域名或者URL，例如队列、身份验证机制和外部服务。如果这些服务都只有一个实例，当这些服务所在的数据中心不可用时，则应用程序也很可能会发生故障。可能需要在不同的数据中心为这些服务配置多个实例，并为每个部署的应用程序提供分离的实例。当然，这会使配置和应用程序部署变得更复杂。

应用程序的版本和功能

可以选择在每个数据中心部署不同版本的应用程序。示例如下。

- 在全球可访问的场景中，可决定在每个数据中心部署本地化的版本。然而，当一个部署发生故障时，可能会发生用户被路由到更遥远的数据中心的问题。一种比较好的方法是使用一个唯一的版本，该版本内置语言环境并接受语言版本监测，这样就适合所有用户了。
- 通常情况下，每个数据中心部署的应用程序数量是基于本地平均负荷的。然而，考虑到使用自动伸缩的解决方案，当一个数据中心或应用程序部署变得不可用时，其他数据中心也能够对重新路由的额外用户请求进行处理。此外，应用程序具有降级功能的能力，做到短时间内管理额外的负荷；也可能通过临时禁用某些服务或者提供一个简化的UI来达到目的。
- 在热更换和灾难恢复场景中，通过在备用位置部署一个简化功能版本的应用程序可能将成本和复杂性最小化。当然，必须考虑当基础应用程序部署长时间不可用时，它对企业组织与用户双方造成的影响。
- 考虑是否对应用程序的功能进行分区，这样一些不重要的服务只在一个或很少的数据中心中可用。这可以简化配置和部署。例如，P&P指南是在云中开发多租户应用程序的章节中列举的，一个企业在最大化可用性时，用于完成用户调查的公开站点被部署了多份，但用于用户配置调查的订阅站点只部署了一份。用户订阅的站点发生短暂的中断对于可用性的重要性要低于公用站点的不可用性。

测试与部署

当一个应用程序运行在多个数据中心时，必须彻底测试以确保应用程序在每个位置都能正确执行，并且计划如何以及何时管理部署、更新以及故障。

- 考虑如何将所有数据中心中的应用程序升级到最新版本。在某个时刻对数据中心的应用程序进行更新可以降低因应用程序中配置错误或故障引起全局故障的可能，并且允许在生产环境中对每个部署进行验证和性能检测。
- 当应用程序的运行处在较低负载时，安排数据中心的应用程序在不同的时间段升级相比同一时刻升级可能更有优势。
- 考虑使用自动化机制，例如通过可配置的脚本或者工具管理多个数据中心的发布，并且确保这个适当的配置适合每个数据中心的部署。
- 应用程序部署后对单独的故障或者性能不佳的升级进行回滚并恢复到之前的版本是很有必要的。考虑如何使用宿主环境的特性、工具和实用程序来实现。
- 准备通过终端服务测试应用程序的伸缩性、自动性、重路由以及故障转移的功能。分别预测它对用户体验的影响，直接与持续影响和应用程序恢复所花费的时间。稍微调整策略和部署以最小化对用户的影响。

用户体验

采用的路由解决方案应该阻止数据中心之间发生有规律或随机的转换，只有在能够完全确定当前部署的应用程序不可用时才进行切换。当然，路由到不同应用程序部署造成的影响可能会存在副作用，需要为其制订计划。

- 会话管理。例如，一个用户从一个数据中心重新路由后可能需要重新登录，并且可能会丢失本地的缓存信息，比如购物车。
- 延迟增加或性能下降。例如，如果用户被路由到一个特别遥远的数据中心，则额外的延迟可能会使应用程序减少响应或不可用。
- 应用程序不稳定或故障。如果每个数据中心的应用程序使用不同功能的实例，例如，队列或者第三方服务，则消息和服务保持的状态将会变得不可用。这可能会导致应用程序以不可预测的方式表现。

可能需要考虑为用户展示一条消息，当用户被路由到其他版本的应用程序的情况发生时，这条消息可以帮助减少投诉，并且能够向用户说明应用程序故障或未知行为的原因。落实的方式可能是通过使用cookie标识数据中心来确定哪个数据中心最近为客户端进行了输出，并且对每个请求进行检查，判断其标识是否与当前数据中心不同。

相关模式及指南

部署应用程序到多个数据中心的场景可能与下列模式和指南相关。

- 计算分区指南。将应用程序发布到多个数据中心时，将应用程序分割成小的模块或单独功能的区域通常是很实用的，例如公开站点和管理员站点。计算分区指南描述了在云托管应用程序中，在保证伸缩性、性能、可用性和安全性的同时，如何分配服务和组件能够最小化服务运行的开销。
- 数据复制和同步指南。当应用程序部署到多个数据中心时，通常会发布多份拷贝一致的数据用来保证性能和可用性。数据复制和同步指南总结了有关数据复制到各个应用程序使用时的相关问题，以及数据发生变更时将如何同步。
- 联合身份验证模式。应用程序通常需要对用户进行验证，当应用程序被发布到多个数据中心时，这可能会变得更复杂。联合身份验证模式描述了一个应用程序如何委托外部身份验证提供商进行身份验证，从而简化应用程序开发、最小化用户管理需求，以及降低管理开销。

第34章

服务调用统计指南

Service Metering Guidance

为了对未来的需求做计划、理解当前的应用程序或服务的运作或者需要向用户、机构部门、客户进行计费结算，有必要对当前的应用程序或服务进行调用统计。这是一项共同的需求，对大型企业以及独立软件供应商和服务商更是如此。

为什么服务调用统计很重要

服务调用统计是对整个应用程序、一个应用程序的某些独立部分或者某些具体的服务和资源的使用情况进行测量和记录的过程。比如，记录一个用户或者客户使用该应用程序或服务所花的时间，对某个数据库的查询量，某项服务的访问次数，处理请求所花费的时间等；也可以是测量每个用户或客户所使用的存储量或数据流量。

具体的场景或用例情况下的服务调用统计也是有价值的，例如选择一个产品、下订单或执行一项复杂的交易操作。这种情况需要端到端的操作映射，使所有被统计的组成部分合并，构成一个总体的指标，以提供有用的交易信息。

许多云托管环境，包括Azure，并没有像提供标准的账单那样向账号拥有者提供服务调用统计信息。可能仅账单信息就能比较方便地衡量这些功能的使用情况，但是其细节没能细致到让人识别出单独的应用程序或者用户。

如果需要为应用程序和服务实施调用统计，则必须创建自定义机制来实现它。通常，添加到应用程序中的统计工具可以提供所需的大部分基本数据。例如，可以使用性能计数器来测量某个特定操作的执行数量的平均值和峰值，应用程序的数据输入量/输出量，或者某个具体的进程执行的平均时间。详细描述请参阅本指南的远程监控指导部分。

服务调用统计的场景

当设计服务调用统计系统时，不仅要考虑为什么实施服务调用统计，还要考虑操作的场景。统计方法的合理选择、统计的项目应当随着事务需求、应用程序类型、客户及用户的不同而不同。下面提供一些实例。

为前瞻规划而进行统计

服务调用统计可以提供应用程序在使用方式方面的有价值信息，也可以显示出诸如存储和计算资源方面的未来需求趋势。这些信息在确定应用程序的哪些功能特点最受欢迎，以及确定功能与资源使用之间的关系等方面也有用。例如，统计可能会显示出应用程序的某项功能只对非常少的用户有利，而另一项功能很受欢迎，但峰值期间的负荷影响了响应时间。

服务调用统计也可以提供趋势数据，如应用程序的平均存储增长率及每个用户的存储费用。这在指导开发者改善存储方法，或者迁移到另外一种存储以增加存储容量、降低存储费用方面可能有用。

为内部业务使用而统计

在计划对大型组织机构进行业务统计时，主要需求是要能在所需要的粒度级别上识别出每个项目。日志记录的每个功能的数据要能包括当前的用户ID，或用户名称或部门名称，这取决于调用统计的目的。例如，在一个组织里面，要为应用程序的每一个部门用户计费结算，调用统计的粒度就只需要在部门级别。而某些情况下，需要识别出部门的哪个用户在使用某些功能时，日志必须包括用户的ID和名称。

可以考虑使用结构化或语义化的日志记录方法，这样可以较容易地从日志条目中提取数据（详细信息请参见远程监控指南）。也可以从内建的基础结构日志中提取数据，例如IIS请求日志记录中可能包含有用户ID的查询字符串。

软件及服务（SaaS）供应商需要的统计

如果设计应用程序是用来为不同的客户服务，如一个多租户应用程序，或许既要实现前瞻计划性统计，如租户和数据分区，也要为客户实际使用的功能和服务，特别是用户消费了昂贵的资源，如处理时间、存储或带宽资源等需要结算而统计。然而，重要的一点是理解统计和结算的平台、SaaS供应商有不同。

- 许多供应商立即想到应该把所有的费用传递到客户。然而，在共享诸多资源的多租户解决方案中，对详细的使用情况进行度量是困难的。客户可能会发现计费模式难以理解，而且难以预计费用。这种方法在将从客户获得的收入与所有的供应商费用，如开发和维护的费用，进行精确匹配时也会失效。事实上，值得考虑使用其他替代方法。
- 按使用付费模式。客户基于所使用的资源付费，但是其中包括供应商的开发、维护和其他固定、持续成本。在应用程序中要包含特殊的统计工具以支持计费。本模式的优点是客户的支出与使用量相关。但在应用程序生命周期的开始阶段，客户数量少，不足以支撑供应商的投资；另一个不利点是会生成客户难以理解和预期的账单。

- 固定收费模式。客户定期向供应商支付费用，涵盖供应商所有的固定成本和持续成本。为了吸引客户，可能需要提供不同级别的功能或支持，最大化从小到大的客户收入。本模式的一个优点是不需要特殊的计费工具，但是应用程序仍然应容纳足够的统计工具进行监控和调试。
- 含附加功能的固定收费模式。客户为使用应用程序支付固定费用，可以选择额外计费功能，如额外的存储或更高的请求服务限额。这需要应用程序包含计费工具，对每项附加功能的使用进行服务调用统计，并且能防止客户超过预设的限额。
- 混合模式。固定月费，加上基于应用程序的使用特定功能、服务或资源的额外计费。这种情况需要应用程序包含特定的计费工具。优点是调用统计大量使用的、特别是昂贵的资源，供应商可免于开支未预期的费用。例如，客户使用超过预设配额的存储后，要为超出部分额外付费。

注意：有关构建多租户应用程序的更多信息，请参见MSDN上P&P小组的《在云上开发多租户应用程序指南》，在微软Azure云上托管多租户应用程序一章讨论了多租户应用程序的计费和成本核算。更多的信息和示例代码请参见ISV开发者博客《微软Azure上多租户的调用统计》，CodePlex上相关的《云忍者调用统计模块》以及微软Azure内部博客《在Azure中统计服务调用和弹性调整多租户应用程序》。

服务调用统计的注意事项

计划在应用程序中实现服务调用统计时，要考虑以下几点。

- 为什么要统计。答案可能是规划未来需求、了解应用程序的使用方式。强制执行配额、向客户或用户结算、了解特定操作的成本，或找出可加以优化以提高盈利能力的领域。这些决定应由业务需求驱动。一种常见的挑战，尤其是对于那些不熟悉迁移到或构建云应用的机构来说，是业务需求不明确。如果不清楚为什么需要收集统计信息，则不太可能收集到真正需要的数据。
- 收集统计指标的成本，以及所提供的价值与对正常操作产生影响之间的平衡。如果服务调用统计代码无法合并到现有组件或角色中，或者需要增加组件或角色的实例数，则可能会导致成本增加，超出统计所能带来的收入。例如，度量小型租户的存储交易的成本可能会超过交易本身导致的总运营成本增加的部分。一种可能的解决方案是为多个应用程序使用共享调用统计组件，但是必须意识到这可能导致许多与安全相关的问题。
- 服务调用统计系统的健壮性。如果服务调用统计系统故障，哪怕是部分故障或日志丢失，都会对供应商的盈利产生重大影响。一种方法是定期检查日志，比如使用后台计划任务，并将中间总计保存在其他位置。这在有许多小规模交易的情况下特别有用。事件日志分析实用程序应该能够检测甚至重新启动失败的服务调用统计系统。

- 利用替代指标，并基于端到端场景或用例来进行服务调用统计。例如，计算租户下订单的数量，而不是尝试测量交易大小、数据存储大小和其他中间操作因素。这简化了统计机制并且减小了应用程序上的负载，同时仍然提供有用的计费信息。
- 微软Azure云是基于订阅来计费的。如果要根据使用量向小部分用户或客户准确计费，应考虑将应用程序部署到单独的订阅中，为每个需要准确计费总额的用户或客户部署一个订阅。或者，仅确定需要准确计费的服务（如Azure SQL数据库或Azure存储），提供单独订阅，而其他服务（如计算）由所有用户共享。请注意，对应用程序使用单独的订阅，将阻止通过更好地利用服务共享来节省成本，并且大大增加维护和更新多个部署的成本和复杂性。

示例

以下示例探讨了服务调用统计在不同场景使用的一些方法。

- 项目文档存储。客户端上传和存储项目文档以进行团队协作。应用程序向客户端发出用于访问存储的共享访问签名（SAS）令牌。为了控制成本，应用程序通过定期检查每个客户端的存储使用量来实施配额管理。如果超过配额，应用程序将不再发出用于上传的SAS令牌到此客户端。这种情况下，大部分成本来源于存储，因而带宽使用和事务计数被忽略。重要的是要考虑收集和保存统计的频率（每天、每小时或一上传就统计），以及获得每个值花费的时间。出于运营考虑，只需要统计每个客户端使用的当前存储量。但用于趋势分析时，可能需要在较长时间内定期保留每个客户端使用存储的详细信息。
- 数据处理和计算。依据模型和所需数据的复杂程度，工程性应用程序在进行复杂模型分析时，可能需要1 ~ 60分钟来完成。
- 通过植入统计代码、识别客户端ID来记录某个模型分析的最终完成时间，并跟踪每个客户端的总处理时间来实现配额管理或精确计费。然而，如果每个模型的处理时间差异较小，则用更简单的方法：对每个客户端执行的模型分析数量进行计数，然后以一个标准的费用来按次计费。每个模型分析所需的平均时间可以从总的模型分析时间来计算，通过在所有客户端之间进行比较来确定单个模型分析的平均成本。其结果可以随时间显示以监控变化情况。
- Web应用程序使用量。可以通过跟踪每个用户发出网络请求的数量和在线时间来对应用进行统计。如果应用的负载与并发用户数量有直接关系，则这些统计数或时间段可用于向租户或使用部门计费。这些信息可用于结算目的，也可用于更好地了解客户如何使用应用程序。确定如何在多租户应用程序中进行均衡和租户分区时，也可以使用这些信息。
- 数据传输。IIS Web日志包含每个请求/响应的记录，并且该记录节点包含诸如传输的字节数以及处理请求所需的时间等信息。通常，租户或客户端ID也是这些条目的一部分，可能包含在查询字符串中。如果租户位于子域中或使用自定义域，则它可以是主机名的一部分。没有必要植入调用统计代码来收集信息；相反，利用现有的日志分析工具可以实现所需的分析。但是，这一技术无法提供有关应用程序内部操作的信息，除非它们被输出到请求路径中。

- 存储。多租户解决方案中的数据库存储可能意味着巨大的成本。如果每个租户都有单独的数据库，则成本统计相对容易，但是共享数据库方式需要应用程序监视和统计每个租户甚至每个客户端的数据库操作。通常，大部分数据访问和存储卷仅由表的子集表示，从而减少了所需的检测量和随之的日志大小。或者，统计代码可以简单地统计相关表中的行数，并基于行数生成统计值或为每张表生成加权值。

相关模式及指南

以下指南可能与对云托管的应用程序进行调用统计的场景有关。

- 远程监控指南。服务调用统计通常通过植入统计代码到应用程序中来实现。对于大型解决方案，通过使用远程监控收集这些信息并传递给分析工具来实现统计。远程监控指南探讨了通过应用程序统计来收集应用程序远程诊断信息的过程。

更多信息

本书中的所有链接均可从本书的在线参考书目获得，网址如下。

http: //aka.ms /cdpbibliography。

- MSDN上P&P指南《开发云多租户模式应用程序》中“在微软云上托管多租户应用程序”一章。
- ISV 开发者博客上《微软Azure云上多租户服务调用统计》一文及示例代码。
- CodePlex上《云忍者服务调用统计模块》。
- 微软Azure云内部博客文章《微软Azure云上多租户应用程序的服务调用统计和弹性配置》。